4. 実用数学技能検定グランプリ

実用数学技能検定グランプリは，積極的に算数・数学の学習に取り組んでいる団体・個人の努力を称え，さらに今後の指導・学習の励みとする目的で，とくに成績優秀な団体および個人を表彰する制度です．毎年，数学検定を受検された団体・個人からそれぞれ選出されます．

数学検定
準拠テキスト

1級

線形代数

Linear Algebra

公益財団法人 日本数学検定協会 監修
中村 力 著

森北出版株式会社

まえがき

「数学検定」1級の出題範囲は広大であり，1級に合格するには，地道な学習の積み重ねと，短時間で解答をまとめあげる答案作成力が要求される．

先に上梓した「ためせ実力！めざせ1級！ 数学検定1級 実践演習」では，1級出題範囲の過去問題，解答・解説を三つのレベルに分けて1冊にまとめた．これにより，1級の過去問題の全容を俯瞰できるだろう．しかし，1級の出題範囲はあまりに広範にわたるため，読者の中にはもっと理解を深めたい箇所もいくつかあると思われる．

本書は「数学検定」1級を目指す方が，主要な出題範囲の一つである「線形代数」の学習において，これらに関連する知見を効率的に学習し，豊富な例題や演習問題を解くことで，より一層の理解と答案作成力の向上を図ることを目的とする．

本書に掲載された問題には，「数学検定」1級で過去に出題された問題が多く含まれているので，1級合格へ向けた効果的な学習を期待できるだろう．

また，線形代数をもっと学習したい，「数学検定」1級レベルの手ごたえのある問題をもっと解いてみたいといった知的充足感を満たすためにも，本書はおおいに活用できると思う．

本書を最大限に活用することにより，「数学検定」最難関である1級合格を手中に収めていただきたい．ただし，「数学検定」1級合格はゴールではない．1級の彼方にある数学の世界は，さらに奥が深く，魅力的かつ神秘的である．1級合格は，これらを理解するための一歩を踏み出したに過ぎない．さらに，学習，研鑽を積まれて，その世界を歩まれるならば，著者の望外の喜びになるだろう．

2016年5月

著　者

本書の使い方

Step1　出題傾向と学習上のポイント

各章・節ごとに，過去の出題傾向の概要を示して，学習上の対策やアドバイスを記している．これにより，これから学習していく方向性やプランが設定できると思う．

Step2　要点整理

「出題傾向と学習上のポイント」に続いて，問題を解くうえで，確実に理解してほしい概念や，定理の要点をダイジェスト的に記した．要点整理を理解して例題へ進み，問題をどんどん解いてほしい．もし，例題や演習問題でわからないところが出てきても，要点整理へ戻って理解を再確認してほしい．

なお，公式については，単に丸暗記するのではなく，たとえ忘れても公式を導出できるまで学習してほしい．

Step3　例題

例題は，最初から解答を見ないで解けるのが理想的であるが，解けない場合は，まずは考え方を読んで，解答を確認する．解答を読んで理解できたつもりで終わるのは「全くの都合のよい錯覚」である．必ずペンをもって解答用紙にまとめ上げてほしい．

Step4　演習問題

演習問題は，解答を見ないで独力で解くことが基本スタンスである．しかし，解けないからといって，落胆したり，その先に進めないようでは大きなロスにつながる．解答を見ても結構！ その代わり，転んでもただでは起きない心構えで，その解答から何か一つか二つは必ず得てほしい．

なお，例題と演習問題は，難易度によって無星→★→★★の３レベルで示した．「無星」は易～標準レベル，「★」は難レベル，「★★」は「極難」レベルの問題である．「無星」と「★」を独力で解けるならば，線形代数に関しては合格基準とみてよいだろう．「★★」はかなりの難問であるが，より確実な合格へ至る試練の意味でチャレンジしてほしい．

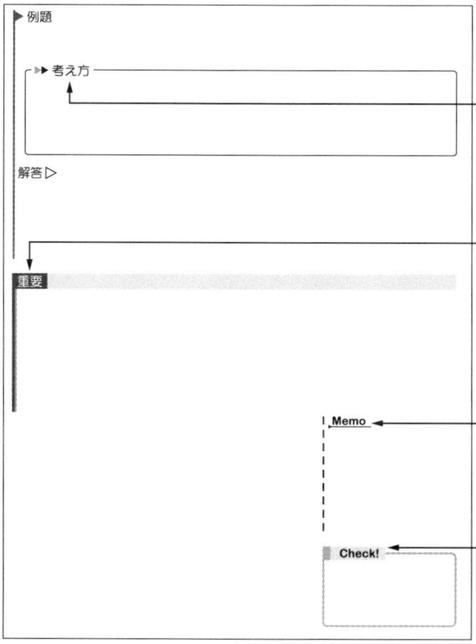

▶▶考え方
問題を解くにあたって，最初に考慮すべき点や，解答へのアプローチを示す.

重要
確実に覚えてほしい重要事項や, 公式を示す.

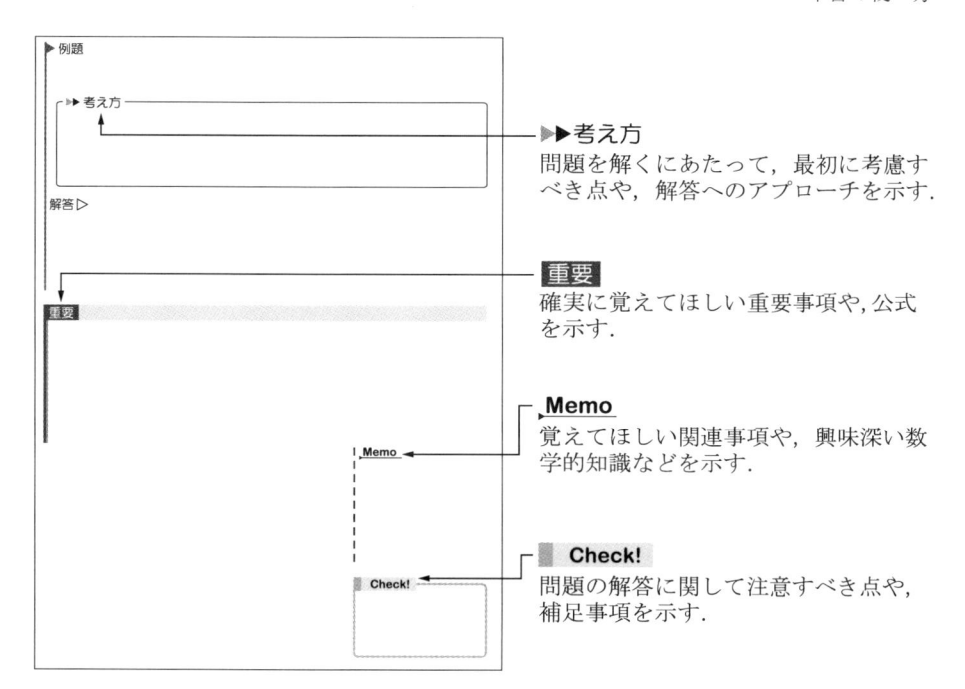

Memo
覚えてほしい関連事項や，興味深い数学的知識などを示す.

Check!
問題の解答に関して注意すべき点や，補足事項を示す.

もくじ

▶ 第1章　ベクトル ―― 1
1　ベクトルの内積 ---------- 1
2　ベクトルの外積 ---------- 3
演習問題 1 ---------- 4
演習問題 1　解答 ---------- 5

▶ 第2章　行列 ―― 6
1　行列 ---------- 6
2　行列の演算 ---------- 7
3　転置行列 ---------- 10
4　対称行列と交代行列 ---------- 11
5　正則行列と逆行列 ---------- 12
6　行列の分割 ---------- 14
7　複素行列 ---------- 15
演習問題 2 ---------- 18
演習問題 2　解答 ---------- 19

▶ 第3章　行列式 ―― 25
1　行列と行列式のちがい ---------- 25
2　行列式の計算 ---------- 27
3　行列式の基本性質 ---------- 28
4　余因子による展開 ---------- 30
5　覚えておくと便利な公式 ---------- 40
演習問題 3 ---------- 43
演習問題 3　解答 ---------- 45

▶ 第4章　階数 ―― 52
1　階数の定義 ---------- 52
2　階数の求め方 ---------- 53
演習問題 4 ---------- 56
演習問題 4　解答 ---------- 56

▶ 第5章　連立1次方程式 ―― 60
1　未知数の数と方程式の数が一致する場合の解法 ---------- 60
2　未知数の数と方程式の数が一致しない場合の解法 ---------- 64
演習問題 5 ---------- 70
演習問題 5　解答 ---------- 70

▶ 第6章　ベクトル空間と線形写像 · 73
1　ベクトル空間 ---------- 73
2　線形写像 ---------- 76
演習問題 6 ---------- 83
演習問題 6　解答 ---------- 84

▶ 第7章　行列の対角化 ―― 89
1　固有値と固有ベクトル ---------- 89
2　固有多項式と固有方程式 ---------- 90
3　行列の対角化 ---------- 93
4　正規行列の対角化 ---------- 100
5　固有値に関する諸性質 ---------- 105
演習問題 7 ---------- 109
演習問題 7　解答 ---------- 110

▶ 第8章　行列の対角化の応用 ―― 116
1　2次形式の標準形 ---------- 116
2　2次曲線の標準形 ---------- 117
演習問題 8 ---------- 121
演習問題 8　解答 ---------- 122

▶ 第9章　ジョルダン標準形 ―― 129
1　ジョルダン細胞 ---------- 129
2　ジョルダン標準形 ---------- 131
3　最小多項式 ---------- 137
4　2次・3次正方行列のジョルダン標準形 ---------- 139
演習問題 9 ---------- 141
演習問題 9　解答 ---------- 141

▶ 補章　シュミットの正規直交化法　145

Chapter 1 ベクトル

▶▶ **出題傾向と学習上のポイント**

ベクトルの内積や外積は線形代数の入り口であり，定義を確実に理解し，計算力をつけることが大切です．とくに，外積は出題頻度も比較的高いので注意しましょう．

ベクトルについては高校数学ですでに学んでいる．すなわち，平面におけるベクトル $\overrightarrow{a}$，空間におけるベクトル $\overrightarrow{b}$ の成分表示は，それぞれ

$$\overrightarrow{a} = (a_1, a_2), \quad \overrightarrow{b} = (b_1, b_2, b_3)$$

で表すことができる．一般に，n 個の成分 $a_1, a_2, \ldots, a_n$ を縦に並べた $\begin{pmatrix} a_1 \\ a_2 \\ \vdots \\ a_n \end{pmatrix}$ を $\boldsymbol{n}$ **次元の列ベクトル**，横に並べた $(a_1, a_2, \ldots, a_n)$ を $\boldsymbol{n}$ **次元の行ベクトル**という．また，$\overrightarrow{a}$，$\overrightarrow{b}$ の表記は今後，それぞれ $\boldsymbol{a}$，$\boldsymbol{b}$ で表す．

Memo
行ベクトルは成分をカンマ「,」で区切る．

1 ベクトルの内積

$\boldsymbol{a} = (a_1, a_2, a_3)$，$\boldsymbol{b} = (b_1, b_2, b_3)$ と成分表示される空間内の二つのベクトルについて，$\boldsymbol{a}$，$\boldsymbol{b}$ のなす角を θ $(0 \leqq \theta \leqq \pi)$ とすると，内積は，つぎのようになる．

Memo
内積は，$\boldsymbol{a} \cdot \boldsymbol{b}$ または $(\boldsymbol{a}, \boldsymbol{b})$ で表す．

$$\boldsymbol{a} \cdot \boldsymbol{b} = |\boldsymbol{a}|\,|\boldsymbol{b}| \cos\theta = a_1b_1 + a_2b_2 + a_3b_3$$

$|\boldsymbol{a}|$，$|\boldsymbol{b}|$ はそれぞれ $\boldsymbol{a}$，$\boldsymbol{b}$ の大きさを表し，$|\boldsymbol{a}| = \sqrt{(\boldsymbol{a} \cdot \boldsymbol{a})}$，$|\boldsymbol{b}| = \sqrt{(\boldsymbol{b} \cdot \boldsymbol{b})}$ である．内積はスカラー積ともいい，内積の結果はスカラーになる．なお，$\boldsymbol{a}$，$\boldsymbol{b}$ の大きさ $|\boldsymbol{a}|$，$|\boldsymbol{b}|$ は，それぞれ $\|\boldsymbol{a}\|$，$\|\boldsymbol{b}\|$ と表すこともある．

Memo
ベクトルの大きさは，長さまたはノルムともいう．

実数上のベクトル空間では，ベクトルの成分は実数になり（このベクトルを実ベクトルという）n 次元実ベクトル $\boldsymbol{a}$，$\boldsymbol{b}$ の内積は，$\boldsymbol{a} \cdot \boldsymbol{b} = a_1b_1 + a_2b_2 + \cdots + a_nb_n$ となる．

複素数上のベクトル空間では，ベクトルの成分は複素数になり，3 次元複素ベクトル $\boldsymbol{a}$，$\boldsymbol{b}$ の内積は，つぎのようになる．

$$\boldsymbol{a}\cdot\boldsymbol{b} = a_1\bar{b}_1 + a_2\bar{b}_2 + a_3\bar{b}_3$$

（$\bar{b}_1$，$\bar{b}_2$，$\bar{b}_3$ はそれぞれ b_1，b_2，b_3 の共役複素数）

Memo
ベクトル空間は，第 6 章で説明する．また，n 次元複素ベクトルの内積は，
$\boldsymbol{a}\cdot\boldsymbol{b}$
$=\bar{a}_1 b_1+\bar{a}_2 b_2+\cdots+\bar{a}_n b_n$
でもよい．

なお，n 次元複素ベクトルの内積は，$\boldsymbol{a}\cdot\boldsymbol{b} = a_1\bar{b}_1 + a_2\bar{b}_2 + \cdots + a_n\bar{b}_n$ となる．

実ベクトルや複素ベクトルにおける内積より，直交の概念やベクトルの大きさの概念はつぎのように導かれる．

内積 $\boldsymbol{a}\cdot\boldsymbol{b} = 0 \iff$ 二つのベクトル $\boldsymbol{a}$，$\boldsymbol{b}$ は直交する $(\boldsymbol{a}\perp\boldsymbol{b})$

ベクトルの大きさ $|\boldsymbol{a}| = \sqrt{(\boldsymbol{a}\cdot\boldsymbol{a})}$

例題 1　複素数上のベクトル空間の三つのベクトル $\boldsymbol{a} = (i, 2i, 1)$，$\boldsymbol{b} = (0, 1+i, -1)$，$\boldsymbol{c} = (2+i, 1-i, -i)$ に対して，つぎの値を求めなさい．

(1)　$\boldsymbol{a}\cdot\boldsymbol{b}$，$\boldsymbol{b}\cdot\boldsymbol{c}$　　　(2)　$|\boldsymbol{a}|$，$|\boldsymbol{b}|$，$|\boldsymbol{c}|$

考え方
複素数上のベクトル空間での二つのベクトルの内積 $\boldsymbol{a}\cdot\boldsymbol{b} = a_1\bar{b}_1 + a_2\bar{b}_2 + a_3\bar{b}_3$ を考える．

解答▷ (1)　$\boldsymbol{a}\cdot\boldsymbol{b} = i\cdot 0 + 2i(1-i) + 1\times(-1) = 1+2i$

$\boldsymbol{b}\cdot\boldsymbol{c} = 0\cdot(2-i) + (1+i)\times(1+i) + (-1)\times i = i$　（答）$\boldsymbol{a}\cdot\boldsymbol{b} = 1+2i$，$\boldsymbol{b}\cdot\boldsymbol{c} = i$

(2)　$|\boldsymbol{a}| = \sqrt{(\boldsymbol{a}\cdot\boldsymbol{a})} = \sqrt{i(-i) + 2i(-2i) + 1^2} = \sqrt{6}$

$|\boldsymbol{b}| = \sqrt{(1+i)(1-i) + (-1)^2} = \sqrt{3}$

$|\boldsymbol{c}| = \sqrt{(2+i)(2-i) + (1-i)(1+i) + (-i)\times i} = \sqrt{8} = 2\sqrt{2}$

（答）$|\boldsymbol{a}| = \sqrt{6}$，$|\boldsymbol{b}| = \sqrt{3}$，$|\boldsymbol{c}| = 2\sqrt{2}$

参考▷ 複素ベクトルの内積で，どちらか一方を共役複素数にしないで計算すると，たとえば，$|\boldsymbol{a}| = \sqrt{(\boldsymbol{a}\cdot\boldsymbol{a})} = \sqrt{i^2 + (2i)^2 + 1^2} = \sqrt{-4}$ となりベクトルの大きさが複素数になってしまう．

2 ベクトルの外積

(1) 外積の定義

外積は3次元空間ベクトルだけに適用される．

重要 外積の定義

二つのベクトル $\boldsymbol{a}=(a_1,a_2,a_3)$，$\boldsymbol{b}=(b_1,b_2,b_3)$ の外積は

$$\boldsymbol{a}\times\boldsymbol{b}=(a_2b_3-a_3b_2, a_3b_1-a_1b_3, a_1b_2-a_2b_1)$$

$\boldsymbol{a}$，$\boldsymbol{b}$ のなす角を θ $(0\leqq\theta\leqq\pi)$ とすると，外積の大きさは

$$|\boldsymbol{a}\times\boldsymbol{b}|=|\boldsymbol{a}|\,|\boldsymbol{b}|\sin\theta$$ （$\boldsymbol{a}$，$\boldsymbol{b}$ を2辺とする平行四辺形の面積）

外積の演算結果はベクトルとなり，外積はベクトル積ともいう．3次行列式のサラスの方法を用いれば，つぎのように表せる．

> **Memo**
> サラスの方法は第3章で説明する．また，$\boldsymbol{e}_1$，$\boldsymbol{e}_2$，$\boldsymbol{e}_3$ はそれぞれ x，y，z 軸の正方向の単位ベクトルである．

$$\begin{aligned}\boldsymbol{a}\times\boldsymbol{b}&=\begin{vmatrix}\boldsymbol{e}_1 & \boldsymbol{e}_2 & \boldsymbol{e}_3\\ a_1 & a_2 & a_3\\ b_1 & b_2 & b_3\end{vmatrix}\\ &=(a_2b_3-a_3b_2)\boldsymbol{e}_1+(a_3b_1-a_1b_3)\boldsymbol{e}_2\\ &\quad+(a_1b_2-a_2b_1)\boldsymbol{e}_3\end{aligned}$$

(2) 幾何学的イメージ

外積 $\boldsymbol{a}\times\boldsymbol{b}$ のベクトルの向きは，$\boldsymbol{a}$ から $\boldsymbol{b}$ に回転するとき右ねじの進む向きである．また，外積の大きさは，$\boldsymbol{a}$，$\boldsymbol{b}$ を2辺とする平行四辺形の面積に等しい．

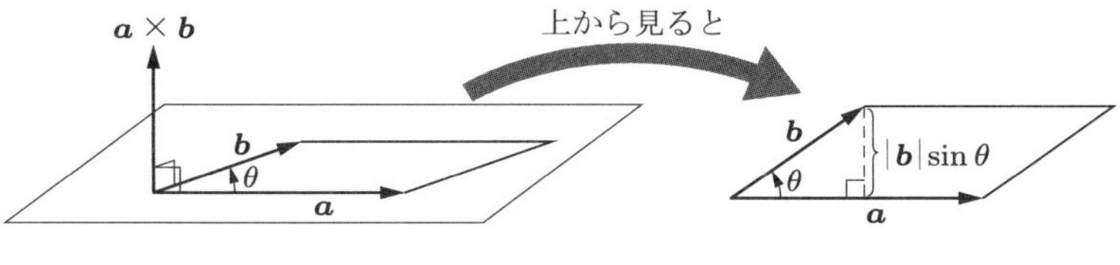

図 1.1

内積と外積の大きなちがいは，内積は $\boldsymbol{a}\cdot\boldsymbol{b}=\boldsymbol{b}\cdot\boldsymbol{a}$ と交換法則を満たすが，外積は $\boldsymbol{a}\times\boldsymbol{b}=-\boldsymbol{b}\times\boldsymbol{a}$ すなわち，$\boldsymbol{a}\times\boldsymbol{b}\neq\boldsymbol{b}\times\boldsymbol{a}$ となることである．一般的には交換法則を満たさない．

> **Memo**
> 交換法則は可換則ともいう．

重要　外積の性質

❶ $\boldsymbol{a} \times \boldsymbol{b} = -\boldsymbol{b} \times \boldsymbol{a}$　　❷ $(\lambda \boldsymbol{a}) \times \boldsymbol{b} = \boldsymbol{a} \times (\lambda \boldsymbol{b}) = \lambda(\boldsymbol{a} \times \boldsymbol{b})$

❸ $\boldsymbol{a} \times \boldsymbol{a} = \boldsymbol{0}$

例題 2　二つのベクトル $\boldsymbol{a} = (1, -2, 2)$，$\boldsymbol{b} = (3, -1, 2)$ の外積 $\boldsymbol{a} \times \boldsymbol{b}$，$\boldsymbol{b} \times \boldsymbol{a}$ をそれぞれ求めなさい．

▶▶考え方

$\boldsymbol{a} \times \boldsymbol{b}$ を求めたら，$\boldsymbol{b} \times \boldsymbol{a} = -(\boldsymbol{a} \times \boldsymbol{b})$ で求めてもよい．

解答▷　$\boldsymbol{a} \times \boldsymbol{b}$ の x 成分は，$-2 \times 2 - 2 \times (-1) = -4 + 2 = -2$ となる．

同様に，y 成分，z 成分を求めると，$\boldsymbol{a} \times \boldsymbol{b} = (-2, 4, 5)$ が得られる．

同様に，$\boldsymbol{b} \times \boldsymbol{a} = (2, -4, -5)$ となり，$\boldsymbol{a} \times \boldsymbol{b} = -(\boldsymbol{b} \times \boldsymbol{a})$ が確かめられる．

（答）$\boldsymbol{a} \times \boldsymbol{b} = (-2, 4, 5)$，$\boldsymbol{b} \times \boldsymbol{a} = (2, -4, -5)$

参考▷　また，行列式を用いて，

$$\boldsymbol{a} \times \boldsymbol{b} = \begin{vmatrix} \boldsymbol{e}_1 & \boldsymbol{e}_2 & \boldsymbol{e}_3 \\ 1 & -2 & 2 \\ 3 & -1 & 2 \end{vmatrix} = -2\boldsymbol{e}_1 + 4\boldsymbol{e}_2 + 5\boldsymbol{e}_3 = (-2, 4, 5)$$

$$\boldsymbol{b} \times \boldsymbol{a} = \begin{vmatrix} \boldsymbol{e}_1 & \boldsymbol{e}_2 & \boldsymbol{e}_3 \\ 3 & -1 & 2 \\ 1 & -2 & 2 \end{vmatrix} = 2\boldsymbol{e}_1 - 4\boldsymbol{e}_2 - 5\boldsymbol{e}_3 = (2, -4, -5)$$

から求めることができる．

▶▶▶ 演習問題 1

1　二つの実空間ベクトル $\boldsymbol{a} = \begin{pmatrix} 1 \\ 2 \\ -1 \end{pmatrix}$，$\boldsymbol{b} = \begin{pmatrix} -2 \\ 3 \\ 4 \end{pmatrix}$ について，つぎの問いに答えなさい．

ただし，実空間ベクトル $\boldsymbol{p}$，$\boldsymbol{q}$ に対して，$\boldsymbol{p} \times \boldsymbol{q}$ は $\boldsymbol{p}$ と $\boldsymbol{q}$ の外積を表します．

(1)　$\boldsymbol{a} \times \boldsymbol{b}$ を求めなさい．

(2)　実空間ベクトル $\boldsymbol{x} = \begin{pmatrix} 1 \\ m \\ n \end{pmatrix}$ について，$\boldsymbol{a} \times \boldsymbol{x} = \boldsymbol{b}$ を満たすとき，m，n の値をそれぞれ求めなさい．

2　成分がすべて実数である 2 次正方行列全体の線形空間において，二つの 2 次正方行列 A，B の内積 (A, B) をつぎのように定義します（このように定義できることは証明しなくてかまいません）．

$$(A, B) = \mathrm{tr}({}^t\!AB)$$

ここで，2 次正方行列 M において，${}^t\!M$ は M の転置行列，$\mathrm{tr}(M)$ は M の対角成分の和を表します．このとき，行列 $\begin{pmatrix} 1 & 3 \\ -1 & -2 \end{pmatrix}$，$\begin{pmatrix} -2 & 2 \\ 3 & -1 \end{pmatrix}$ の（内積から定義される）なす角 θ に対して，$\cos\theta$ の値を求めなさい．

Memo　トレース

正方行列の対角成分の和をトレースという．正方行列を M とするとき $\mathrm{tr}(M)$，もしくは $\mathrm{tr}\,M$ で表す．tr はトレース（trace）からとっている．なお，転置行列は第 2 章で出てくるが，行と列を入れ換えた行列である．

▶▶▶ 演習問題 1　解答

1 **▶▶ 考え方**

(1)，(2) ともベクトルの外積の定義を知っていれば，容易に解答できる．

解答▷ (1)　$\boldsymbol{a} \times \boldsymbol{b} = \bigl(2 \times 4 - (-1) \times 3, -1 \times (-2) - 1 \times 4, 1 \times 3 - 2 \times (-2)\bigr)$

$= (11, -2, 7)$　　（答）$\boldsymbol{a} \times \boldsymbol{b} = (11, -2, 7)$

(2)　$\boldsymbol{a} \times \boldsymbol{x} = (m + 2n, -1 - n, m - 2)$ より，$m + 2n = -2$，$-1 - n = 3$，$m - 2 = 4$ となり，$m = 6$，$n = -4$　　（答）$m = 6$，$n = -4$

2 **▶▶ 考え方**

本来のベクトルの内積ではないが，行列の内積から定義される角 θ に対して $\cos\theta$ を求める問題である．次式を使えば解答できる．

$$\cos\theta = \frac{(A, B)}{|A| \cdot |B|} = \frac{(A, B)}{\sqrt{(A, A)} \cdot \sqrt{(B, B)}}$$

解答▷ $A = \begin{pmatrix} 1 & 3 \\ -1 & -2 \end{pmatrix}$，$B = \begin{pmatrix} -2 & 2 \\ 3 & -1 \end{pmatrix}$ として，$\cos\theta = \dfrac{(A, B)}{\sqrt{(A, A)} \cdot \sqrt{(B, B)}}$ で計算できる．

$$(A, B) = \mathrm{tr}({}^tAB), \quad \sqrt{(A, A)} = \sqrt{\mathrm{tr}({}^tAA)}, \quad \sqrt{(B, B)} = \sqrt{\mathrm{tr}({}^tBB)}$$

${}^tAB = \begin{pmatrix} 1 & -1 \\ 3 & -2 \end{pmatrix}\begin{pmatrix} -2 & 2 \\ 3 & -1 \end{pmatrix} = \begin{pmatrix} -5 & 3 \\ -12 & 8 \end{pmatrix}$ より，$(A, B) = -5 + 8 = 3$

${}^tAA = \begin{pmatrix} 1 & -1 \\ 3 & -2 \end{pmatrix}\begin{pmatrix} 1 & 3 \\ -1 & -2 \end{pmatrix} = \begin{pmatrix} 2 & 5 \\ 5 & 13 \end{pmatrix}$ より，$\sqrt{(A, A)} = \sqrt{2 + 13} = \sqrt{15}$

${}^tBB = \begin{pmatrix} -2 & 3 \\ 2 & -1 \end{pmatrix}\begin{pmatrix} -2 & 2 \\ 3 & -1 \end{pmatrix} = \begin{pmatrix} 13 & -7 \\ -7 & 5 \end{pmatrix}$ より，$\sqrt{(B, B)} = \sqrt{13 + 5} = 3\sqrt{2}$

よって，$\cos\theta = \dfrac{3}{\sqrt{15} \times 3\sqrt{2}} = \dfrac{1}{\sqrt{30}}$　　（答）$\dfrac{1}{\sqrt{30}}$

Chapter

2 行列

▶▶ **出題傾向と学習上のポイント**

全体にわたって重要で頻出分野です．行列の和・差，積などの基本演算は必須です．また，逆行列の概念や計算は，連立方程式の解法や行列の対角化でも非常に重要なので，確実に理解しましょう．

1 行列

一般に，m 個の行と n 個の列からなる行列を m 行 n 列の行列，$m \times n$ 型行列，$m \times n$ 行列などといい，つぎのように表す．

$$A = \begin{pmatrix} a_{11} & a_{12} & \cdots & a_{1n} \\ a_{21} & a_{22} & \cdots & a_{2n} \\ \vdots & \vdots & \ddots & \vdots \\ a_{m1} & a_{m2} & \cdots & a_{mn} \end{pmatrix}$$

Memo

英語で行列は matrix，第 3 章で出てくる行列式は determinant という．

a_{ij} を行列 A の (i, j) 成分という．行と列の数が等しい $n \times n$ 行列を **n 次正方行列**という．正方行列において，対角線上に並ぶ $a_{11}, a_{22}, \ldots, a_{nn}$ を対角成分という．対角成分以外のすべての成分が 0 である行列を**対角行列**という．また，対角成分がすべて 1 で，それ以外の成分がすべて 0 である正方行列を**単位行列**といい，E と表す．また，すべての成分が 0 である行列を**零行列**といい，O と表す．

$$E = \begin{pmatrix} 1 & 0 & \cdots & 0 \\ 0 & 1 & \cdots & 0 \\ \vdots & \vdots & \ddots & \vdots \\ 0 & 0 & \cdots & 1 \end{pmatrix}, \quad O = \begin{pmatrix} 0 & 0 & \cdots & 0 \\ 0 & 0 & \cdots & 0 \\ \vdots & \vdots & \ddots & \vdots \\ 0 & 0 & \cdots & 0 \end{pmatrix}$$

とくに，n 次正方行列の単位行列で n を強調する場合，E_n と表記することもある．

Memo

行ベクトルは，通常カンマ「,」を入れて $(a_1, \ldots, a_n)$ と表記するが，$1 \times n$ 行列ではカンマを入れないで表記する．行列はベクトルの拡張とも考えられるので，両方の概念を合わせて理解することが必要である．

2 行列の演算

(1) スカラー倍

A を $m \times n$ 行列，k をスカラー（実数）として

$$kA = \begin{pmatrix} ka_{11} & ka_{12} & \cdots & ka_{1n} \\ ka_{21} & ka_{22} & \cdots & ka_{2n} \\ \vdots & \vdots & \ddots & \vdots \\ ka_{m1} & ka_{m2} & \cdots & ka_{mn} \end{pmatrix}$$

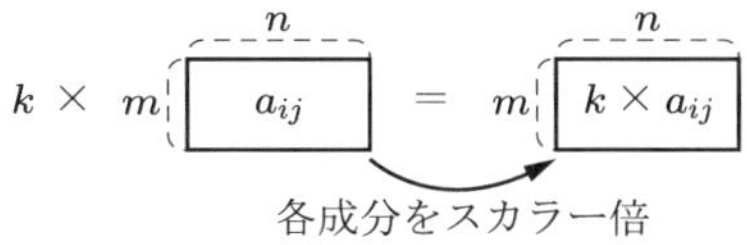

(2) 和，差

A，B を $m \times n$ 行列として

$$A \pm B = \begin{pmatrix} a_{11} \pm b_{11} & a_{12} \pm b_{12} & \cdots & a_{1n} \pm b_{1n} \\ a_{21} \pm b_{21} & a_{22} \pm b_{22} & \cdots & a_{2n} \pm b_{2n} \\ \vdots & \vdots & \ddots & \vdots \\ a_{m1} \pm b_{m1} & a_{m2} \pm b_{m2} & \cdots & a_{mn} \pm b_{mn} \end{pmatrix}$$

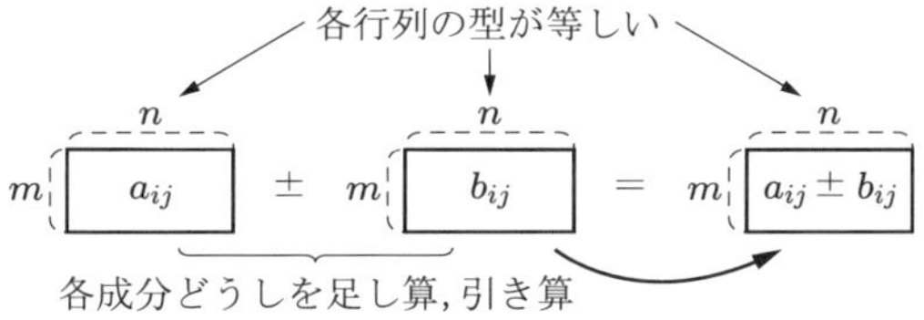

(3) 積

A を $m \times n$ 行列，B を $n \times r$ 行列として

$$AB \text{ の } (i, j) \text{ 成分} = \sum_{k=1}^{n} a_{ik} b_{kj}$$
$$(1 \leqq i \leqq m,\ 1 \leqq j \leqq r)$$

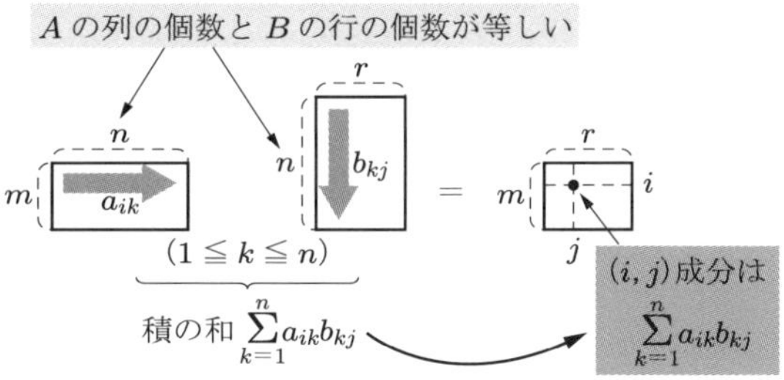

正方行列 A に対して，

$$A^n = \underbrace{A \cdots A}_{n \text{ 個}}, \quad A^0 = E \text{（単位行列）}$$

Memo　行列の和と積の性質

- **和**　① $A + B = B + A$（交換法則）　② $(A + B) + C = A + (B + C)$（結合法則）
  　③ $A + O = A$，$A + (-A) = O$
- **積**　① $(AB)C = A(BC)$（結合法則）　② $AE = EA = A$　③ $AO = OA = O$

● **分配法則**　①　$A(B+C)=AB+AC$　　②　$(A+B)C=AC+BC$

例 1　**和，差，積**

行列 $X=\begin{pmatrix}2&1&5\\3&0&-1\end{pmatrix}$，$Y=\begin{pmatrix}0&-1&3\\2&4&1\end{pmatrix}$，$Z=\begin{pmatrix}1&0\\0&4\\-3&-2\end{pmatrix}$ とするとき，

(1)　$2X-3Y=\begin{pmatrix}4&2&10\\6&0&-2\end{pmatrix}-\begin{pmatrix}0&-3&9\\6&12&3\end{pmatrix}=\begin{pmatrix}4&5&1\\0&-12&-5\end{pmatrix}$

(2)　$XZ=\begin{pmatrix}2&1&5\\3&0&-1\end{pmatrix}\begin{pmatrix}1&0\\0&4\\-3&-2\end{pmatrix}$

$$=\begin{pmatrix}2\cdot1+1\cdot0+5\cdot(-3) & 2\cdot0+1\cdot4+5\cdot(-2)\\3\cdot1+0\cdot0+(-1)\cdot(-3) & 3\cdot0+0\cdot4+(-1)\cdot(-2)\end{pmatrix}=\begin{pmatrix}-13&-6\\6&2\end{pmatrix}$$

例 2　**積（累乗）**

(1)　$A=\begin{pmatrix}a&0&0\\0&b&0\\0&0&c\end{pmatrix}$ に対して，$A^2=\begin{pmatrix}a&0&0\\0&b&0\\0&0&c\end{pmatrix}\begin{pmatrix}a&0&0\\0&b&0\\0&0&c\end{pmatrix}=\begin{pmatrix}a^2&0&0\\0&b^2&0\\0&0&c^2\end{pmatrix}$，

$A^n=\begin{pmatrix}a^n&0&0\\0&b^n&0\\0&0&c^n\end{pmatrix}$　（n は正の整数）

(2)　$B=\begin{pmatrix}0&1&0\\0&0&1\\0&0&0\end{pmatrix}$ に対して，$B^2=\begin{pmatrix}0&0&1\\0&0&0\\0&0&0\end{pmatrix}$，

$B^n=O\quad(n\geqq3)$

Memo
(2) の B のように，累乗が零行列 O になる行列を，冪零（nilpotent）行列という．

▶ **例題 1★**　つぎの行列 A に対して，A^n　（n は正の整数）を求めなさい．

(1)　$A=\begin{pmatrix}a&1&0\\0&a&1\\0&0&a\end{pmatrix}$　　　(2)　$A=\begin{pmatrix}3&0&0\\2&3&0\\5&7&3\end{pmatrix}$

▶▶ **考え方**
(1) は数学的帰納法，(2) は二項定理を適用する．

解答▷　(1)　$A^2=\begin{pmatrix}a^2&2a&1\\0&a^2&2a\\0&0&a^2\end{pmatrix}$，$A^3=\begin{pmatrix}a^3&3a^2&3a\\0&a^3&3a^2\\0&0&a^3\end{pmatrix}$，$A^4=\begin{pmatrix}a^4&4a^3&6a^2\\0&a^4&4a^3\\0&0&a^4\end{pmatrix}$

より A^n は以下のように推測される．

$$A^n = \begin{pmatrix} a^n & na^{n-1} & \dfrac{n(n-1)}{2}a^{n-2} \\ 0 & a^n & na^{n-1} \\ 0 & 0 & a^n \end{pmatrix} \quad \cdots①$$

数学的帰納法で ① を証明する．$n=1$ のときは明らかである．$n=k$ のとき上式 ① が成り立つことを仮定すれば，

$$A^{k+1} = A^k A = \begin{pmatrix} a^k & ka^{k-1} & \dfrac{k(k-1)}{2}a^{k-2} \\ 0 & a^k & ka^{k-1} \\ 0 & 0 & a^k \end{pmatrix} \begin{pmatrix} a & 1 & 0 \\ 0 & a & 1 \\ 0 & 0 & a \end{pmatrix}$$

$$= \begin{pmatrix} a^k \cdot a & a^k + ka^{k-1} \cdot a & ka^{k-1} + \dfrac{k(k-1)}{2}a^{k-2} \cdot a \\ 0 & a^k \cdot a & a^k + ka^{k-1} \cdot a \\ 0 & 0 & a^{k+1} \end{pmatrix}$$

$$= \begin{pmatrix} a^{k+1} & (k+1)a^k & \dfrac{k(k+1)}{2}a^{k-1} \\ 0 & a^{k+1} & (k+1)a^k \\ 0 & 0 & a^{k+1} \end{pmatrix}$$

となって，$n=k+1$ のときも ① が成り立つ．したがって，すべての自然数 n について ① が成り立つ．

（答）$A^n = \begin{pmatrix} a^n & na^{n-1} & \dfrac{n(n-1)}{2}a^{n-2} \\ 0 & a^n & na^{n-1} \\ 0 & 0 & a^n \end{pmatrix}$

(2)　$D = \begin{pmatrix} 3 & 0 & 0 \\ 0 & 3 & 0 \\ 0 & 0 & 3 \end{pmatrix}$，$N = \begin{pmatrix} 0 & 0 & 0 \\ 2 & 0 & 0 \\ 5 & 7 & 0 \end{pmatrix}$ とすると，$A = D + N$ である．また，E_3 を 3 次の単位行列とすれば，$D = 3E_3$ である．$DN = ND$ であることから，二項定理が適用でき，

$$A^n = (D+N)^n = \sum_{r=0}^{n} {}_n\mathrm{C}_r\, D^{n-r} N^r$$

である．さらに，

$$N^2 = \begin{pmatrix} 0 & 0 & 0 \\ 0 & 0 & 0 \\ 14 & 0 & 0 \end{pmatrix},\quad N^3 = \begin{pmatrix} 0 & 0 & 0 \\ 0 & 0 & 0 \\ 0 & 0 & 0 \end{pmatrix}$$

Check!
N は冪零行列である．

であることから，$N^k = O$　（k は 3 以上の整数）なので，

$$\sum_{r=0}^{n} {}_n\mathrm{C}_r\, D^{n-r} N^r = {}_n\mathrm{C}_0\, D^n N^0 + {}_n\mathrm{C}_1\, D^{n-1} N + {}_n\mathrm{C}_2\, D^{n-2} N^2$$

$$= D^n + nD^{n-1}N + \frac{n(n-1)}{2}D^{n-2}N^2 = 3^n E_3 + n \cdot 3^{n-1} N + \frac{n(n-1) \cdot 3^{n-2}}{2} N^2$$

$$=3^n\begin{pmatrix}1&0&0\\0&1&0\\0&0&1\end{pmatrix}+n\cdot 3^{n-1}\begin{pmatrix}0&0&0\\2&0&0\\5&7&0\end{pmatrix}+\frac{n(n-1)\cdot 3^{n-2}}{2}\begin{pmatrix}0&0&0\\0&0&0\\14&0&0\end{pmatrix}$$

$$=\begin{pmatrix}3^n&0&0\\2n\cdot 3^{n-1}&3^n&0\\7n(n-1)\cdot 3^{n-2}+5n\cdot 3^{n-1}&7n\cdot 3^{n-1}&3^n\end{pmatrix}$$

$$=\begin{pmatrix}3^n&0&0\\2n\cdot 3^{n-1}&3^n&0\\(7n^2+8n)\cdot 3^{n-2}&7n\cdot 3^{n-1}&3^n\end{pmatrix}$$

Check!
(1) も (2) と同じ解法で解ける．演習問題 2 の 1 を参照のこと．

（答）$\begin{pmatrix}3^n&0&0\\2n\cdot 3^{n-1}&3^n&0\\(7n^2+8n)\cdot 3^{n-2}&7n\cdot 3^{n-1}&3^n\end{pmatrix}$

3　転置行列

行列 A の行と列を入れ換えた行列を行列 A の**転置行列**といい，${}^tA$ で表す．つまり，

$$A=\begin{pmatrix}a_{11}&a_{12}&\cdots&a_{1n}\\a_{21}&a_{22}&\cdots&a_{2n}\\\vdots&\vdots&\ddots&\vdots\\a_{m1}&a_{m2}&\cdots&a_{mn}\end{pmatrix}$$ のとき

$${}^tA=\begin{pmatrix}a_{11}&a_{21}&\cdots&a_{m1}\\a_{12}&a_{22}&\cdots&a_{m2}\\\vdots&\vdots&\ddots&\vdots\\a_{1n}&a_{2n}&\cdots&a_{mn}\end{pmatrix}$$ となる．

Memo
t は転置行列（transposed matrix）の頭文字からとっている．

転置行列に関する四つの基本性質をつぎに示す．

重要　転置行列の基本性質

❶ ${}^t({}^tA)=A$　　❷ ${}^t(A+B)={}^tA+{}^tB$

❸ ${}^t(AB)={}^tB\,{}^tA$　　❹ ${}^t(aA)=a\,{}^tA$

Memo
❸ で積の順序が逆転することに注意する．

例 3　$A=\begin{pmatrix}1&0&-1&2&5\\2&2&0&-3&4\\0&2&5&-1&3\end{pmatrix}$ のとき，${}^tA=\begin{pmatrix}1&2&0\\0&2&2\\-1&0&5\\2&-3&-1\\5&4&3\end{pmatrix}$ となる．

例 4　$A=\begin{pmatrix}1&0\\2&-2\end{pmatrix}$，$B=\begin{pmatrix}2&-1\\1&-3\end{pmatrix}$ のとき，${}^t(AB)={}^tB\,{}^tA$ を確認する．

$AB=\begin{pmatrix}1&0\\2&-2\end{pmatrix}\begin{pmatrix}2&-1\\1&-3\end{pmatrix}=\begin{pmatrix}2&-1\\2&4\end{pmatrix}$ から ${}^t(AB)=\begin{pmatrix}2&2\\-1&4\end{pmatrix}$

一方，${}^tB\,{}^tA = \begin{pmatrix} 2 & 1 \\ -1 & -3 \end{pmatrix}\begin{pmatrix} 1 & 2 \\ 0 & -2 \end{pmatrix} = \begin{pmatrix} 2 & 2 \\ -1 & 4 \end{pmatrix}$ より，${}^t(AB) = {}^tB\,{}^tA$ となる．

参考　${}^tA\,{}^tB = \begin{pmatrix} 1 & 2 \\ 0 & -2 \end{pmatrix}\begin{pmatrix} 2 & 1 \\ -1 & -3 \end{pmatrix} = \begin{pmatrix} 0 & -5 \\ 2 & 6 \end{pmatrix} \neq {}^t(AB)$

4　対称行列と交代行列

${}^tA = A$ を満たす正方行列 A を**対称行列**，${}^tA = -A$ を満たす正方行列 A を**交代行列**という．任意の正方行列 A は，

$$A = \frac{1}{2}(A + {}^tA) + \frac{1}{2}(A - {}^tA)$$

と表せる．

> **Memo**
> 転置行列がもとの行列に等しい行列を，対称行列という．転置行列が負の符号をかけたもとの行列に等しい行列を交代行列という．

これは何を示すか確認してみる．$\frac{1}{2}(A + {}^tA) = X$，$\frac{1}{2}(A - {}^tA) = Y$ とおけば，$A = X + Y$ となる．${}^tX = \frac{1}{2}{}^t(A + {}^tA) = \frac{1}{2}({}^tA + A) = X$ より，X は対称行列であり，${}^tY = \frac{1}{2}{}^t(A - {}^tA) = \frac{1}{2}({}^tA - A) = -Y$ より，Y は交代行列である．

よって，任意の正方行列 A は，対称行列と交代行列の和で表すことができる．

重要　任意の正方行列 A = 対称行列 + 交代行列

任意の正方行列 A は，対称行列 $\frac{1}{2}(A + {}^tA)$ と交代行列 $\frac{1}{2}(A - {}^tA)$ の和で表せる．

▶例題 2　行列 $\begin{pmatrix} 2 & -4 & 0 \\ 0 & -2 & 6 \\ 2 & 0 & -3 \end{pmatrix}$ を，対称行列と交代行列の和で表しなさい．

▶▶考え方

$A = \frac{1}{2}(A + {}^tA) + \frac{1}{2}(A - {}^tA)$ から求める．

解答▷　$A = \begin{pmatrix} 2 & -4 & 0 \\ 0 & -2 & 6 \\ 2 & 0 & -3 \end{pmatrix}$ として，${}^tA = \begin{pmatrix} 2 & 0 & 2 \\ -4 & -2 & 0 \\ 0 & 6 & -3 \end{pmatrix}$ より，対称行列は $\frac{1}{2}(A + {}^tA) = \begin{pmatrix} 2 & -2 & 1 \\ -2 & -2 & 3 \\ 1 & 3 & -3 \end{pmatrix}$，交代行列は $\frac{1}{2}(A - {}^tA) = \begin{pmatrix} 0 & -2 & -1 \\ 2 & 0 & 3 \\ 1 & -3 & 0 \end{pmatrix}$ となる．

（答）$\begin{pmatrix} 2 & -2 & 1 \\ -2 & -2 & 3 \\ 1 & 3 & -3 \end{pmatrix} + \begin{pmatrix} 0 & -2 & -1 \\ 2 & 0 & 3 \\ 1 & -3 & 0 \end{pmatrix}$

参考▷ $\begin{pmatrix} 2 & -2 & 1 \\ -2 & -2 & 3 \\ 1 & 3 & -3 \end{pmatrix} + \begin{pmatrix} 0 & -2 & -1 \\ 2 & 0 & 3 \\ 1 & -3 & 0 \end{pmatrix} = \begin{pmatrix} 2 & -4 & 0 \\ 0 & -2 & 6 \\ 2 & 0 & -3 \end{pmatrix}$ と確認できる．

5　正則行列と逆行列

n 次正方行列 A において，

$$AB = BA = E \quad (E：\text{単位行列})$$

となる n 次正方行列 B が存在するとき，A は**正則行列**という．この場合，B は一意的で，A の**逆行列**といい，A^{-1} と表す．すなわち，正則行列 A とは，逆行列 A^{-1} をもつ行列を意味する．

逆行列に関する三つの基本性質をつぎに示す．

重要　逆行列の基本性質

❶ $(A^{-1})^{-1} = A$　　❷ $({}^tA)^{-1} = {}^t(A^{-1})$　　❸ $(AB)^{-1} = B^{-1}A^{-1}$

Memo

❸ で逆行列の積が逆転しており，転置行列の基本性質 ❸ と類似していることに注意する．

例 5　$A = \begin{pmatrix} 1 & 2 \\ 1 & 3 \end{pmatrix}$ に対して，❷ が成り立つことを示す．

${}^tA = \begin{pmatrix} 1 & 1 \\ 2 & 3 \end{pmatrix}$，$A^{-1} = \begin{pmatrix} 3 & -2 \\ -1 & 1 \end{pmatrix}$ となって，

$$({}^tA)^{-1} = \begin{pmatrix} 3 & -1 \\ -2 & 1 \end{pmatrix}$$

一方，${}^t(A^{-1}) = \begin{pmatrix} 3 & -1 \\ -2 & 1 \end{pmatrix}$ となり，$({}^tA)^{-1} = {}^t(A^{-1})$ が確認できる．

Memo

2 次の正方行列 A の逆行列

$$A^{-1} = \begin{pmatrix} a & b \\ c & d \end{pmatrix}^{-1} = \frac{1}{\Delta}\begin{pmatrix} d & -b \\ -c & a \end{pmatrix}$$

$\Delta = ad - bc$（A の行列式）

ただし，$\Delta \neq 0$ とする．

Check!

逆行列は，第 3 章の行列式と余因子行列からも求められる．

例 6　$A = \begin{pmatrix} 1 & 2 \\ 1 & 3 \end{pmatrix}$，$B = \begin{pmatrix} -1 & 1 \\ -3 & 2 \end{pmatrix}$ に対して，❸ が成り立つことを示す．

$AB = \begin{pmatrix} 1 & 2 \\ 1 & 3 \end{pmatrix}\begin{pmatrix} -1 & 1 \\ -3 & 2 \end{pmatrix} = \begin{pmatrix} -7 & 5 \\ -10 & 7 \end{pmatrix}$ から，

$$(AB)^{-1} = \begin{pmatrix} 7 & -5 \\ 10 & -7 \end{pmatrix}$$

$A^{-1} = \begin{pmatrix} 3 & -2 \\ -1 & 1 \end{pmatrix}$，$B^{-1} = \begin{pmatrix} 2 & -1 \\ 3 & -1 \end{pmatrix}$ から，

$$B^{-1}A^{-1} = \begin{pmatrix} 2 & -1 \\ 3 & -1 \end{pmatrix}\begin{pmatrix} 3 & -2 \\ -1 & 1 \end{pmatrix} = \begin{pmatrix} 7 & -5 \\ 10 & -7 \end{pmatrix}$$

よって，$(AB)^{-1} = B^{-1}A^{-1}$ が確認できる．

また，$A^{-1}B^{-1} = \begin{pmatrix} 3 & -2 \\ -1 & 1 \end{pmatrix}\begin{pmatrix} 2 & -1 \\ 3 & -1 \end{pmatrix} = \begin{pmatrix} 0 & -1 \\ 1 & 0 \end{pmatrix}$ より，$(AB)^{-1} \neq A^{-1}B^{-1}$ である．

▶ **例題 3**　$\begin{pmatrix} 0 & 1 & 0 & 0 \\ 1 & 0 & 1 & 0 \\ 0 & 1 & 0 & 1 \\ 0 & 0 & 1 & 0 \end{pmatrix}$ の逆行列を求めなさい．

▶▶ 考え方

与えられた行列を A として，$AB = E$ となるような B を求める．

解答 ▷　逆行列を $\begin{pmatrix} a_{11} & a_{12} & a_{13} & a_{14} \\ a_{21} & a_{22} & a_{23} & a_{24} \\ a_{31} & a_{32} & a_{33} & a_{34} \\ a_{41} & a_{42} & a_{43} & a_{44} \end{pmatrix}$ として，

$$\begin{pmatrix} 0 & 1 & 0 & 0 \\ 1 & 0 & 1 & 0 \\ 0 & 1 & 0 & 1 \\ 0 & 0 & 1 & 0 \end{pmatrix}\begin{pmatrix} a_{11} & a_{12} & a_{13} & a_{14} \\ a_{21} & a_{22} & a_{23} & a_{24} \\ a_{31} & a_{32} & a_{33} & a_{34} \\ a_{41} & a_{42} & a_{43} & a_{44} \end{pmatrix}$$

$$= \begin{pmatrix} a_{21} & a_{22} & a_{23} & a_{24} \\ a_{11}+a_{31} & a_{12}+a_{32} & a_{13}+a_{33} & a_{14}+a_{34} \\ a_{21}+a_{41} & a_{22}+a_{42} & a_{23}+a_{43} & a_{24}+a_{44} \\ a_{31} & a_{32} & a_{33} & a_{34} \end{pmatrix} = \begin{pmatrix} 1 & 0 & 0 & 0 \\ 0 & 1 & 0 & 0 \\ 0 & 0 & 1 & 0 \\ 0 & 0 & 0 & 1 \end{pmatrix}$$

より $a_{21} = 1$，　$a_{22} = 0$，　$a_{23} = 0$，　$a_{24} = 0$，　$a_{31} = 0$，　$a_{32} = 0$，　$a_{33} = 0$，　$a_{34} = 1$．
$a_{11} + a_{31} = 0$ より $a_{11} = 0$，　$a_{12} + a_{32} = 1$ より $a_{12} = 1$，　$a_{13} + a_{33} = 0$ より $a_{13} = 0$．
$a_{14} + a_{34} = 0$ より $a_{14} = -1$，　$a_{21} + a_{41} = 0$ より $a_{41} = -1$，　$a_{22} + a_{42} = 0$ より $a_{42} = 0$．
$a_{23} + a_{43} = 1$ より $a_{43} = 1$，　$a_{24} + a_{44} = 0$ より $a_{44} = 0$．

よって，$\begin{pmatrix} 0 & 1 & 0 & 0 \\ 1 & 0 & 1 & 0 \\ 0 & 1 & 0 & 1 \\ 0 & 0 & 1 & 0 \end{pmatrix}^{-1} = \begin{pmatrix} 0 & 1 & 0 & -1 \\ 1 & 0 & 0 & 0 \\ 0 & 0 & 0 & 1 \\ -1 & 0 & 1 & 0 \end{pmatrix}$ が得られる．

（答）$\begin{pmatrix} 0 & 1 & 0 & -1 \\ 1 & 0 & 0 & 0 \\ 0 & 0 & 0 & 1 \\ -1 & 0 & 1 & 0 \end{pmatrix}$

6 行列の分割

行列をいくつかのブロックに分割して考えると，計算が簡単になることがある．

例 7　$A = \left(\begin{array}{ccc:c} 1 & 2 & 3 & 4 \\ 5 & 6 & 7 & 8 \\ \hdashline 9 & 10 & 11 & 12 \end{array}\right) = \begin{pmatrix} A_{11} & A_{12} \\ A_{21} & A_{22} \end{pmatrix}$

ここで，$A_{11} = \begin{pmatrix} 1 & 2 & 3 \\ 5 & 6 & 7 \end{pmatrix}$，$A_{12} = \begin{pmatrix} 4 \\ 8 \end{pmatrix}$，$A_{21} = \begin{pmatrix} 9 & 10 & 11 \end{pmatrix}$，$A_{22} = 12$ とする．

例 8　$\begin{pmatrix} A_1 & O \\ O & A_2 \end{pmatrix}\begin{pmatrix} B_1 & O \\ O & B_2 \end{pmatrix} = \begin{pmatrix} A_1B_1 & O \\ O & A_2B_2 \end{pmatrix}$ と計算できる．

Check!

A_1，B_1 は積が可能なブロックサイズ（A_1 の列の個数 $= B_1$ の行の個数）であることが必要である．また，A_2，B_2 も同様である．

▶ 例題 4　行列の積 $\begin{pmatrix} 1 & 2 & 1 & 0 \\ 3 & 4 & 0 & 1 \\ 0 & 0 & 3 & 1 \\ 0 & 0 & 5 & 1 \end{pmatrix}\begin{pmatrix} 1 & 1 & 1 & 0 \\ 2 & 3 & 0 & 1 \\ 0 & 0 & 2 & 0 \\ 0 & 0 & 1 & 1 \end{pmatrix}$ を求めなさい．

▶▶ 考え方

行列をブロックに分割すると，零行列ができるので計算が簡単になる．

解答▷　$A_1 = \begin{pmatrix} 1 & 2 \\ 3 & 4 \end{pmatrix}$，$A_2 = \begin{pmatrix} 3 & 1 \\ 5 & 1 \end{pmatrix}$，$B_1 = \begin{pmatrix} 1 & 1 \\ 2 & 3 \end{pmatrix}$，$B_2 = \begin{pmatrix} 2 & 0 \\ 1 & 1 \end{pmatrix}$，$O = \begin{pmatrix} 0 & 0 \\ 0 & 0 \end{pmatrix}$，$E = \begin{pmatrix} 1 & 0 \\ 0 & 1 \end{pmatrix}$ として

$$\left(\begin{array}{cc:cc} 1 & 2 & 1 & 0 \\ 3 & 4 & 0 & 1 \\ \hdashline 0 & 0 & 3 & 1 \\ 0 & 0 & 5 & 1 \end{array}\right)\left(\begin{array}{cc:cc} 1 & 1 & 1 & 0 \\ 2 & 3 & 0 & 1 \\ \hdashline 0 & 0 & 2 & 0 \\ 0 & 0 & 1 & 1 \end{array}\right) = \begin{pmatrix} A_1 & E \\ O & A_2 \end{pmatrix}\begin{pmatrix} B_1 & E \\ O & B_2 \end{pmatrix} = \begin{pmatrix} A_1B_1 & A_1 + B_2 \\ O & A_2B_2 \end{pmatrix}$$

を計算すればよい．

$$\begin{pmatrix} A_1B_1 & A_1+B_2 \\ O & A_2B_2 \end{pmatrix} = \left(\begin{array}{cc:c} \begin{pmatrix}1&2\\3&4\end{pmatrix}\begin{pmatrix}1&1\\2&3\end{pmatrix} & & \begin{pmatrix}1&2\\3&4\end{pmatrix}+\begin{pmatrix}2&0\\1&1\end{pmatrix} \\ \hdashline \begin{matrix}0&0\\0&0\end{matrix} & & \begin{pmatrix}3&1\\5&1\end{pmatrix}\begin{pmatrix}2&0\\1&1\end{pmatrix} \end{array}\right)$$

$$= \begin{pmatrix} 5 & 7 & 3 & 2 \\ 11 & 15 & 4 & 5 \\ 0 & 0 & 7 & 1 \\ 0 & 0 & 11 & 1 \end{pmatrix} \qquad \text{(答)} \begin{pmatrix} 5 & 7 & 3 & 2 \\ 11 & 15 & 4 & 5 \\ 0 & 0 & 7 & 1 \\ 0 & 0 & 11 & 1 \end{pmatrix}$$

7　複素行列

いままで扱ってきた実数を成分とする行列を**実行列**といい，複素数を成分とする行列を**複素行列**という．複素行列も実行列と同様に演算が定義できる．

重要　随伴行列

$$A^* = {}^t\bar{A}$$

を満たす複素行列 A^* を**随伴行列**という．随伴行列とは，A の各成分 a_{ij} の共役複素数 $\overline{a}_{ij}$ を成分とする行列を $\bar{A}$ として，これをさらに転置行列にしたものである（最初に転置した後に各成分の共役複素数をとっても，同じ結果が得られる）．

なお，A が実行列であれば，$A^* = {}^tA$ となって，随伴行列は転置行列に一致する．

Memo

随伴行列は英語で「adjoint matrix」という．A^* の代わりに，$A^\dagger$ を用いることもある．† はダガー（dagger）とよび，（両刃の）短剣，短刀を意味する．

例 9　$A = \begin{pmatrix} 1+i & 2i & 5 \\ -i & 3 & 2+i \end{pmatrix}$ に対して，$A^* = \begin{pmatrix} 1-i & i \\ -2i & 3 \\ 5 & 2-i \end{pmatrix}$ となる．

重要　エルミート行列

$$A^* = A$$

を満たす正方行列を**エルミート行列**という．とくに，A が実行列の場合，${}^tA = A$ となり，A は対称行列（もしくは実対称行列）とよばれる．

重要　ユニタリー行列

$$AA^* = A^*A = E$$

を満たす正方行列 A を**ユニタリー行列**という．とくに，A が実行列の場合，$A\,{}^tA = {}^tA\,A = E$ となり，A は**直交行列**とよばれる．

Memo
ユニタリー行列は $A^* = A^{-1}$，直交行列は ${}^tA = A^{-1}$ を満たす．

なお，$A^*A = AA^*$ を満たす正方行列 A を**正規行列**とよぶ．すなわち，それ自身とその随伴行列との積が可換な行列である．

Memo
既出の正則行列と正規行列を混同しないようにする．

ユニタリー行列（成分が実数のとき直交行列），エルミート行列（成分が実数のとき対称行列）などは正規行列の例である．また，第 7 章で説明するが，正規行列は適当なユニタリー行列によって対角化できる．

例 10　$A = \begin{pmatrix} 1 & i \\ -i & 0 \end{pmatrix}$ は $A^* = \begin{pmatrix} 1 & i \\ -i & 0 \end{pmatrix} = A$ より，エルミート行列である．

例 11　$A = \begin{pmatrix} \cos\alpha + i\sin\alpha & 0 \\ 0 & \cos\beta + i\sin\beta \end{pmatrix}$ はユニタリー行列であることを，つぎのように確認できる．$A^* = \begin{pmatrix} \cos\alpha - i\sin\alpha & 0 \\ 0 & \cos\beta - i\sin\beta \end{pmatrix}$ より

$$\begin{aligned} AA^* &= \begin{pmatrix} \cos\alpha + i\sin\alpha & 0 \\ 0 & \cos\beta + i\sin\beta \end{pmatrix}\begin{pmatrix} \cos\alpha - i\sin\alpha & 0 \\ 0 & \cos\beta - i\sin\beta \end{pmatrix} \\ &= \begin{pmatrix} 1 & 0 \\ 0 & 1 \end{pmatrix} = E \\ A^*A &= \begin{pmatrix} \cos\alpha - i\sin\alpha & 0 \\ 0 & \cos\beta - i\sin\beta \end{pmatrix}\begin{pmatrix} \cos\alpha + i\sin\alpha & 0 \\ 0 & \cos\beta + i\sin\beta \end{pmatrix} \\ &= \begin{pmatrix} 1 & 0 \\ 0 & 1 \end{pmatrix} = E \end{aligned}$$

$AA^* = A^*A = E$ より，A はユニタリー行列である．

なお，$A = \begin{pmatrix} e^{i\alpha} & 0 \\ 0 & e^{i\beta} \end{pmatrix}$，$A^* = \begin{pmatrix} e^{-i\alpha} & 0 \\ 0 & e^{-i\beta} \end{pmatrix}$ と表記できるので，同様に計算すると，A はユニタリー行列であることがわかる．

▶ **例題 5**　$A = \begin{pmatrix} a & b & c \\ a & -b & c \\ a & 0 & d \end{pmatrix}$ が直交行列になるように，定数 a，b，c，d の値を定めなさい．

▶▶考え方

直交行列の定義 $A\,{}^tA = {}^tA\,A = E$ を用いる．

解答▷

$$
{}^tA\,A = \begin{pmatrix} a & a & a \\ b & -b & 0 \\ c & c & d \end{pmatrix}\begin{pmatrix} a & b & c \\ a & -b & c \\ a & 0 & d \end{pmatrix} = \begin{pmatrix} 3a^2 & 0 & 2ac+ad \\ 0 & 2b^2 & 0 \\ 2ac+ad & 0 & 2c^2+d^2 \end{pmatrix} = \begin{pmatrix} 1 & 0 & 0 \\ 0 & 1 & 0 \\ 0 & 0 & 1 \end{pmatrix} \cdots①
$$

① より，

$$
3a^2 = 1 \quad \cdots②, \qquad 2b^2 = 1 \quad \cdots③, \qquad 2c^2 + d^2 = 1 \quad \cdots④, \qquad a(2c+d) = 0 \quad \cdots⑤
$$

② より $a = \pm\dfrac{1}{\sqrt{3}}$，③ より $b = \pm\dfrac{1}{\sqrt{2}}$ である．

また，$a \neq 0$ なので，⑤ より $d = -2c$ となる．これを ④ に代入して，$6c^2 = 1$ である．よって，$c = \pm\dfrac{1}{\sqrt{6}}$

（答）$a = \pm\dfrac{1}{\sqrt{3}}$，$b = \pm\dfrac{1}{\sqrt{2}}$，$c = \pm\dfrac{1}{\sqrt{6}}$，$d = -2c$（ただし，$a$，$b$，$c$ の符号は任意でよい）

参考▷

$$
A\,{}^tA = \begin{pmatrix} a & b & c \\ a & -b & c \\ a & 0 & d \end{pmatrix}\begin{pmatrix} a & a & a \\ b & -b & 0 \\ c & c & d \end{pmatrix} = \begin{pmatrix} a^2+b^2+c^2 & a^2-b^2+c^2 & a^2+cd \\ a^2-b^2+c^2 & a^2+b^2+c^2 & a^2+cd \\ a^2+cd & a^2+cd & a^2+d^2 \end{pmatrix} = \begin{pmatrix} 1 & 0 & 0 \\ 0 & 1 & 0 \\ 0 & 0 & 1 \end{pmatrix}
$$
$$\cdots⑥$$

上記で求めた a，b，c，d の値は，

$$
a^2+b^2+c^2 = \frac{1}{3} + \frac{1}{2} + \frac{1}{6} = 1, \quad a^2+d^2 = \frac{1}{3} + \frac{2}{3} = 1
$$
$$
a^2+cd = \frac{1}{3} - \frac{1}{\sqrt{6}} \times \frac{2}{\sqrt{6}} = 0, \quad a^2-b^2+c^2 = \frac{1}{3} - \frac{1}{2} + \frac{1}{6} = 0
$$

となり，⑥ を満たすことが確認できる．

▶例題 6★　行列 $A = \dfrac{1}{2}\begin{pmatrix} -\sqrt{2} & 1 & i \\ a & \sqrt{2}\,i & b \\ \sqrt{2} & c & d \end{pmatrix}$ がユニタリー行列となるように，定数 a，b，c，d の値を定めなさい．ただし，i は虚数単位を表す．

▶▶考え方

ユニタリー行列の定義 $AA^* = A^*A = E$ を用いる．また，定数 a，b，c，d は複素数なので，実数と思い込まないように注意する．

解答▷　A がユニタリー行列であるとき，$A^*A = AA^* = E$ を満たすので

$$A^* = \frac{1}{2}\begin{pmatrix} -\sqrt{2} & \overline{a} & \sqrt{2} \\ 1 & -\sqrt{2}\,i & \overline{c} \\ -i & \overline{b} & \overline{d} \end{pmatrix} \quad (\overline{a},\ \overline{b},\ \overline{c},\ \overline{d}\ \text{はそれぞれ}\ a,\ b,\ c,\ d\ \text{の共役複素数})$$

よって，

$$\begin{aligned} A^*A &= \frac{1}{4}\begin{pmatrix} -\sqrt{2} & \overline{a} & \sqrt{2} \\ 1 & -\sqrt{2}\,i & \overline{c} \\ -i & \overline{b} & \overline{d} \end{pmatrix}\begin{pmatrix} -\sqrt{2} & 1 & i \\ a & \sqrt{2}\,i & b \\ \sqrt{2} & c & d \end{pmatrix} \\ &= \frac{1}{4}\begin{pmatrix} 4+|a|^2 & -\sqrt{2}+\sqrt{2}\,\overline{a}i+\sqrt{2}\,c & -\sqrt{2}\,i+\overline{a}b+\sqrt{2}\,d \\ -\sqrt{2}-\sqrt{2}\,ai+\sqrt{2}\,\overline{c} & 3+|c|^2 & i-\sqrt{2}\,bi+\overline{c}d \\ \sqrt{2}\,i+a\overline{b}+\sqrt{2}\,\overline{d} & -i+\sqrt{2}\,\overline{b}i+c\overline{d} & 1+|b|^2+|d|^2 \end{pmatrix} \\ &= E \end{aligned}$$

- $(1,1)$ 成分どうしの相等より
  $\dfrac{4+|a|^2}{4} = 1$ から $|a|^2 = 0 \iff |a| = 0$，　よって　$a = 0$
- $(1,2)$ 成分どうしの相等より
  $-\sqrt{2}+\sqrt{2}\,\overline{a}i+\sqrt{2}\,c = 0 \iff -\sqrt{2}+\sqrt{2}\,c = 0 \quad (\because\ \overline{a} = 0)$，　よって　$c = 1$
- $(1,3)$ 成分どうしの相等より
  $-\sqrt{2}\,i+\overline{a}b+\sqrt{2}\,d = 0 \iff -\sqrt{2}\,i+\sqrt{2}\,d = 0 \quad (\because\ \overline{a} = 0)$，　よって　$d = i$
- $(2,3)$ 成分どうしの相等より
  $i-\sqrt{2}\,bi+\overline{c}d = 0 \iff i-\sqrt{2}\,bi+i = 0$，　よって　$b = \sqrt{2}$

ほかの $(2,1)$，$(2,2)$，$(3,1)$，$(3,2)$，$(3,3)$ 成分も確認してみる．

- $(2,1)$ 成分　$\dfrac{1}{4}(-\sqrt{2}-\sqrt{2}\,ai+\sqrt{2}\,\overline{c}) = \dfrac{1}{4}(-\sqrt{2}+\sqrt{2}\,) = 0$
- $(2,2)$ 成分　$\dfrac{3+|c|^2}{4} = 1$
- $(3,1)$ 成分　$\dfrac{1}{4}(\sqrt{2}\,i+a\overline{b}+\sqrt{2}\,\overline{d}) = \dfrac{1}{4}\bigl(\sqrt{2}\,i+\sqrt{2}(-i)\bigr) = 0$
- $(3,2)$ 成分　$\dfrac{1}{4}(-i+\sqrt{2}\,\overline{b}i+c\overline{d}) = \dfrac{1}{4}(-i+\sqrt{2}\,\sqrt{2}\,i-i) = 0$
- $(3,3)$ 成分　$\dfrac{1+|b|^2+|d|^2}{4} = \dfrac{4}{4} = 1$

（答）$a = 0$，$b = \sqrt{2}$，$c = 1$，$d = i$

参考▷　$AA^* = E$ も確認できる．

▶▶▶ 演習問題 2

1　$A = \begin{pmatrix} a & 1 & 0 \\ 0 & a & 1 \\ 0 & 0 & a \end{pmatrix}$ に対して，$D = \begin{pmatrix} a & 0 & 0 \\ 0 & a & 0 \\ 0 & 0 & a \end{pmatrix}$，$N = \begin{pmatrix} 0 & 1 & 0 \\ 0 & 0 & 1 \\ 0 & 0 & 0 \end{pmatrix}$ とする．このとき，$A = D + N$ と表されることを利用して，A^n（n は正の整数）を求めなさい．

2　A，B を n 次正方行列（n は 2 以上の整数）とする．また，n 次正方行列 M の対角線

成分の和を $\mathrm{tr}(M)$ とする．このとき，$\mathrm{tr}(AB)=\mathrm{tr}(BA)$ であることを証明しなさい．

3★★ n 次正方行列 A の (i,j) 成分を

$$a_{ij}{}^{(1)}=\begin{cases}1 & (j-i=1,\ 1\leqq i\leqq n-1,\ 2\leqq j\leqq n \text{ のとき})\\ 0 & (\text{その他})\end{cases}$$

とする．このとき，つぎの問いに答えなさい．

(1) A^k $(2\leqq k\leqq n)$ の (i,j) 成分 $a_{ij}{}^{(k)}$ を，上のような表し方で示しなさい．

(2) 単位行列 E_n に対して，E_n-A は逆行列をもつ．この逆行列を E_n と A^k $(1\leqq k\leqq n-1)$ を用いて表しなさい．

4★ A，B を n 次正方行列，E を n 次単位行列，O を n 次零行列とする．このとき，$3n$ 次正方行列 $\begin{pmatrix}E & A & O\\ O & E & B\\ O & O & E\end{pmatrix}$ の逆行列を，A，B，E，O によって表しなさい．

5 $A=\begin{pmatrix}\lambda & 1 & 0\\ 0 & \lambda & 1\\ 0 & 0 & \lambda\end{pmatrix}$ と交換可能な 3 次正方行列を求めなさい．

▶▶▶ 演習問題 2　解答

1 **▶▶ 考え方**

$DN=ND$ より二項定理を用いて解く．

解答▷ $N^2=\begin{pmatrix}0 & 0 & 1\\ 0 & 0 & 0\\ 0 & 0 & 0\end{pmatrix}$，$N^3=O$ である．また，$D=aE_3$ より $D^n=a^nE_3$ となる．

$DN=ND$ より，$n\geqq 2$ のとき

$$\begin{aligned}A^n&=(D+N)^n=D^n+nD^{n-1}N+\frac{n(n-1)}{2}D^{n-2}N^2\\ &=a^n\begin{pmatrix}1 & 0 & 0\\ 0 & 1 & 0\\ 0 & 0 & 1\end{pmatrix}+na^{n-1}\begin{pmatrix}0 & 1 & 0\\ 0 & 0 & 1\\ 0 & 0 & 0\end{pmatrix}+\frac{n(n-1)}{2}a^{n-2}\begin{pmatrix}1 & 0 & 0\\ 0 & 1 & 0\\ 0 & 0 & 1\end{pmatrix}\begin{pmatrix}0 & 0 & 1\\ 0 & 0 & 0\\ 0 & 0 & 0\end{pmatrix}\\ &=\begin{pmatrix}a^n & 0 & 0\\ 0 & a^n & 0\\ 0 & 0 & a^n\end{pmatrix}+\begin{pmatrix}0 & na^{n-1} & 0\\ 0 & 0 & na^{n-1}\\ 0 & 0 & 0\end{pmatrix}+\begin{pmatrix}0 & 0 & \dfrac{n(n-1)a^{n-2}}{2}\\ 0 & 0 & 0\\ 0 & 0 & 0\end{pmatrix}\\ &=\begin{pmatrix}a^n & na^{n-1} & \dfrac{n(n-1)}{2}a^{n-2}\\ 0 & a^n & na^{n-1}\\ 0 & 0 & a^n\end{pmatrix}\end{aligned}$$

なお，$n=1$ のときも成り立つ．

（答）$\begin{pmatrix}a^n & na^{n-1} & \dfrac{n(n-1)}{2}a^{n-2}\\ 0 & a^n & na^{n-1}\\ 0 & 0 & a^n\end{pmatrix}$

2 ▶▶ **考え方**

tr(M) の定義において，行列の積の定義から対角成分の和を表せばよい．

解答▷ A の (i,j) 成分を a_{ij}，B の (i,j) 成分を b_{ij} とする．行列の積の定義より，AB の (p,p) 成分は $\displaystyle\sum_{k=1}^{n} a_{pk}b_{kp}$ $(1 \leqq p \leqq n)$ と表される．これより，

$$\mathrm{tr}(AB) = \sum_{p=1}^{n}\left(\sum_{k=1}^{n} a_{pk}b_{kp}\right)$$

となる．同様に，$\mathrm{tr}(BA) = \displaystyle\sum_{q=1}^{n}\left(\sum_{l=1}^{n} b_{ql}a_{lq}\right)$ であるが，

$$\begin{aligned}\mathrm{tr}(AB) &= \sum_{p=1}^{n}\left(\sum_{k=1}^{n} a_{pk}b_{kp}\right) = \sum_{p=1}^{n}\left(\sum_{k=1}^{n} b_{kp}a_{pk}\right) = \sum_{k=1}^{n}\left(\sum_{p=1}^{n} b_{kp}a_{pk}\right)\\ &= \mathrm{tr}(BA)\end{aligned}$$

より，$\mathrm{tr}(AB) = \mathrm{tr}(BA)$ が成り立つことがわかる．

参考▷ この結果を用いると，正則行列 P に対して，$\mathrm{tr}(P^{-1}AP) = \mathrm{tr}(A)$ を以下のように示すことができる．

$$\mathrm{tr}(P^{-1}AP) = \mathrm{tr}\left\{P^{-1}(AP)\right\} = \mathrm{tr}\left\{(AP)P^{-1}\right\} = \mathrm{tr}\left\{A(PP^{-1})\right\} = \mathrm{tr}(A)$$

なお，A から $P^{-1}AP$ を考える操作は，第 7 章で A を対角化する操作で用いられる．上式は，A の固有値の総和は，A のトレースに等しくなることを意味する．

3 ▶▶ **考え方**

問題文にある行列 A の成分に対する表記法の意味を理解して，$A^2, A^3, \ldots$ を計算する．

解答▷ (1)　n 次正方行列 A，A^2，A^k の成分を具体的に表してみると，

$$A = \begin{pmatrix} {a_{11}}^{(1)} & {a_{12}}^{(1)} & {a_{13}}^{(1)} & \cdots & {a_{1n}}^{(1)} \\ {a_{21}}^{(1)} & {a_{22}}^{(1)} & {a_{23}}^{(1)} & \cdots & {a_{2n}}^{(1)} \\ \vdots & \vdots & \vdots & \ddots & \vdots \\ {a_{n-1\ 1}}^{(1)} & {a_{n-1\ 2}}^{(1)} & {a_{n-1\ 3}}^{(1)} & \cdots & {a_{n-1\ n}}^{(1)} \\ {a_{n1}}^{(1)} & {a_{n2}}^{(1)} & {a_{n3}}^{(1)} & \cdots & {a_{nn}}^{(1)} \end{pmatrix}$$

$$
\begin{array}{c}
\begin{array}{cccccc} j=1 & 2 & 3 & \cdots & & n \end{array}\\
= \begin{pmatrix}
0 & 1 & 0 & 0 & \cdots & 0 \\
0 & 0 & 1 & 0 & \cdots & 0 \\
0 & 0 & 0 & 1 & \ddots & \vdots \\
\vdots & \vdots & \vdots & \ddots & \ddots & 0 \\
0 & 0 & 0 & \cdots & 0 & 1 \\
0 & 0 & 0 & \cdots & 0 & 0
\end{pmatrix}
\begin{array}{l} i=1 \\ 2 \\ \vdots \\ \\ n-1 \\ n \end{array}
\end{array}
$$

$$
A^2 = \begin{pmatrix}
{a_{11}}^{(2)} & {a_{12}}^{(2)} & {a_{13}}^{(2)} & \cdots & {a_{1n}}^{(2)} \\
{a_{21}}^{(2)} & {a_{22}}^{(2)} & {a_{23}}^{(2)} & \cdots & {a_{2n}}^{(2)} \\
\vdots & \vdots & \vdots & \ddots & \vdots \\
{a_{n-1\ 1}}^{(2)} & {a_{n-1\ 2}}^{(2)} & {a_{n-1\ 3}}^{(2)} & \cdots & {a_{n-1\ n}}^{(2)} \\
{a_{n1}}^{(2)} & {a_{n2}}^{(2)} & {a_{n3}}^{(2)} & \cdots & {a_{nn}}^{(2)}
\end{pmatrix}
$$

$$
= \begin{pmatrix}
0 & 1 & 0 & 0 & \cdots & 0 \\
0 & 0 & 1 & 0 & \cdots & 0 \\
0 & 0 & 0 & 1 & \ddots & \vdots \\
\vdots & \vdots & \vdots & \ddots & \ddots & 0 \\
0 & 0 & 0 & \cdots & 0 & 1 \\
0 & 0 & 0 & \cdots & 0 & 0
\end{pmatrix}
\begin{pmatrix}
0 & 1 & 0 & 0 & \cdots & 0 \\
0 & 0 & 1 & 0 & \cdots & 0 \\
0 & 0 & 0 & 1 & \ddots & \vdots \\
\vdots & \vdots & \vdots & \ddots & \ddots & 0 \\
0 & 0 & 0 & \cdots & 0 & 1 \\
0 & 0 & 0 & \cdots & 0 & 0
\end{pmatrix}
$$

$$
\begin{array}{c}
\begin{array}{cccccc} j=1 & 2 & 3 & \cdots & & n \end{array}\\
= \begin{pmatrix}
0 & 0 & 1 & 0 & \cdots & 0 \\
0 & 0 & 0 & 1 & \ddots & \vdots \\
\vdots & \vdots & \vdots & \ddots & \ddots & 0 \\
0 & 0 & 0 & \cdots & 0 & 1 \\
0 & 0 & 0 & \cdots & 0 & 0 \\
0 & 0 & 0 & \cdots & 0 & 0
\end{pmatrix}
\begin{array}{l} i=1 \\ \vdots \\ \\ n-2 \\ n-1 \\ n \end{array}
\end{array}
$$

$$
A^k = \begin{pmatrix}
{a_{11}}^{(k)} & {a_{12}}^{(k)} & {a_{13}}^{(k)} & \cdots & {a_{1n}}^{(k)} \\
{a_{21}}^{(k)} & {a_{22}}^{(k)} & {a_{23}}^{(k)} & \cdots & {a_{2n}}^{(k)} \\
\vdots & \vdots & \vdots & \ddots & \vdots \\
{a_{n-1\ 1}}^{(k)} & {a_{n-1\ 2}}^{(k)} & {a_{n-1\ 3}}^{(k)} & \cdots & {a_{n-1\ n}}^{(k)} \\
{a_{n1}}^{(k)} & {a_{n2}}^{(k)} & {a_{n3}}^{(k)} & \cdots & {a_{nn}}^{(k)}
\end{pmatrix}
$$

$$
\begin{array}{c}
\begin{array}{ccccccccc} j=1 & 2 & \cdots & & k+1 & \cdots & & & n \end{array} \\
= \begin{pmatrix}
0 & 0 & \cdots & 0 & 1 & 0 & \cdots & 0 & 0 \\
0 & 0 & \cdots & 0 & 0 & 1 & 0 & \cdots & 0 \\
0 & 0 & \cdots & 0 & 0 & 0 & \ddots & \ddots & \vdots \\
\vdots & \vdots & \ddots & \vdots & \vdots & \vdots & \ddots & 1 & 0 \\
0 & 0 & \cdots & 0 & 0 & 0 & \cdots & 0 & 1 \\
0 & 0 & \cdots & 0 & 0 & 0 & \cdots & 0 & 0 \\
\vdots & \vdots & \ddots & \vdots & \vdots & \vdots & \ddots & \vdots & \vdots \\
0 & 0 & \cdots & 0 & 0 & 0 & 0 & 0 & 0
\end{pmatrix}
\begin{array}{c} i=1 \\ 2 \\ \vdots \\ \\ n-k \\ \vdots \\ \\ n \end{array}
\end{array}
$$

A^k は k が大きくなるにつれて，成分 1 の領域（灰色で囲まれた領域）が右上にシフトしながら小さくなり，k が n 以上では，全成分が 0 の零行列 O になる．
すなわち，$A^k = O \quad (k \geqq n)$ より，A は冪零行列である．これを問題文の表記にすると，

$$
a_{ij}{}^{(k)} = \begin{cases} 1 & (j-i=k,\ 1 \leqq i \leqq n-k,\ k+1 \leqq j \leqq n \text{ のとき}) \\ 0 & (\text{その他}) \end{cases}
$$

（答）$a_{ij}{}^{(k)} = \begin{cases} 1 & (j-i=k,\ 1 \leqq i \leqq n-k,\ k+1 \leqq j \leqq n \text{ のとき}) \\ 0 & (\text{その他}) \end{cases}$

(2) $E_n - A^n = E_n{}^n - A^n = (E_n - A)(E_n + A + A^2 + \cdots + A^{n-1})$

$\qquad = (E_n + A + A^2 + \cdots + A^{n-1})(E_n - A)$

(1) より，$A^n = O$ であるため

$$E_n = (E_n - A)(E_n + A + A^2 + \cdots + A^{n-1}) = (E_n + A + A^2 + \cdots + A^{n-1})(E_n - A)$$

したがって，$E_n - A$ の逆行列，すなわち $(E_n - A)^{-1}$ はつぎのようになる．

$$(E_n - A)^{-1} = E_n + A + A^2 + \cdots + A^{n-1} = E_n + \sum_{k=1}^{n-1} A^k$$

（答）$E_n + \sum_{k=1}^{n-1} A^k$

4 **▶▶考え方**

行列をブロックに分割して，それぞれのブロックを行列の成分として捉える．

解答▷ 求める逆行列を $\begin{pmatrix} X & Y & Z \\ U & V & W \\ L & M & N \end{pmatrix}$ とおくと，つぎのようになる．

$$
\begin{pmatrix} E & A & O \\ O & E & B \\ O & O & E \end{pmatrix}
\begin{pmatrix} X & Y & Z \\ U & V & W \\ L & M & N \end{pmatrix}
= \begin{pmatrix} X+AU & Y+AV & Z+AW \\ U+BL & V+BM & W+BN \\ L & M & N \end{pmatrix}
= \begin{pmatrix} E & O & O \\ O & E & O \\ O & O & E \end{pmatrix}
$$

まず，第 3 行どうしの相等より，

$L = O, \quad M = O, \quad N = E$

第 2 行どうしの相等では,

$U + BL = O$ より, $U = O \quad (\because\ L = O)$

$W + BN = O$ より, $W = -B \quad (\because\ N = E)$

$V + BM = E$ より, $V = E \quad (\because\ M = O)$

第 1 行どうしの相等では,

$X + AU = E$ より, $X = E \quad (\because\ U = O)$

$Y + AV = O$ より, $Y = -A \quad (\because\ V = E)$

$Z + AW = O$ より, $Z = AB \quad (\because\ W = -B)$

よって, $\begin{pmatrix} X & Y & Z \\ U & V & W \\ L & M & N \end{pmatrix} = \begin{pmatrix} E & -A & AB \\ O & E & -B \\ O & O & E \end{pmatrix}$ で

$$\begin{pmatrix} E & -A & AB \\ O & E & -B \\ O & O & E \end{pmatrix}\begin{pmatrix} E & A & O \\ O & E & B \\ O & O & E \end{pmatrix} = \begin{pmatrix} E & O & O \\ O & E & O \\ O & O & E \end{pmatrix}$$

からも求める逆行列は $\begin{pmatrix} E & -A & AB \\ O & E & -B \\ O & O & E \end{pmatrix}$ である.

（答）$\begin{pmatrix} E & -A & AB \\ O & E & -B \\ O & O & E \end{pmatrix}$

5 ▶▶ **考え方**

求める 3 次正方行列を X として, $AX = XA$ を満たす X を求める. この場合, A をスカラー倍した単位行列とほかの行列の和に分解するほうが, 計算は簡易化される.

解答 ▷

$$A = \begin{pmatrix} \lambda & 1 & 0 \\ 0 & \lambda & 1 \\ 0 & 0 & \lambda \end{pmatrix} = \lambda E_3 + N, \quad N = \begin{pmatrix} 0 & 1 & 0 \\ 0 & 0 & 1 \\ 0 & 0 & 0 \end{pmatrix}$$

と考えると, $AX = \lambda X + NX$, $XA = \lambda X + XN$ となって, $AX = XA$ より, $NX = XN$ となる.

$X = \begin{pmatrix} a & b & c \\ u & v & w \\ x & y & z \end{pmatrix}$ （各成分は任意の定数） とおくと,

$$NX = \begin{pmatrix} 0 & 1 & 0 \\ 0 & 0 & 1 \\ 0 & 0 & 0 \end{pmatrix}\begin{pmatrix} a & b & c \\ u & v & w \\ x & y & z \end{pmatrix} = \begin{pmatrix} u & v & w \\ x & y & z \\ 0 & 0 & 0 \end{pmatrix}$$

$$XN = \begin{pmatrix} a & b & c \\ u & v & w \\ x & y & z \end{pmatrix}\begin{pmatrix} 0 & 1 & 0 \\ 0 & 0 & 1 \\ 0 & 0 & 0 \end{pmatrix} = \begin{pmatrix} 0 & a & b \\ 0 & u & v \\ 0 & x & y \end{pmatrix}$$

$NX = XN$ より各成分が等しいので,

$u = 0, \ v = a, \ w = b, \ x = 0, \ y = u = 0, \ z = v = a$

が得られる．よって，求める行列は，$X = \begin{pmatrix} a & b & c \\ 0 & a & b \\ 0 & 0 & a \end{pmatrix}$ （a, b, c は任意の定数）

（答）$X = \begin{pmatrix} a & b & c \\ 0 & a & b \\ 0 & 0 & a \end{pmatrix}$ （a, b, c は任意の定数）

参考▷ $AX = XA = \begin{pmatrix} \lambda a & \lambda b + a & \lambda c + b \\ 0 & \lambda a & \lambda b + a \\ 0 & 0 & \lambda a \end{pmatrix}$ と確認できる．

Chapter 3 行列式

▶▶ **出題傾向と学習上のポイント**

行列式の計算はとくに1次検定では頻出です．また，行列式は階数，連立方程式の解法，さらに固有値や固有ベクトルの計算，行列の対角化にも関係しているため，正確にかつ素早く計算ができるようにしましょう．

1 行列と行列式のちがい

行列とは，列ベクトルや行ベクトルの集合であると考えることができる．一方，行列式は，見た目は行列と似ているが，正方行列に対して定まる一つの数であり，行列とは全く異なる概念である．

n 次正方行列 $A = \begin{pmatrix} a_{11} & a_{12} & \cdots & a_{1n} \\ a_{21} & a_{22} & \cdots & a_{2n} \\ \vdots & \vdots & \ddots & \vdots \\ a_{n1} & a_{n2} & \cdots & a_{nn} \end{pmatrix}$ に対して，行列式 $|A|$（もしくは $\det A$）は

$$|A| = \begin{vmatrix} a_{11} & a_{12} & \cdots & a_{1n} \\ a_{21} & a_{22} & \cdots & a_{2n} \\ \vdots & \vdots & \ddots & \vdots \\ a_{n1} & a_{n2} & \cdots & a_{nn} \end{vmatrix}$$

と表され，代数学の群（置換）のコンセプトを用いて定義される．

例 1 行列 $A = \begin{pmatrix} 2 & 3 & -1 \\ 1 & 2 & 0 \\ -2 & 1 & 4 \end{pmatrix}$ は行ベクトル $\boldsymbol{a}_1 = (2, 3, -1)$，$\boldsymbol{a}_2 = (1, 2, 0)$，$\boldsymbol{a}_3 = (-2, 1, 4)$ の集合 $A = \begin{pmatrix} \boldsymbol{a}_1 \\ \boldsymbol{a}_2 \\ \boldsymbol{a}_3 \end{pmatrix}$ と表せる．また，列ベクトル $\boldsymbol{a}_1{}' = \begin{pmatrix} 2 \\ 1 \\ -2 \end{pmatrix}$，$\boldsymbol{a}_2{}' = \begin{pmatrix} 3 \\ 2 \\ 1 \end{pmatrix}$，

$\boldsymbol{a}_3{}' = \begin{pmatrix} -1 \\ 0 \\ 4 \end{pmatrix}$ として，$A = (\boldsymbol{a}_1{}' \ \boldsymbol{a}_2{}' \ \boldsymbol{a}_3{}')$ とも表せる．

例 2　2 次の行列式 $\begin{vmatrix} 3 & 1 \\ 2 & 3 \end{vmatrix} = 3 \times 3 - 1 \times 2 = 7$ は，二つのベクトル $\boldsymbol{a}_1 = (3,1)$，$\boldsymbol{a}_2 = (2,3)$，もしくは $\boldsymbol{a}_1{}' = \begin{pmatrix} 3 \\ 2 \end{pmatrix}$，$\boldsymbol{a}_2{}' = \begin{pmatrix} 1 \\ 3 \end{pmatrix}$ でつくられる平行四辺形の面積である．

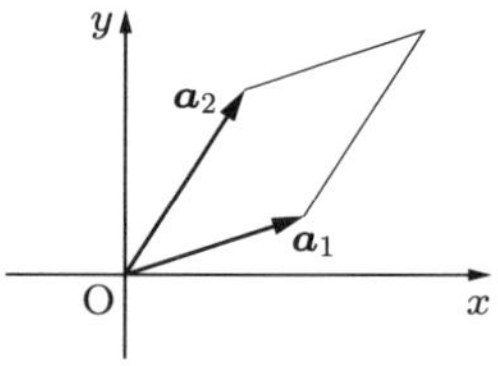

図 3.1

Memo

$\boldsymbol{a}_1$，$\boldsymbol{a}_2$ を 3 次元ベクトルと考え，$\boldsymbol{a}_1 = (3,1,0)$，$\boldsymbol{a}_2 = (2,3,0)$ として，外積 $\boldsymbol{a}_1 \times \boldsymbol{a}_2 = (0,0,7)$ となる．$|\boldsymbol{a}_1 \times \boldsymbol{a}_2| = 7$ より，2 次の行列式は，二つの列（行）ベクトルでつくられる平行四辺形，または，外積の大きさである．

例 3　$\begin{vmatrix} -1 & 0 & 2 \\ 1 & -2 & -1 \\ 2 & -1 & 3 \end{vmatrix} = 6 - 2 - (-8 - 1) = 4 + 9 = 13$ は，三つのベクトル $\boldsymbol{a} = (-1,0,2)$，$\boldsymbol{b} = (1,-2,-1)$，$\boldsymbol{c} = (2,-1,3)$ でつくられる平行六面体の体積である．

一般に，3 次行列式のイメージは，三つのベクトルでつくられる平行六面体の体積と考えてよい．

重要　平行六面体の体積

三つのベクトルを $\boldsymbol{a} = (a_1, a_2, a_3)$，$\boldsymbol{b} = (b_1, b_2, b_3)$，$\boldsymbol{c} = (c_1, c_2, c_3)$ として，$\boldsymbol{a}$，$\boldsymbol{b}$，$\boldsymbol{c}$ を隣り合う 3 辺にもつ平行六面体の体積 V は

$$V = |\boldsymbol{a} \cdot (\boldsymbol{b} \times \boldsymbol{c})| = |\boldsymbol{b} \cdot (\boldsymbol{c} \times \boldsymbol{a})| = |\boldsymbol{c} \cdot (\boldsymbol{a} \times \boldsymbol{b})|$$

なお，$\boldsymbol{a} \cdot (\boldsymbol{b} \times \boldsymbol{c})$ などをスカラー三重積とよび，つぎのような行列式で表せる．

$$\boldsymbol{a} \cdot (\boldsymbol{b} \times \boldsymbol{c}) = \boldsymbol{b} \cdot (\boldsymbol{c} \times \boldsymbol{a}) = \boldsymbol{c} \cdot (\boldsymbol{a} \times \boldsymbol{b}) = \begin{vmatrix} a_1 & a_2 & a_3 \\ b_1 & b_2 & b_3 \\ c_1 & c_2 & c_3 \end{vmatrix}$$

またスカラー三重積は負の値にもなり得るので，体積は $|\boldsymbol{a} \cdot (\boldsymbol{b} \times \boldsymbol{c})|$ のように「絶対値」として求める必要がある．

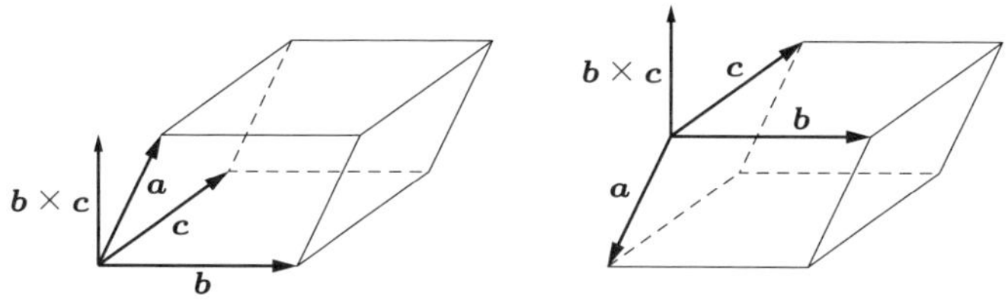

（a） $\boldsymbol{a}\cdot(\boldsymbol{b}\times\boldsymbol{c}) > 0$ の場合　　（b） $\boldsymbol{a}\cdot(\boldsymbol{b}\times\boldsymbol{c}) < 0$ の場合

図 3.2

2　行列式の計算

ここでは，実用的観点からサラスの方法による 2 次行列式，3 次行列式を図式的に説明するが，4 次以上の行列式に対して機械的にサラスの方法を適用するのは，誤りである．

● 2 次行列式

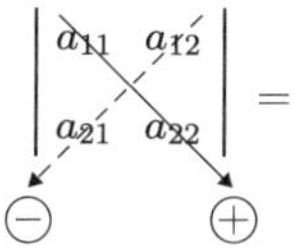

$$\begin{vmatrix} a_{11} & a_{12} \\ a_{21} & a_{22} \end{vmatrix} = a_{11}a_{22} - a_{12}a_{21}$$

Memo
実際は，互換の個数で符号が決まる．すなわち，偶置換でプラス，奇置換でマイナスとする．

● 3 次行列式

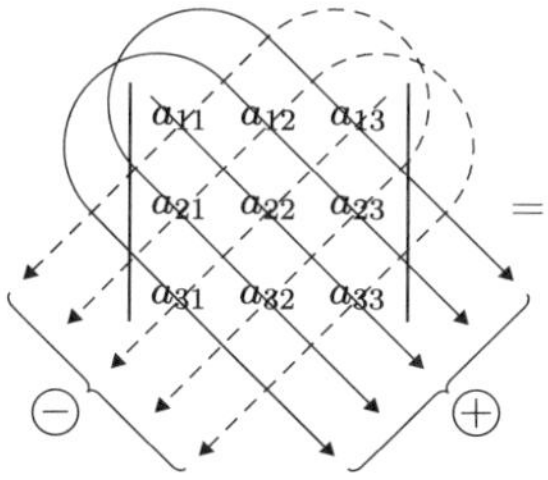

$$\begin{vmatrix} a_{11} & a_{12} & a_{13} \\ a_{21} & a_{22} & a_{23} \\ a_{31} & a_{32} & a_{33} \end{vmatrix} = a_{11}a_{22}a_{33} + a_{12}a_{23}a_{31} + a_{13}a_{21}a_{32} - a_{13}a_{22}a_{31} - a_{12}a_{21}a_{33} - a_{11}a_{23}a_{32}$$

▶**例題 1**　つぎの行列式をそれぞれ求めなさい．

(1) $\begin{vmatrix} 4 & -1 \\ 2 & 3 \end{vmatrix}$　　(2) $\begin{vmatrix} \cos\theta & -\sin\theta \\ \sin\theta & \cos\theta \end{vmatrix}$　　(3) $\begin{vmatrix} 4 & -1 & 2 \\ 2 & 3 & 0 \\ 1 & -1 & 1 \end{vmatrix}$

(4) $\begin{vmatrix} 1 & \omega & \omega^2 \\ \omega^2 & 1 & \omega \\ \omega & \omega^2 & 1 \end{vmatrix}$　（ω は，$x^3 = 1$ を満たす複素数の解の一つとする．）

▶▶ 考え方

サラスの方法で求める.

解答▷ (1) $\begin{vmatrix} 4 & -1 \\ 2 & 3 \end{vmatrix} = 4 \times 3 - (-1) \times 2 = 14$　　(答) 14

(2) $\begin{vmatrix} \cos\theta & -\sin\theta \\ \sin\theta & \cos\theta \end{vmatrix} = \cos^2\theta + \sin^2\theta = 1$　　(答) 1

(3) $\begin{vmatrix} 4 & -1 & 2 \\ 2 & 3 & 0 \\ 1 & -1 & 1 \end{vmatrix} = 4 \times 3 \times 1 + 2 \times 2 \times (-1) + (-1) \times 0 \times 1$

$\qquad - 2 \times 3 \times 1 - (-1) \times 2 \times 1 - 4 \times 0 \times 1 = 4$　　(答) 4

(4) $\begin{vmatrix} 1 & \omega & \omega^2 \\ \omega^2 & 1 & \omega \\ \omega & \omega^2 & 1 \end{vmatrix} = 1 + \omega^6 + \omega^3 - 3\omega^3 = 3 - 3 = 0 \quad (\because\ \omega^3 = \omega^6 = 1)$　　(答) 0

3　行列式の基本性質

❶ ある一つの行を c 倍すると，行列式は c 倍になる.

$$\begin{vmatrix} a_{11} & a_{12} & a_{13} \\ ca_{21} & ca_{22} & ca_{23} \\ a_{31} & a_{32} & a_{33} \end{vmatrix} = c\begin{vmatrix} a_{11} & a_{12} & a_{13} \\ a_{21} & a_{22} & a_{23} \\ a_{31} & a_{32} & a_{33} \end{vmatrix}$$

なお，$c=0$ すなわち，一つの行の成分がすべて 0 ならば，行列式は 0 になる.

❷ ある行が二つの数の和である行列式は，その行がそれぞれの数をとり，ほかの行は同じ行列の行列式の和となる.

$$\begin{vmatrix} a_{11} & a_{12} & a_{13} \\ a_{21}+b_{21} & a_{22}+b_{22} & a_{23}+b_{23} \\ a_{31} & a_{32} & a_{33} \end{vmatrix} = \begin{vmatrix} a_{11} & a_{12} & a_{13} \\ a_{21} & a_{22} & a_{23} \\ a_{31} & a_{32} & a_{33} \end{vmatrix} + \begin{vmatrix} a_{11} & a_{12} & a_{13} \\ b_{21} & b_{22} & b_{23} \\ a_{31} & a_{32} & a_{33} \end{vmatrix}$$

❸ 二つの行を入れ換えると，行列式はもとの行列式の (-1) 倍になる.

$$\begin{vmatrix} a_{21} & a_{22} & a_{23} \\ a_{11} & a_{12} & a_{13} \\ a_{31} & a_{32} & a_{33} \end{vmatrix} = -\begin{vmatrix} a_{11} & a_{12} & a_{13} \\ a_{21} & a_{22} & a_{23} \\ a_{31} & a_{32} & a_{33} \end{vmatrix}$$

Memo
この場合，第 1 行と第 2 行を入れ換えている.

❹ 二つの行が等しい行列の行列式は 0 である.

$$\begin{vmatrix} a_{11} & a_{12} & a_{13} \\ a_{11} & a_{12} & a_{13} \\ a_{31} & a_{32} & a_{33} \end{vmatrix} = 0$$

Memo
この場合，第 1 行と第 2 行が等しい.

❺ 行列のある一つの行の c 倍をほかの行に加えても，行列式の値は変わらない.

$$\begin{vmatrix} a_{11} & a_{12} & a_{13} \\ a_{21} & a_{22} & a_{23} \\ a_{31} & a_{32} & a_{33} \end{vmatrix} = \begin{vmatrix} a_{11} & a_{12} & a_{13} \\ a_{21}+ca_{11} & a_{22}+ca_{12} & a_{23}+ca_{13} \\ a_{31} & a_{32} & a_{33} \end{vmatrix}$$

Memo
この場合，第 1 行の c 倍を第 2 行に加えている．

なお，❶から❺までは行に関する性質であるが，列に関しても同様に成り立つ．

❻ 行列 A を転置行列 ^tA にしても，行列式の値は変わらない．

$$|{}^tA| = |A| \text{ すなわち，} \begin{vmatrix} a_{11} & a_{21} & a_{31} \\ a_{12} & a_{22} & a_{32} \\ a_{13} & a_{23} & a_{33} \end{vmatrix} = \begin{vmatrix} a_{11} & a_{12} & a_{13} \\ a_{21} & a_{22} & a_{23} \\ a_{31} & a_{32} & a_{33} \end{vmatrix}$$

❼ n 次正方行列 A，B の積に対して，行列の積の行列式はそれぞれの行列式の積に等しい．

$$|AB| = |A| \cdot |B|$$

すなわち，$\begin{pmatrix} a_{11} & a_{12} \\ a_{21} & a_{22} \end{pmatrix}\begin{pmatrix} b_{11} & b_{12} \\ b_{21} & b_{22} \end{pmatrix} = \begin{pmatrix} c_{11} & c_{12} \\ c_{21} & c_{22} \end{pmatrix}$ のとき，

$$\begin{vmatrix} c_{11} & c_{12} \\ c_{21} & c_{22} \end{vmatrix} = \begin{vmatrix} a_{11} & a_{12} \\ a_{21} & a_{22} \end{vmatrix} \cdot \begin{vmatrix} b_{11} & b_{12} \\ b_{21} & b_{22} \end{vmatrix}$$

Memo
A，B，C の積では，
$|ABC| = |A| \cdot |B| \cdot |C|$

例題 2 9 個の実数 $\{a_i\}$，$\{b_i\}$，$\{c_i\}$ $(i = 1, 2, 3)$ を用いて，つぎの行列式 D を構成します．

$$D = \begin{vmatrix} {a_1}^2 + {a_2}^2 + {a_3}^2 & a_1b_1 + a_2b_2 + a_3b_3 & a_1c_1 + a_2c_2 + a_3c_3 \\ a_1b_1 + a_2b_2 + a_3b_3 & {b_1}^2 + {b_2}^2 + {b_3}^2 & b_1c_1 + b_2c_2 + b_3c_3 \\ a_1c_1 + a_2c_2 + a_3c_3 & b_1c_1 + b_2c_2 + b_3c_3 & {c_1}^2 + {c_2}^2 + {c_3}^2 \end{vmatrix}$$

このとき，$D \geqq 0$ となることを証明しなさい．さらに，$D = 0$ となるのはどのような場合かを，明確にそして簡潔に説明しなさい．

考え方

$A = \begin{pmatrix} a_1 & a_2 & a_3 \\ b_1 & b_2 & b_3 \\ c_1 & c_2 & c_3 \end{pmatrix}$ とすると，$D = |A\,{}^tA|$ となる．行列式の基本性質❻，❼を用いて，$D \geqq 0$ を証明する．

解答▷ $A = \begin{pmatrix} a_1 & a_2 & a_3 \\ b_1 & b_2 & b_3 \\ c_1 & c_2 & c_3 \end{pmatrix}$ とすると，

$$D = \left| \begin{pmatrix} a_1 & a_2 & a_3 \\ b_1 & b_2 & b_3 \\ c_1 & c_2 & c_3 \end{pmatrix}\begin{pmatrix} a_1 & b_1 & c_1 \\ a_2 & b_2 & c_2 \\ a_3 & b_3 & c_3 \end{pmatrix} \right| = \begin{vmatrix} a_1 & a_2 & a_3 \\ b_1 & b_2 & b_3 \\ c_1 & c_2 & c_3 \end{vmatrix} \cdot \begin{vmatrix} a_1 & b_1 & c_1 \\ a_2 & b_2 & c_2 \\ a_3 & b_3 & c_3 \end{vmatrix} = |A|\,|{}^tA|$$

となる．$|{}^tA| = |A|$ より

$$D = |A|^2 = \begin{vmatrix} a_1 & b_1 & c_1 \\ a_2 & b_2 & c_2 \\ a_3 & b_3 & c_3 \end{vmatrix}^2 \geqq 0$$

が成り立つ．また，$D = 0$ となるための必要十分条件は

$$\begin{vmatrix} a_1 & b_1 & c_1 \\ a_2 & b_2 & c_2 \\ a_3 & b_3 & c_3 \end{vmatrix} = \begin{vmatrix} a_1 & a_2 & a_3 \\ b_1 & b_2 & b_3 \\ c_1 & c_2 & c_3 \end{vmatrix} = 0$$

Check!
3 個の行ベクトルによる平行六面体の体積が 0 になる場合をイメージする．

であり，これは 3 個のベクトル

$$\boldsymbol{a} = (a_1, a_2, a_3), \quad \boldsymbol{b} = (b_1, b_2, b_3), \quad \boldsymbol{c} = (c_1, c_2, c_3)$$

が 1 次従属であることと同値である．

参考▷　1 次従属は，第 6 章でも説明するが，たとえば，$\boldsymbol{a} = \alpha\boldsymbol{b} + \beta\boldsymbol{c}$　（α，β は実数）のように，$\boldsymbol{a}$ が $\boldsymbol{b}$，$\boldsymbol{c}$ の 1 次結合として表されることである．この場合，

$$\begin{aligned} \begin{vmatrix} a_1 & a_2 & a_3 \\ b_1 & b_2 & b_3 \\ c_1 & c_2 & c_3 \end{vmatrix} &= \begin{vmatrix} \alpha b_1 + \beta c_1 & \alpha b_2 + \beta c_2 & \alpha b_3 + \beta c_3 \\ b_1 & b_2 & b_3 \\ c_1 & c_2 & c_3 \end{vmatrix} \\ &= \begin{vmatrix} \alpha b_1 & \alpha b_2 & \alpha b_3 \\ b_1 & b_2 & b_3 \\ c_1 & c_2 & c_3 \end{vmatrix} + \begin{vmatrix} \beta c_1 & \beta c_2 & \beta c_3 \\ b_1 & b_2 & b_3 \\ c_1 & c_2 & c_3 \end{vmatrix} \\ &= \alpha \begin{vmatrix} b_1 & b_2 & b_3 \\ b_1 & b_2 & b_3 \\ c_1 & c_2 & c_3 \end{vmatrix} + \beta \begin{vmatrix} c_1 & c_2 & c_3 \\ b_1 & b_2 & b_3 \\ c_1 & c_2 & c_3 \end{vmatrix} = 0 \end{aligned}$$

Check!
最後の二つの行列式は，どちらも二つの行が等しくなるので，ともに 0 である．

4　余因子による展開

(1) 余因子

n 次正方行列 A で

$$A = \begin{pmatrix} a_{11} & a_{12} & \cdots & a_{1j} & \cdots & a_{1n} \\ a_{21} & a_{22} & \cdots & a_{2j} & \cdots & a_{2n} \\ \vdots & \vdots & \ddots & \vdots & \ddots & \vdots \\ a_{i1} & a_{i2} & \cdots & a_{ij} & \cdots & a_{in} \\ \vdots & \vdots & \ddots & \vdots & \ddots & \vdots \\ a_{n1} & a_{n2} & \cdots & a_{nj} & \cdots & a_{nn} \end{pmatrix} \text{第 } i \text{ 行}$$

（第 j 列）

A から第 i 行と第 j 列を取り除いて得られる $(n-1)$ 次の行列を Δ_{ij} とするとき，

$$A_{ij} = (-1)^{i+j} |\Delta_{ij}|$$

Memo
$|\Delta_{ij}|$ に $(-1)^{i+j}$ をかけることを忘れないように．

を行列 A における a_{ij} の**余因子**という．

例題 3　$A = \begin{pmatrix} 2 & -1 & 1 \\ -2 & 3 & -1 \\ -1 & 1 & 4 \end{pmatrix}$ とするとき，余因子 A_{11}，A_{12}，A_{32} をそれぞれ求めなさい．

▶▶考え方
余因子の定義から求める．

解答▷
$$A_{11} = (-1)^{1+1}\begin{vmatrix} 3 & -1 \\ 1 & 4 \end{vmatrix} = 12 - (-1) = 13$$
$$A_{12} = (-1)^{1+2}\begin{vmatrix} -2 & -1 \\ -1 & 4 \end{vmatrix} = -(-8-1) = 9$$
$$A_{32} = (-1)^{3+2}\begin{vmatrix} 2 & 1 \\ -2 & -1 \end{vmatrix} = -\{-2-(-2)\} = 0$$

（答）$A_{11} = 13$，$A_{12} = 9$，$A_{32} = 0$

（2）余因子による行列式の展開

n 次正方行列 A の余因子を A_{ij} と表すとき，余因子による展開はつぎのようになる．

重要　余因子による行列式の展開

▶第 i 行に関する展開　$(1 \leqq i \leqq n)$

$$|A| = \sum_{j=1}^{n} a_{ij}A_{ij} = a_{i1}A_{i1} + a_{i2}A_{i2} + \cdots + a_{in}A_{in}$$

ただし，$\displaystyle\sum_{j=1}^{n} a_{ij}A_{kj} = 0 \quad (i \neq k)$　となる．

▶第 j 列に関する展開　$(1 \leqq j \leqq n)$

$$|A| = \sum_{i=1}^{n} a_{ij}A_{ij} = a_{1j}A_{1j} + a_{2j}A_{2j} + \cdots + a_{nj}A_{nj}$$

ただし，$\displaystyle\sum_{i=1}^{n} a_{ij}A_{ik} = 0 \quad (j \neq k)$　となる．

例 4　$|A| = \begin{vmatrix} 4 & -1 & 2 \\ 2 & 3 & 0 \\ 1 & -1 & 1 \end{vmatrix}$ を，第 1 行に関する展開から求めると，

$$|A| = a_{11}A_{11} + a_{12}A_{12} + a_{13}A_{13}$$
$$= 4 \times (-1)^2\begin{vmatrix} 3 & 0 \\ -1 & 1 \end{vmatrix} + (-1) \times (-1)^3\begin{vmatrix} 2 & 0 \\ 1 & 1 \end{vmatrix} + 2 \times (-1)^4\begin{vmatrix} 2 & 3 \\ 1 & -1 \end{vmatrix}$$

$$= 4 \times 3 + 1 \times 2 + 2 \times (-2-3) = 12 + 2 - 10 = 4$$

参考　$\displaystyle\sum_{j=1}^{3} a_{1j}A_{kj} = 0 \quad (k \neq 1)$ を確認する．たとえば，$k = 3$ として

$$\begin{aligned} &a_{11}A_{31} + a_{12}A_{32} + a_{13}A_{33} \\ &\quad = 4 \times (-1)^4 \begin{vmatrix} -1 & 2 \\ 3 & 0 \end{vmatrix} + (-1) \times (-1)^5 \begin{vmatrix} 4 & 2 \\ 2 & 0 \end{vmatrix} + 2 \times (-1)^6 \begin{vmatrix} 4 & -1 \\ 2 & 3 \end{vmatrix} \\ &\quad = 4(0-6) + (0-4) + 2(12+2) = -24 - 4 + 28 = 0 \end{aligned}$$

となる．$k = 2$ の場合も同様にして，$a_{11}A_{21} + a_{12}A_{22} + a_{13}A_{23} = 0$ が確認できる．

また，$\begin{vmatrix} 4 & -1 & 2 \\ 2 & 3 & 0 \\ 1 & -1 & 1 \end{vmatrix}$ をサラスの方法で展開しても，4 になる（例題 1 (3) を参照）．

例題 4　つぎの行列式を求めなさい．ただし，(2)〜(4) の結果は因数分解した形で示しなさい．

(1) $\begin{vmatrix} 1 & 2 & 3 & 4 \\ 2 & 5 & 6 & 5 \\ 3 & 6 & 13 & 10 \\ 4 & 9 & 6 & 15 \end{vmatrix}$　　(2) $\begin{vmatrix} ax & ay+1 & az-1 \\ bx-1 & by & bz+1 \\ cx+1 & cy-1 & cz \end{vmatrix}$

(3) $\begin{vmatrix} 1 & x & 1 & y \\ x & 1 & y & 1 \\ 1 & y & 1 & x \\ y & 1 & x & 1 \end{vmatrix}$　　(4★) $\begin{vmatrix} 1 & 1 & 1 & 1 \\ x_1 & x_2 & x_3 & x_4 \\ {x_1}^2 & {x_2}^2 & {x_3}^2 & {x_4}^2 \\ {x_1}^3 & {x_2}^3 & {x_3}^3 & {x_4}^3 \end{vmatrix}$

▶▶ 考え方

行列式の基本性質を活用して計算を行う．とくに，基本性質 ❺ により，0 の成分をつくって計算を簡単に行えるように工夫する．

解答▷　(1)

$$\begin{vmatrix} 1 & 2 & 3 & 4 \\ 2 & 5 & 6 & 5 \\ 3 & 6 & 13 & 10 \\ 4 & 9 & 6 & 15 \end{vmatrix} = \begin{vmatrix} 1 & 2 & 3 & 4 \\ 0 & 1 & 0 & -3 \\ 0 & 0 & 4 & -2 \\ 0 & 1 & -6 & -1 \end{vmatrix} = \begin{vmatrix} 1 & 0 & -3 \\ 0 & 4 & -2 \\ 1 & -6 & -1 \end{vmatrix} = \begin{vmatrix} 1 & 0 & -3 \\ 0 & 4 & -2 \\ 0 & -6 & 2 \end{vmatrix}$$

第 1 行 × (−2) を第 2 行に，第 1 行 × (−3) を第 3 行に，第 1 行 × (−4) を第 4 行にそれぞれ加える．

$$= \begin{vmatrix} 4 & -2 \\ -6 & 2 \end{vmatrix} = 8 - 12 = -4$$

（答）-4

(2) $\begin{vmatrix} ax & ay+1 & az-1 \\ bx-1 & by & bz+1 \\ cx+1 & cy-1 & cz \end{vmatrix} = \begin{vmatrix} a(x+y+z) & ay+1 & az-1 \\ b(x+y+z) & by & bz+1 \\ c(x+y+z) & cy-1 & cz \end{vmatrix}$

第 2 列，第 3 列をそれぞれ第 1 列に加える．

$$= (x+y+z)\begin{vmatrix} a & ay+1 & az-1 \\ b & by & bz+1 \\ c & cy-1 & cz \end{vmatrix}$$

$$= (x+y+z)\begin{vmatrix} a+b+c & (a+b+c)y & (a+b+c)z \\ b & by & bz+1 \\ c & cy-1 & cz \end{vmatrix}$$

$$= (x+y+z)(a+b+c)\begin{vmatrix} 1 & y & z \\ b & by & bz+1 \\ c & cy-1 & cz \end{vmatrix}$$

第 1 行 × $(-b)$ を第 2 行に，第 1 行 × $(-c)$ を第 3 行にそれぞれ加える．

$$= (x+y+z)(a+b+c)\begin{vmatrix} 1 & y & z \\ 0 & 0 & 1 \\ 0 & -1 & 0 \end{vmatrix}$$

$$= (x+y+z)(a+b+c)\begin{vmatrix} 0 & 1 \\ -1 & 0 \end{vmatrix}$$

$$= (a+b+c)(x+y+z)$$

(答) $(a+b+c)(x+y+z)$

(3) $\begin{vmatrix} 1 & x & 1 & y \\ x & 1 & y & 1 \\ 1 & y & 1 & x \\ y & 1 & x & 1 \end{vmatrix} = \begin{vmatrix} x+y+2 & x & 1 & y \\ x+y+2 & 1 & y & 1 \\ x+y+2 & y & 1 & x \\ x+y+2 & 1 & x & 1 \end{vmatrix}$

第 2 列，第 3 列，第 4 列をそれぞれ第 1 列に加える．

$$= (x+y+2)\begin{vmatrix} 1 & x & 1 & y \\ 1 & 1 & y & 1 \\ 1 & y & 1 & x \\ 1 & 1 & x & 1 \end{vmatrix} = (x+y+2)\begin{vmatrix} 1 & x & 1 & y \\ 0 & 1-x & y-1 & 1-y \\ 0 & y-x & 0 & x-y \\ 0 & 1-x & x-1 & 1-y \end{vmatrix}$$

$$= (x+y+2)\begin{vmatrix} 1-x & y-1 & 1-y \\ y-x & 0 & x-y \\ 1-x & x-1 & 1-y \end{vmatrix} = (x+y+2)\begin{vmatrix} 1-x & y-1 & 1-y \\ y-x & 0 & x-y \\ 0 & x-y & 0 \end{vmatrix}$$

$$= (x+y+2)\left\{-(x-y)^2(1-y)-(x-y)^2(1-x)\right\}$$

$$= (x-y)^2(x+y+2)(x+y-2)$$

(答) $(x-y)^2(x+y+2)(x+y-2)$

(4) $\begin{vmatrix} 1 & 1 & 1 & 1 \\ x_1 & x_2 & x_3 & x_4 \\ {x_1}^2 & {x_2}^2 & {x_3}^2 & {x_4}^2 \\ {x_1}^3 & {x_2}^3 & {x_3}^3 & {x_4}^3 \end{vmatrix} = \begin{vmatrix} 1 & 0 & 0 & 0 \\ x_1 & x_2-x_1 & x_3-x_1 & x_4-x_1 \\ {x_1}^2 & {x_2}^2-{x_1}^2 & {x_3}^2-{x_1}^2 & {x_4}^2-{x_1}^2 \\ {x_1}^3 & {x_2}^3-{x_1}^3 & {x_3}^3-{x_1}^3 & {x_4}^3-{x_1}^3 \end{vmatrix}$

第 1 列 × (-1) を第 2 列，第 3 列，第 4 列にそれぞれ加える．

$$= (x_2-x_1)(x_3-x_1)(x_4-x_1)$$

$$\times\begin{vmatrix} 1 & 1 & 1 \\ x_2+x_1 & x_3+x_1 & x_4+x_1 \\ {x_2}^2+x_2x_1+{x_1}^2 & {x_3}^2+x_3x_1+{x_1}^2 & {x_4}^2+x_4x_1+{x_1}^2 \end{vmatrix}$$

行列式の部分を計算すると，

$$\begin{vmatrix} 1 & 1 & 1 \\ x_2+x_1 & x_3+x_1 & x_4+x_1 \\ {x_2}^2+x_2x_1+{x_1}^2 & {x_3}^2+x_3x_1+{x_1}^2 & {x_4}^2+x_4x_1+{x_1}^2 \end{vmatrix}$$

第 1 列 × (−1) を第 2 列，第 3 列にそれぞれ加える．

$$= \begin{vmatrix} 1 & 0 & 0 \\ x_2+x_1 & x_3-x_2 & x_4-x_2 \\ {x_2}^2+x_2x_1+{x_1}^2 & {x_3}^2-{x_2}^2+x_1(x_3-x_2) & {x_4}^2-{x_2}^2+x_1(x_4-x_2) \end{vmatrix}$$

$$= (x_3-x_2)(x_4-x_2)\begin{vmatrix} 1 & 1 \\ x_1+x_2+x_3 & x_1+x_2+x_4 \end{vmatrix}$$

$$= (x_3-x_2)(x_4-x_2)(x_4-x_3)$$

よって，

$$\begin{vmatrix} 1 & 1 & 1 & 1 \\ x_1 & x_2 & x_3 & x_4 \\ {x_1}^2 & {x_2}^2 & {x_3}^2 & {x_4}^2 \\ {x_1}^3 & {x_2}^3 & {x_3}^3 & {x_4}^3 \end{vmatrix} = (x_4-x_3)(x_4-x_2)(x_4-x_1)(x_3-x_2)(x_3-x_1)(x_2-x_1)$$

$$= \prod_{1 \leqq i<j \leqq 4} (x_j - x_i)$$

（答）$\displaystyle\prod_{1 \leqq i<j \leqq 4} (x_j - x_i)$

Memo　n 次のファンデルモンドの行列式

$$\begin{vmatrix} 1 & 1 & \cdots & 1 \\ x_1 & x_2 & \cdots & x_n \\ \vdots & \vdots & \ddots & \vdots \\ {x_1}^{n-1} & {x_2}^{n-1} & \cdots & {x_n}^{n-1} \end{vmatrix} = \prod_{1 \leqq i<j \leqq n} (x_j - x_i)$$

なお，例題 4 (4) は 4 次のファンデルモンドの行列式である．

(3) 余因子行列

余因子 $A_{ij} = (-1)^{i+j}|\Delta_{ij}|$ を成分とする行列 $\begin{pmatrix} A_{11} & A_{12} & \cdots & A_{1n} \\ A_{21} & A_{22} & \cdots & A_{2n} \\ \vdots & \vdots & \ddots & \vdots \\ A_{n1} & A_{n2} & \cdots & A_{nn} \end{pmatrix}$ を転置した

行列 $\tilde{A} = \begin{pmatrix} A_{11} & A_{21} & \cdots & A_{n1} \\ A_{12} & A_{22} & \cdots & A_{n2} \\ \vdots & \vdots & \ddots & \vdots \\ A_{1n} & A_{2n} & \cdots & A_{nn} \end{pmatrix}$ を**余因子行列**という．

Memo

余因子行列は，余因子を成分とする行列を転置していることに注意する．

(4) 逆行列と余因子行列の関係

n 次正方行列 A の行列式 $|A|$ が 0 でない限り，行列 A は正則行列となり，逆行列 A^{-1} は余因子行列を用いて，つぎのように求められる．

重要　余因子行列を用いた逆行列 A^{-1} の求め方

$$A^{-1} = \frac{1}{|A|}\tilde{A} = \frac{1}{|A|}\begin{pmatrix} A_{11} & A_{21} & \cdots & A_{n1} \\ A_{12} & A_{22} & \cdots & A_{n2} \\ \vdots & \vdots & \ddots & \vdots \\ A_{1n} & A_{2n} & \cdots & A_{nn} \end{pmatrix} \quad \text{ただし，} |A| \neq 0$$

▶例題 5　つぎの行列の逆行列を求めなさい．

(1) $A = \begin{pmatrix} 1 & 2 & -1 \\ 0 & 0 & 5 \\ 0 & -1 & 4 \end{pmatrix}$　(2) $A = \begin{pmatrix} x & y & z \\ z & x & y \\ y & z & x \end{pmatrix}$　(3) $A = \begin{pmatrix} 0 & 0 & 2 & 1 \\ 0 & 3 & 1 & 0 \\ 4 & 1 & 0 & 0 \\ 1 & 0 & 0 & 0 \end{pmatrix}$

▶▶考え方

A の行列式と余因子行列より求める．

解答▷ (1)　$|A| = 5 \neq 0$ より A は正則行列である．

$$A_{11} = (-1)^{1+1}\begin{vmatrix} 0 & 5 \\ -1 & 4 \end{vmatrix} = 5, \quad A_{12} = (-1)^{1+2}\begin{vmatrix} 0 & 5 \\ 0 & 4 \end{vmatrix} = 0$$

$$A_{13} = (-1)^{1+3}\begin{vmatrix} 0 & 0 \\ 0 & -1 \end{vmatrix} = 0, \quad A_{21} = (-1)^{2+1}\begin{vmatrix} 2 & -1 \\ -1 & 4 \end{vmatrix} = -7$$

$$A_{22} = (-1)^{2+2}\begin{vmatrix} 1 & -1 \\ 0 & 4 \end{vmatrix} = 4, \quad A_{23} = (-1)^{2+3}\begin{vmatrix} 1 & 2 \\ 0 & -1 \end{vmatrix} = 1$$

$$A_{31} = (-1)^{3+1}\begin{vmatrix} 2 & -1 \\ 0 & 5 \end{vmatrix} = 10, \quad A_{32} = (-1)^{3+2}\begin{vmatrix} 1 & -1 \\ 0 & 5 \end{vmatrix} = -5$$

$$A_{33} = (-1)^{3+3}\begin{vmatrix} 1 & 2 \\ 0 & 0 \end{vmatrix} = 0$$

となる．よって，

$$A^{-1} = \frac{1}{|A|}\begin{pmatrix} A_{11} & A_{21} & A_{31} \\ A_{12} & A_{22} & A_{32} \\ A_{13} & A_{23} & A_{33} \end{pmatrix} = \frac{1}{5}\begin{pmatrix} 5 & -7 & 10 \\ 0 & 4 & -5 \\ 0 & 1 & 0 \end{pmatrix}$$

(答) $\frac{1}{5}\begin{pmatrix} 5 & -7 & 10 \\ 0 & 4 & -5 \\ 0 & 1 & 0 \end{pmatrix}$

(2)　$|A| = x^3 + y^3 + z^3 - 3xyz \neq 0$ のとき，A は正則行列である．

$$A_{11} = (-1)^{1+1}\begin{vmatrix} x & y \\ z & x \end{vmatrix} = x^2 - yz, \quad A_{12} = y^2 - zx, \quad A_{13} = z^2 - xy$$

$$A_{21} = z^2 - xy, \quad A_{22} = x^2 - yz, \quad A_{23} = y^2 - zx$$

$$A_{31} = y^2 - zx, \quad A_{32} = z^2 - xy, \quad A_{33} = x^2 - yz$$

となる．よって，

$$A^{-1} = \frac{1}{x^3+y^3+z^3-3xyz}\begin{pmatrix} x^2-yz & z^2-xy & y^2-zx \\ y^2-zx & x^2-yz & z^2-xy \\ z^2-xy & y^2-zx & x^2-yz \end{pmatrix}$$

（答） $\dfrac{1}{x^3+y^3+z^3-3xyz}\begin{pmatrix} x^2-yz & z^2-xy & y^2-zx \\ y^2-zx & x^2-yz & z^2-xy \\ z^2-xy & y^2-zx & x^2-yz \end{pmatrix}$

(ただし，$x^3+y^3+z^3-3xyz \neq 0$)

(3)　$|A| = 1$ より，A は正則行列である．

$$A_{11} = \begin{vmatrix} 3 & 0 & 1 \\ 1 & 0 & 0 \\ 0 & 0 & 0 \end{vmatrix} = 0, \quad A_{12} = 0, \quad A_{13} = 0, \quad A_{14} = 1,$$

$$A_{21} = -\begin{vmatrix} 0 & 2 & 1 \\ 1 & 0 & 0 \\ 0 & 0 & 0 \end{vmatrix} = 0, \quad A_{22} = 0, \quad A_{23} = 1, \quad A_{24} = -2,$$

$$A_{31} = 0, \quad A_{32} = 1, \quad A_{33} = -3, \quad A_{34} = 6,$$

$$A_{41} = 1, \quad A_{42} = -4, \quad A_{43} = 12, \quad A_{44} = -24$$

となる．よって，

$$A^{-1} = \begin{pmatrix} 0 & 0 & 0 & 1 \\ 0 & 0 & 1 & -4 \\ 0 & 1 & -3 & 12 \\ 1 & -2 & 6 & -24 \end{pmatrix}$$

（答） $\begin{pmatrix} 0 & 0 & 0 & 1 \\ 0 & 0 & 1 & -4 \\ 0 & 1 & -3 & 12 \\ 1 & -2 & 6 & -24 \end{pmatrix}$

参考▷　(2)　$x^3+y^3+z^3-3xyz = \dfrac{1}{2}(x+y+z)\left\{(x-y)^2+(y-z)^2+(z-x)^2\right\} \neq 0$

すなわち，x，y，z がすべて実数ならば，「$x+y+z \neq 0$ かつ x，y，z はすべて相異なる」が逆行列をもつための条件である．

(3)　4 次以上の行列式の計算は，余因子行列からの計算では一般的に複雑になることが多いので，行列の行基本変形より求めるほうがよい．なお，行列の行基本変形とは三つの変形をいい，行列の行基本変形とこれを使った行列式の求め方をつぎに示す．

重要　行列の行基本変形

❶　一つの行に 0 でない数をかける．

❷　一つの行にある数をかけたものをほかの行に加える．

❸　二つの行を入れ換える．

なお，列に対する同様の変形は列基本変形という．

行列の行基本変形を使って，$(A \mid E_n) \to (E_n \mid A^{-1})$ より，逆行列 A^{-1} が得られる．ただし，E_n は n 次単位行列を表す．

例 5　行列の行基本変形を使って，例題 5 (3) の逆行列 A^{-1} をつぎのように求める．

単位行列を付加する

$$(A \mid E_4) = \left(\begin{array}{cccc|cccc} 0 & 0 & 2 & 1 & 1 & 0 & 0 & 0 \\ 0 & 3 & 1 & 0 & 0 & 1 & 0 & 0 \\ 4 & 1 & 0 & 0 & 0 & 0 & 1 & 0 \\ 1 & 0 & 0 & 0 & 0 & 0 & 0 & 1 \end{array}\right) \to \left(\begin{array}{cccc|cccc} 1 & 0 & 0 & 0 & 0 & 0 & 0 & 1 \\ 4 & 1 & 0 & 0 & 0 & 0 & 1 & 0 \\ 0 & 3 & 1 & 0 & 0 & 1 & 0 & 0 \\ 0 & 0 & 2 & 1 & 1 & 0 & 0 & 0 \end{array}\right)$$

第 1 行と第 4 行，第 2 行と第 3 行を入れ換える．

$$\to \left(\begin{array}{cccc|cccc} 1 & 0 & 0 & 0 & 0 & 0 & 0 & 1 \\ 0 & 1 & 0 & 0 & 0 & 0 & 1 & -4 \\ 0 & 3 & 1 & 0 & 0 & 1 & 0 & 0 \\ 0 & 0 & 2 & 1 & 1 & 0 & 0 & 0 \end{array}\right)$$

第 1 行 × (−4) を第 2 行に加える．

$$\to \left(\begin{array}{cccc|cccc} 1 & 0 & 0 & 0 & 0 & 0 & 0 & 1 \\ 0 & 1 & 0 & 0 & 0 & 0 & 1 & -4 \\ 0 & 0 & 1 & 0 & 0 & 1 & -3 & 12 \\ 0 & 0 & 2 & 1 & 1 & 0 & 0 & 0 \end{array}\right)$$

第 2 行 × (−3) を第 3 行に加える．

単位行列！　　これが答え！

$$\to \left(\begin{array}{cccc|cccc} 1 & 0 & 0 & 0 & 0 & 0 & 0 & 1 \\ 0 & 1 & 0 & 0 & 0 & 0 & 1 & -4 \\ 0 & 0 & 1 & 0 & 0 & 1 & -3 & 12 \\ 0 & 0 & 0 & 1 & 1 & -2 & 6 & -24 \end{array}\right) = (E_4 \mid A^{-1})$$

第 3 行 × (−2) を第 4 行に加える．

よって，$A^{-1} = \begin{pmatrix} 0 & 0 & 0 & 1 \\ 0 & 0 & 1 & -4 \\ 0 & 1 & -3 & 12 \\ 1 & -2 & 6 & -24 \end{pmatrix}$ となり，結果は一致する．

▶ 例題 6　$\begin{pmatrix} -1 & 1+x & 1+x^{-1} \\ 1+x^{-1} & -1 & 1+x \\ 1+x & 1+x^{-1} & -1 \end{pmatrix}$ について，つぎの問いに答えなさい．ただし，x は行列が逆行列をもつような実数で，0 ではないとする．

(1)　行列式を計算しなさい．ただし，結果は因数分解した形で示しなさい．

(2)　逆行列を計算しなさい．

▶▶ 考え方

(2) では，(1) の行列式と，余因子行列を計算することで逆行列を求める．x^{-1} に注意して計算する．

解答▷　(1)

$$\begin{vmatrix} -1 & 1+x & 1+x^{-1} \\ 1+x^{-1} & -1 & 1+x \\ 1+x & 1+x^{-1} & -1 \end{vmatrix} = \begin{vmatrix} 1+x+x^{-1} & 1+x & 1+x^{-1} \\ 1+x+x^{-1} & -1 & 1+x \\ 1+x+x^{-1} & 1+x^{-1} & -1 \end{vmatrix}$$

第 2 列と第 3 列を第 1 列に加える.

$$= (1+x+x^{-1})\begin{vmatrix} 1 & 1+x & 1+x^{-1} \\ 1 & -1 & 1+x \\ 1 & 1+x^{-1} & -1 \end{vmatrix}$$

$$= (1+x+x^{-1})\begin{vmatrix} 1 & 1+x & 1+x^{-1} \\ 0 & -2-x & x-x^{-1} \\ 0 & x^{-1}-x & -2-x^{-1} \end{vmatrix}$$

$$= (1+x+x^{-1})\left\{(2+x)(2+x^{-1}) + (x-x^{-1})^2\right\}$$

$$= (1+x+x^{-1})\left\{x^2+x^{-2}+2(x+x^{-1})+3\right\}$$

$$= (1+x+x^{-1})\left\{(x+x^{-1})^2+2(x+x^{-1})+1\right\} = (1+x+x^{-1})^3$$

（答）$(1+x+x^{-1})^3$

(2)

$$\begin{pmatrix} -1 & 1+x & 1+x^{-1} \\ 1+x^{-1} & -1 & 1+x \\ 1+x & 1+x^{-1} & -1 \end{pmatrix}^{-1}$$

$$= \frac{1}{(1+x+x^{-1})^3}\begin{pmatrix} \begin{vmatrix} -1 & 1+x \\ 1+x^{-1} & -1 \end{vmatrix} & -\begin{vmatrix} 1+x & 1+x^{-1} \\ 1+x^{-1} & -1 \end{vmatrix} & \begin{vmatrix} 1+x & 1+x^{-1} \\ -1 & 1+x \end{vmatrix} \\ -\begin{vmatrix} 1+x^{-1} & 1+x \\ 1+x & -1 \end{vmatrix} & \begin{vmatrix} -1 & 1+x^{-1} \\ 1+x & -1 \end{vmatrix} & -\begin{vmatrix} -1 & 1+x^{-1} \\ 1+x^{-1} & 1+x \end{vmatrix} \\ \begin{vmatrix} 1+x^{-1} & -1 \\ 1+x & 1+x^{-1} \end{vmatrix} & -\begin{vmatrix} -1 & 1+x \\ 1+x & 1+x^{-1} \end{vmatrix} & \begin{vmatrix} -1 & 1+x \\ 1+x^{-1} & -1 \end{vmatrix} \end{pmatrix}$$

$$= \frac{1}{(1+x+x^{-1})^2}\begin{pmatrix} -1 & 1+x^{-1} & 1+x \\ 1+x & -1 & 1+x^{-1} \\ 1+x^{-1} & 1+x & -1 \end{pmatrix}$$

（答）$\dfrac{1}{(1+x+x^{-1})^2}\begin{pmatrix} -1 & 1+x^{-1} & 1+x \\ 1+x & -1 & 1+x^{-1} \\ 1+x^{-1} & 1+x & -1 \end{pmatrix}$

▶例題 7★　対角成分は x^2+1, 対角成分の両側のみ x で, ほかの成分はすべて 0 である n 次行列式 $D_n(x)$ に対して, つぎの問いに答えなさい. ただし, $n \geqq 2$, $D_1(x) = x^2+1$ である.

$$D_n(x) = \begin{vmatrix} x^2+1 & x & 0 & \cdots & 0 \\ x & x^2+1 & x & \ddots & \vdots \\ 0 & x & x^2+1 & \ddots & 0 \\ \vdots & \ddots & \ddots & \ddots & x \\ 0 & \cdots & 0 & x & x^2+1 \end{vmatrix}$$

(1)　$D_n(x) = (x^2+1)D_{n-1}(x) - x^2 D_{n-2}(x)$ を証明しなさい．

(2)　$D_n(x) = 1 + x^2 + x^4 + \cdots + x^{2n}$ を証明しなさい．

▶▶考え方

(1)　求める漸化式の形から，$D_n(x)$ を第 1 行で展開することを試みる．

(2)　漸化式を変形して階差数列を求め，これより $D_n(x)$ を求める．

解答▷　(1)　第 1 行で展開すると，

$$\begin{aligned} &D_n(x) \\ &= (x^2+1)\begin{vmatrix} x^2+1 & x & 0 & \cdots & 0 \\ x & x^2+1 & x & \ddots & \vdots \\ 0 & x & x^2+1 & \ddots & 0 \\ \vdots & \ddots & \ddots & \ddots & x \\ 0 & \cdots & 0 & x & x^2+1 \end{vmatrix} - x\begin{vmatrix} x & x & 0 & \cdots & 0 \\ 0 & x^2+1 & x & \ddots & \vdots \\ 0 & x & x^2+1 & \ddots & 0 \\ \vdots & \ddots & \ddots & \ddots & x \\ 0 & \cdots & 0 & x & x^2+1 \end{vmatrix} \\ &= (x^2+1)D_{n-1}(x) - x^2 D_{n-2}(x) \end{aligned}$$

(2)　$D_n(x) = (x^2+1)D_{n-1}(x) - x^2 D_{n-2}(x)$ を変形して，

$$\begin{aligned} D_n(x) - D_{n-1}(x) &= x^2\left\{D_{n-1}(x) - D_{n-2}(x)\right\} = (x^2)^2\left\{D_{n-2}(x) - D_{n-3}(x)\right\} \\ &= (x^2)^3\left\{D_{n-3}(x) - D_{n-4}(x)\right\} = \cdots \\ &= (x^2)^{n-2}\left\{D_2(x) - D_1(x)\right\} = x^{2n-4} \cdot x^4 = x^{2n} \end{aligned}$$

$D_k(x) - D_{k-1}(x) = x^{2k}$ で，$k = 2, 3, \ldots, n$ までの $n-1$ 個の式の両辺をそれぞれ加えて，

$$\begin{cases} D_n(x) - \cancel{D_{n-1}(x)} = x^{2n} \\ \cancel{D_{n-1}(x)} - \cancel{D_{n-2}(x)} = x^{2(n-1)} \\ \qquad \vdots \\ \cancel{D_2(x)} - D_1(x) = x^{2\cdot 2} \end{cases}$$

$$\begin{aligned} &D_n(x) - D_1(x) = (x^2)^2 + (x^2)^3 + \cdots + (x^2)^{n-1} + (x^2)^n \\ &= x^4 + x^6 + \cdots + x^{2n} \end{aligned}$$

Check!

$D_2(x)$

$= \begin{vmatrix} x^2+1 & x \\ x & x^2+1 \end{vmatrix}$

$= x^4 + x^2 + 1$ より

$D_2(x) - D_1(x) = x^4$

となる．

よって，$D_n(x) = 1 + x^2 + x^4 + \cdots + x^{2n} \left(= \dfrac{1 - x^{2n+2}}{1 - x^2},\ x \neq \pm 1 \right)$

参考▷ (2)　$D_n(x) - D_{n-1}(x) = x^{2n}$ より，$b_k = D_{k+1}(x) - D_k(x) = x^{2k+2}$ とおいても求められる．

$$\begin{aligned} D_n(x) &= D_1(x) + \sum_{k=1}^{n-1} b_k = x^2 + 1 + x^2(x^2 + x^{2\cdot 2} + x^{2\cdot 3} + \cdots + x^{2(n-1)}) \\ &= \frac{1 - x^{2n+2}}{1 - x^2} \end{aligned}$$

5　覚えておくと便利な公式

ブロックに分割した行列式に関するつぎの三つの公式は，覚えておくと便利である．

重要　ブロックに分割した行列式に関する公式

❶　A を r 次正方行列，D を s 次正方行列，B を $r \times s$ 行列，O は $s \times r$ の零行列として，

$$\begin{vmatrix} A & B \\ O & D \end{vmatrix} = |A| \cdot |D|$$

Memo
❶，❷ で行列 A，D の次数は異なってよいが，いずれも正方行列である．

❷　A を r 次正方行列，D を s 次正方行列，C を $s \times r$ 行列，O は $r \times s$ の零行列として，

$$\begin{vmatrix} A & O \\ C & D \end{vmatrix} = |A| \cdot |D|$$

❸　A，B を n 次正方行列として，

$$\begin{vmatrix} A & B \\ B & A \end{vmatrix} = |A + B| \cdot |A - B|$$

Memo
❸ で行列 A，B は同じ次数の正方行列である．また，右辺が $|A^2 - B^2|$ と勘違いしないこと．

参考▷　公式 ❸ はつぎのように導ける．

$$\begin{vmatrix} A & B \\ B & A \end{vmatrix} = \begin{vmatrix} A + B & B + A \\ B & A \end{vmatrix} = \begin{vmatrix} A + B & O \\ B & A - B \end{vmatrix}$$

第 2 行を第 1 行に加える．　　第 1 列 × (−1) を第 2 列に加える．

$$= |A + B| \cdot |A - B| \quad (\because \text{公式 ❷})$$

例 6　公式 ❷ を 4 次正方行列を例に確認してみる．

$$\begin{vmatrix} A & O \\ C & D \end{vmatrix} = \begin{vmatrix} a_1 & a_2 & 0 & 0 \\ a_3 & a_4 & 0 & 0 \\ c_1 & c_2 & d_1 & d_2 \\ c_3 & c_4 & d_3 & d_4 \end{vmatrix} = a_1 \begin{vmatrix} a_4 & 0 & 0 \\ c_2 & d_1 & d_2 \\ c_4 & d_3 & d_4 \end{vmatrix} - a_2 \begin{vmatrix} a_3 & 0 & 0 \\ c_1 & d_1 & d_2 \\ c_3 & d_3 & d_4 \end{vmatrix}$$

$$= a_1 a_4 \begin{vmatrix} d_1 & d_2 \\ d_3 & d_4 \end{vmatrix} - a_2 a_3 \begin{vmatrix} d_1 & d_2 \\ d_3 & d_4 \end{vmatrix} = (a_1 a_4 - a_2 a_3) \begin{vmatrix} d_1 & d_2 \\ d_3 & d_4 \end{vmatrix}$$

$$= \begin{vmatrix} a_1 & a_2 \\ a_3 & a_4 \end{vmatrix} \cdot \begin{vmatrix} d_1 & d_2 \\ d_3 & d_4 \end{vmatrix} = |A| \cdot |D|$$

例 7　例題 4 (3) で計算した行列式 $\begin{vmatrix} 1 & x & 1 & y \\ x & 1 & y & 1 \\ 1 & y & 1 & x \\ y & 1 & x & 1 \end{vmatrix}$ を，公式❸を使って再度計算してみる．$A = \begin{pmatrix} 1 & x \\ x & 1 \end{pmatrix}$，$B = \begin{pmatrix} 1 & y \\ y & 1 \end{pmatrix}$ とおくと，

$$|A+B| = \begin{vmatrix} 2 & x+y \\ x+y & 2 \end{vmatrix} = 4 - (x+y)^2 = (2+x+y)(2-x-y)$$

また，$|A-B| = \begin{vmatrix} 0 & x-y \\ x-y & 0 \end{vmatrix} = -(x-y)^2$ より

$$\begin{vmatrix} 1 & x & 1 & y \\ x & 1 & y & 1 \\ 1 & y & 1 & x \\ y & 1 & x & 1 \end{vmatrix} = \begin{vmatrix} A & B \\ B & A \end{vmatrix} = |A+B| \cdot |A-B|$$

$$= -(x-y)^2(2+x+y)(2-x-y)$$

$$= (x-y)^2(x+y+2)(x+y-2)$$

▶例題 8★　正方行列 H_{2^n}（n は自然数）をつぎのように定義するとき，以下の問いに答えなさい．

$$H_2 = \begin{pmatrix} 1 & 1 \\ 1 & -1 \end{pmatrix},\ H_4 = \begin{pmatrix} H_2 & H_2 \\ H_2 & -H_2 \end{pmatrix} = \begin{pmatrix} 1 & 1 & 1 & 1 \\ 1 & -1 & 1 & -1 \\ 1 & 1 & -1 & -1 \\ 1 & -1 & -1 & 1 \end{pmatrix}$$

$$H_8 = \begin{pmatrix} H_4 & H_4 \\ H_4 & -H_4 \end{pmatrix}, \ldots,\ H_{2^k} = \begin{pmatrix} H_{2^{k-1}} & H_{2^{k-1}} \\ H_{2^{k-1}} & -H_{2^{k-1}} \end{pmatrix} \quad (k \geqq 2)$$

(1)　行列式 $|H_4|$，$|H_8|$ をそれぞれ求めなさい．

(2)　行列式 $|H_{2^n}| = 2^{n \cdot 2^{n-1}}$　$(n \geqq 2)$ が成り立つことを証明しなさい．

▶▶ 考え方

(1) $|H_4|$, $|H_8|$ はブロックに分割して計算する．(2) 数学的帰納法で証明する．

解答▷ (1)　$|H_2| = \begin{vmatrix} 1 & 1 \\ 1 & -1 \end{vmatrix} = -2$

$$|H_4| = \begin{vmatrix} H_2 & H_2 \\ H_2 & -H_2 \end{vmatrix} = \begin{vmatrix} 2H_2 & H_2 \\ O & -H_2 \end{vmatrix} = |2H_2| \cdot |-H_2| = 2^2|H_2| \cdot (-1)^2|H_2|$$

第 2 列を第 1 列に加える

$$= 2^2|H_2|^2 = 4 \times (-2)^2 = 16$$

となる．同様に，

$$|H_8| = \begin{vmatrix} H_4 & H_4 \\ H_4 & -H_4 \end{vmatrix} = \begin{vmatrix} 2H_4 & O \\ H_4 & -H_4 \end{vmatrix} = |2H_4| \cdot |-H_4| = 2^4|H_4| \cdot (-1)^4|H_4|$$

$$= 2^4 \cdot 2^4 \cdot 2^4 = 2^{12} = 4096$$

（答）$|H_4| = 16$，$|H_8| = 4096$

(2)　(1) と同様に，$|H_{16}| = |H_{2^4}| = \begin{vmatrix} H_8 & H_8 \\ H_8 & -H_8 \end{vmatrix} = \begin{vmatrix} 2H_8 & O \\ H_8 & -H_8 \end{vmatrix} = |2H_8| \cdot |-H_8|$

$$= 2^8|H_8| \cdot (-1)^8|H_8| = 2^{32}$$

$|H_4| = |H_{2^2}| = 2^4 = 2^{2\cdot 2}$，$|H_8| = |H_{2^3}| = 2^{12} = 2^{3\cdot 4} = 2^{3\cdot 2^2}$，$|H_{16}| = |H_{2^4}| = 2^{4\cdot 2^3}$ より $|H_{2^n}| = 2^{n\cdot 2^{n-1}}$　$(n \geqq 2)$ と推測される．これを数学的帰納法で証明する．

$n = 2$ のとき明らかで，$n = k$ のとき成り立つと仮定する．

$n = k + 1$ のとき，$H_{2^{k+1}} = \begin{pmatrix} H_{2^k} & H_{2^k} \\ H_{2^k} & -H_{2^k} \end{pmatrix}$，$|H_{2^{k+1}}| = \begin{vmatrix} 2H_{2^k} & O \\ H_{2^k} & -H_{2^k} \end{vmatrix}$ より

$$|H_{2^{k+1}}| = |2H_{2^k}| \cdot |-H_{2^k}| = 2^{2^k}|H_{2^k}| \cdot (-1)^{2^k}|H_{2^k}|$$

$$= 2^{2^k} \cdot 2^{k\cdot 2^{k-1}} \cdot 2^{k\cdot 2^{k-1}}$$

Check!
$(-1)^{2^k} = 1$

2 の指数部分だけの計算を行うと，

$$2^k + k\cdot 2^{k-1} + k\cdot 2^{k-1} = 2^k + k\cdot 2^k = (k+1)2^k$$

より

$$|H_{2^{k+1}}| = 2^{(k+1)\cdot 2^k}$$

となる．よって，$|H_{2^n}| = 2^{n\cdot 2^{n-1}}$　$(n \geqq 2)$ が成り立つことが証明できる．

参考 1▷ (1)　$|H_4|$ はつぎのように求めてもよい．

$$|H_4| = \begin{vmatrix} 1 & 1 & 1 & 1 \\ 1 & -1 & 1 & -1 \\ 1 & 1 & -1 & -1 \\ 1 & -1 & -1 & 1 \end{vmatrix} = \begin{vmatrix} 4 & 1 & 1 & 1 \\ 0 & -1 & 1 & -1 \\ 0 & 1 & -1 & -1 \\ 0 & -1 & -1 & 1 \end{vmatrix} = 4\begin{vmatrix} -1 & 1 & -1 \\ 1 & -1 & -1 \\ -1 & -1 & 1 \end{vmatrix}$$

$$= 4\begin{vmatrix} -1 & 1 & -1 \\ 0 & 0 & -2 \\ 0 & -2 & 2 \end{vmatrix} = -4\begin{vmatrix} 0 & -2 \\ -2 & 2 \end{vmatrix} = -4 \times (-4) = 16$$

参考 2▷ $|H_{2^n}| = 2^{n\cdot 2^{n-1}} = (2^n)^{2^{n-1}}$　$(n \geqq 2)$ において，$2^n = N$ とおけば，$|H_N| =$

$N^{\frac{N}{2}}$ $(N=2^n,\ n \geqq 2)$ とも表せる．

また，例題 8 の H_{2^n} はアダマール行列といい，アダマール行列は $H_{2^n}\,{}^tH_{2^n} = 2^n E_{2^n}$ の性質を満たすので，両辺の行列式をとると，

$$左辺 = |H_{2^n}\,{}^tH_{2^n}| = |H_{2^n}|^2 \qquad 右辺 = |2^n E_{2^n}| = (2^n)^{2^n} = 2^{n\cdot 2^n}$$

よって，$|H_{2^n}| = \pm 2^{n\cdot 2^{n-1}}$ となるが，符号の不定性が含まれるので上記の解法で解答した．なお，$n=1$ では，$|H_2| = \begin{vmatrix} 1 & 1 \\ 1 & -1 \end{vmatrix} = -2 = (-2^{1\cdot 2^0})$ となる．

Memo　アダマール行列

アダマール行列は，成分が 1 または -1 のいずれかであり，かつ各行（列）がたがいに直交するような正方行列である．アダマール行列の任意の二つの行（列）は，たがいに垂直なベクトルを表し，フーリエ・スペクトル分析やデータ圧縮などに活用される．なお，行列の名前は，フランスの数学者ジャック・アダマールにちなんでいる．

▶▶▶ 演習問題 3

1　xyz 空間の原点 O と 3 点 A$(\alpha, \alpha, -2)$，B$(1, 2, -1)$，C$(3, -\alpha, 2)$ について，線分 OA，OB，OC を 3 辺とする平行六面体の体積が 12 になる．このような実数 α をすべて求めなさい．

2　つぎの行列式を計算して，できるだけ簡単な式にしなさい．

$$\begin{vmatrix} a^2 & (a+x)^2 & (a+2x)^2 \\ (a+y)^2 & (a+x+y)^2 & (a+2x+y)^2 \\ (a+2y)^2 & (a+x+2y)^2 & (a+2x+2y)^2 \end{vmatrix}$$

3　実数を係数とする三つの 1 変数多項式

$$f(X) = a_1X^3 + a_2X + a_3, \quad g(X) = b_1X^3 + b_2X + b_3, \quad h(X) = c_1X^3 + c_2X + c_3$$

と行列式 $D = \begin{vmatrix} a_1 & a_2 & a_3 \\ b_1 & b_2 & b_3 \\ c_1 & c_2 & c_3 \end{vmatrix}$ について，つぎの行列式を X と D を用いた形で表しなさい．

$$\begin{vmatrix} f(X) & g(X) & h(X) \\ f'(X) & g'(X) & h'(X) \\ f''(X) & g''(X) & h''(X) \end{vmatrix}$$

ここで，$f'(X)$ は $f(X)$ の導関数，$f''(X)$ は $f(X)$ の第 2 次導関数を表し，ほかも同様です．

4　つぎの問いに答えなさい．

(1) $\begin{vmatrix} 1 & \omega & \omega^2 & \omega^3 \\ \omega^2 & \omega^3 & 1 & \omega \\ \omega & \omega^2 & \omega^3 & 1 \\ \omega^3 & 1 & \omega & \omega^2 \end{vmatrix} = (1-\omega)^3 = \pm 3\sqrt{3}\,i$ を導きなさい．ただし，ω は $x^3=1$ の一

つの複素数解，i は虚数単位とします．

(2)★★　正の整数の定数 n　$(n \geqq 2)$ と $0 < k < n$ である整数 k に対して，

$$\begin{vmatrix} 1 & 1 & 1 & \cdots & 1 \\ k & k+1 & k+2 & \cdots & n \\ k^2 & (k+1)^2 & (k+2)^2 & \cdots & n^2 \\ \vdots & \vdots & \vdots & \ddots & \vdots \\ k^{n-k} & (k+1)^{n-k} & (k+2)^{n-k} & \cdots & n^{n-k} \end{vmatrix} = \Delta_k$$

とおきます．この $(n-k+1)$ 次の行列式 Δ_k に対して，

$$\Delta_1 = (n-1)! \times (n-2)! \times \cdots \times (n-k+1)!\, \Delta_k$$

が成立することを証明しなさい．

5　つぎの行列式を求めなさい．ただし，(1) は n 次，(2) は $(n+1)$ 次の行列式です．

(1) $\begin{vmatrix} x+a_1 & a_2 & a_3 & \cdots & a_n \\ a_1 & x+a_2 & a_3 & \cdots & a_n \\ a_1 & a_2 & x+a_3 & \cdots & a_n \\ \vdots & \vdots & \vdots & \ddots & \vdots \\ a_1 & a_2 & a_3 & \cdots & x+a_n \end{vmatrix}$　(2★) $\begin{vmatrix} 1 & 1 & \cdots & 1 \\ a & a+x & \cdots & a+nx \\ a^2 & (a+x)^2 & \cdots & (a+nx)^2 \\ \vdots & \vdots & \ddots & \vdots \\ a^n & (a+x)^n & \cdots & (a+nx)^n \end{vmatrix}$

6★　つぎの n 次正方行列 A には，以下の性質があります．

- A の (s,s) 成分は $2s-1$　$(s = 1, 2, 3, \ldots, n)$
- A の $(t, t+1)$ 成分および $(t+1, t)$ 成分は t　$(t = 1, 2, 3, \ldots, n-1)$
- 上記以外の A の成分はすべて 0

n は 2 以上の整数とするとき，A の行列式を求めなさい．

$$A = \begin{pmatrix} 1 & 1 & 0 & \cdots & 0 & 0 & 0 \\ 1 & 3 & 2 & \ddots & 0 & 0 & 0 \\ 0 & 2 & 5 & \ddots & \ddots & \vdots & \vdots \\ 0 & 0 & 3 & \ddots & n-3 & 0 & 0 \\ \vdots & \vdots & \ddots & \ddots & 2n-5 & n-2 & 0 \\ 0 & 0 & \cdots & 0 & n-2 & 2n-3 & n-1 \\ 0 & 0 & \cdots & 0 & 0 & n-1 & 2n-1 \end{pmatrix}$$

7　A を m 次の正則行列，B を $m \times n$ 行列，C を $n \times m$ 行列，D を n 次の正則行列とします．このとき，つぎの行列式に関する等式が成り立つことを証明しなさい．

$$|A - BD^{-1}C| \times |D| = |A| \times |D - CA^{-1}B|$$

▶▶▶ 演習問題 3　解答

1 ▶▶ **考え方**

平行六面体の体積は，三つのベクトルのスカラー 3 重積の大きさである．

解答 ▷ $\overrightarrow{OA}\cdot(\overrightarrow{OB}\times\overrightarrow{OC}) = \begin{vmatrix}\alpha & \alpha & -2\\ 1 & 2 & -1\\ 3 & -\alpha & 2\end{vmatrix} = -\alpha^2+\alpha+12$ より，$|-\alpha^2+\alpha+12| = 12$ を満たす α を求めればよい．

(i) $-\alpha^2+\alpha+12 \geqq 0$ のとき

すなわち，$-3 \leqq \alpha \leqq 4$ のとき

$-\alpha^2+\alpha+12 = 12$ より

$\alpha = 0, 1$ となる．

これは $-3 \leqq \alpha \leqq 4$ を満たす．

(ii) $-\alpha^2+\alpha+12 < 0$ のとき

すなわち，$\alpha < -3$，$4 < \alpha$ のとき

$\alpha^2-\alpha-12 = 12$ より

$\alpha = \dfrac{1\pm\sqrt{97}}{2}$ となる．

これは $\alpha < -3$，$4 < \alpha$ を満たす．

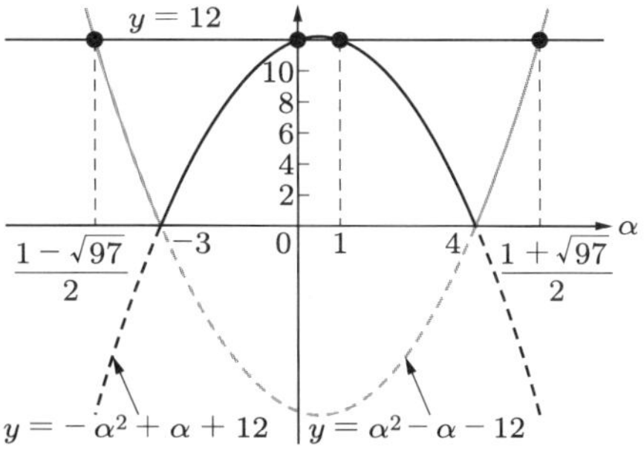

解図 3.1

（答）$\alpha = 0, 1, \dfrac{1\pm\sqrt{97}}{2}$

2 ▶▶ **考え方**

$(\quad)^2$ を展開すると複雑になってしまうので，第 1 行 $\times(-1)$ を第 2 行，第 3 行にそれぞれ加えてみる．

解答 ▷

$$\begin{vmatrix} a^2 & (a+x)^2 & (a+2x)^2\\ (a+y)^2 & (a+x+y)^2 & (a+2x+y)^2\\ (a+2y)^2 & (a+x+2y)^2 & (a+2x+2y)^2\end{vmatrix}$$

$$=\begin{vmatrix} a^2 & (a+x)^2 & (a+2x)^2\\ 2ay+y^2 & 2y(a+x)+y^2 & 2y(a+2x)+y^2\\ 4ay+4y^2 & 4y(a+x)+4y^2 & 4y(a+2x)+4y^2\end{vmatrix}$$

第 1 列 $\times(-1)$ を第 2 列，第 3 列にそれぞれ加える

$$=\begin{vmatrix} a^2 & 2ax+x^2 & 4ax+4x^2\\ 2ay+y^2 & 2xy & 4xy\\ 4ay+4y^2 & 4xy & 8xy\end{vmatrix} = \begin{vmatrix} a^2 & 2ax+x^2 & 2x^2\\ 2ay+y^2 & 2xy & 0\\ 4ay+4y^2 & 4xy & 0\end{vmatrix}$$

第 3 列に関して余因子展開する

$$=2x^2\begin{vmatrix} 2ay+y^2 & 2xy\\ 4ay+4y^2 & 4xy\end{vmatrix} = 2x^2\begin{vmatrix} 2ay+y^2 & 2xy\\ 2y^2 & 0\end{vmatrix} = 2x^2\times(-4xy^3) = -8x^3y^3$$

（答）$-8x^3y^3$

3 ▶▶ **考え方**

$$\begin{vmatrix} f(X) & g(X) & h(X) \\ f'(X) & g'(X) & h'(X) \\ f''(X) & g''(X) & h''(X) \end{vmatrix} = \begin{vmatrix} a_1X^3+a_2X+a_3 & b_1X^3+b_2X+b_3 & c_1X^3+c_2X+c_3 \\ 3a_1X^2+a_2 & 3b_1X^2+b_2 & 3c_1X^2+c_2 \\ 6a_1X & 6b_1X & 6c_1X \end{vmatrix}$$

より，行列式の基本性質 ❷ などを使って解答できるが，かなり煩雑な計算になる．行列式の基本性質 ❼ を使うほうがすっきりと正解を導くことができる．

解答▷ $\begin{pmatrix} f(X) \\ g(X) \\ h(X) \end{pmatrix} = \begin{pmatrix} a_1 & a_2 & a_3 \\ b_1 & b_2 & b_3 \\ c_1 & c_2 & c_3 \end{pmatrix}\begin{pmatrix} X^3 \\ X \\ 1 \end{pmatrix}$，$\begin{pmatrix} f'(X) \\ g'(X) \\ h'(X) \end{pmatrix} = \begin{pmatrix} a_1 & a_2 & a_3 \\ b_1 & b_2 & b_3 \\ c_1 & c_2 & c_3 \end{pmatrix}\begin{pmatrix} 3X^2 \\ 1 \\ 0 \end{pmatrix}$，

$\begin{pmatrix} f''(X) \\ g''(X) \\ h''(X) \end{pmatrix} = \begin{pmatrix} a_1 & a_2 & a_3 \\ b_1 & b_2 & b_3 \\ c_1 & c_2 & c_3 \end{pmatrix}\begin{pmatrix} 6X \\ 0 \\ 0 \end{pmatrix}$ より

$$\begin{pmatrix} f(X) & f'(X) & f''(X) \\ g(X) & g'(X) & g''(X) \\ h(X) & h'(X) & h''(X) \end{pmatrix} = \begin{pmatrix} a_1 & a_2 & a_3 \\ b_1 & b_2 & b_3 \\ c_1 & c_2 & c_3 \end{pmatrix}\begin{pmatrix} X^3 & 3X^2 & 6X \\ X & 1 & 0 \\ 1 & 0 & 0 \end{pmatrix}$$

よって，上式の行列式をとって

$$\begin{vmatrix} f(X) & f'(X) & f''(X) \\ g(X) & g'(X) & g''(X) \\ h(X) & h'(X) & h''(X) \end{vmatrix} = \begin{vmatrix} a_1 & a_2 & a_3 \\ b_1 & b_2 & b_3 \\ c_1 & c_2 & c_3 \end{vmatrix} \cdot \begin{vmatrix} X^3 & 3X^2 & 6X \\ X & 1 & 0 \\ 1 & 0 & 0 \end{vmatrix} \quad \cdots ①$$

ここで，

$$\begin{vmatrix} f(X) & f'(X) & f''(X) \\ g(X) & g'(X) & g''(X) \\ h(X) & h'(X) & h''(X) \end{vmatrix} = \begin{vmatrix} f(X) & g(X) & h(X) \\ f'(X) & g'(X) & h'(X) \\ f''(X) & g''(X) & h''(X) \end{vmatrix}$$

> **Check!**
> $|{}^tA| = |A|$ を忘れないように！

である．また，$D = \begin{vmatrix} a_1 & a_2 & a_3 \\ b_1 & b_2 & b_3 \\ c_1 & c_2 & c_3 \end{vmatrix}$，$\begin{vmatrix} X^3 & 3X^2 & 6X \\ X & 1 & 0 \\ 1 & 0 & 0 \end{vmatrix} = -6X$ より，① は

$\begin{vmatrix} f(X) & g(X) & h(X) \\ f'(X) & g'(X) & h'(X) \\ f''(X) & g''(X) & h''(X) \end{vmatrix} = -6XD$ となる．　　（答）$-6XD$

4 ▶▶ **考え方**

(1)　$1+\omega+\omega^2+\omega^3=1$ より，第 2 列以降の各列を第 1 列に加えると，第 1 列の成分はすべて同じ値になることに注意する．

(2)　$(n-k+1)$ 次のファンデルモンドの行列式である．

解答▷ (1)
$$\begin{vmatrix} 1 & \omega & \omega^2 & \omega^3 \\ \omega^2 & \omega^3 & 1 & \omega \\ \omega & \omega^2 & \omega^3 & 1 \\ \omega^3 & 1 & \omega & \omega^2 \end{vmatrix} = \begin{vmatrix} 1 & \omega & \omega^2 & 1 \\ 1 & 1 & 1 & \omega \\ 1 & \omega^2 & 1 & 1 \\ 1 & 1 & \omega & \omega^2 \end{vmatrix}$$

$$= \begin{vmatrix} 1 & \omega & \omega^2 & 1 \\ 0 & 1-\omega & 1-\omega^2 & \omega-1 \\ 0 & \omega^2-\omega & 1-\omega^2 & 0 \\ 0 & 1-\omega & \omega-\omega^2 & \omega^2-1 \end{vmatrix}$$

$$= \begin{vmatrix} 1-\omega & 1-\omega^2 & \omega-1 \\ \omega^2-\omega & 1-\omega^2 & 0 \\ 1-\omega & \omega-\omega^2 & \omega^2-1 \end{vmatrix}$$

第1列から第3列まで $(1-\omega)$ でくくりだす

$$= (1-\omega)^3 \begin{vmatrix} 1 & 1+\omega & -1 \\ -\omega & 1+\omega & 0 \\ 1 & \omega & -(1+\omega) \end{vmatrix} = (1-\omega)^3 \begin{vmatrix} 1 & 1+\omega & -1 \\ -\omega-1 & 0 & 1 \\ 0 & -1 & -\omega \end{vmatrix}$$

$$= (1-\omega)^3 = 3\omega(\omega-1) = \pm 3\sqrt{3}\, i$$

Check!

$1+\omega+\omega^2=0$, $\omega^3=1$ より

$1+\omega+\omega^2+\omega^3=1$

また，

$\omega = \dfrac{-1\pm\sqrt{3}\,i}{2}$

である．

(2)
$$\varDelta_1 = \begin{vmatrix} 1 & 1 & 1 & \cdots & 1 \\ 1 & 2 & 3 & \cdots & n \\ 1^2 & 2^2 & 3^2 & \cdots & n^2 \\ \vdots & \vdots & \vdots & \ddots & \vdots \\ 1^{n-1} & 2^{n-1} & 3^{n-1} & \cdots & n^{n-1} \end{vmatrix}$$

$$= \begin{vmatrix} 1 & 0 & 0 & \cdots & 0 \\ 1 & 2-1 & 3-1 & \cdots & n-1 \\ 1^2 & 2^2-1^2 & 3^2-1^2 & \cdots & n^2-1^2 \\ \vdots & \vdots & \vdots & \ddots & \vdots \\ 1^{n-1} & 2^{n-1}-1^{n-1} & 3^{n-1}-1^{n-1} & \cdots & n^{n-1}-1^{n-1} \end{vmatrix}$$

第1行に関して余因子展開し，各列の共通因数でくくりだす

$$= (2-1)(3-1)(4-1)\cdots(n-1) \times \begin{vmatrix} 1 & 1 & 1 & \cdots & 1 \\ 3 & 4 & 5 & \cdots & n+1 \\ 7 & 13 & 21 & \cdots & n^2+n+1 \\ \vdots & \vdots & \vdots & \ddots & \vdots \end{vmatrix}$$

第 $(i-1)$ 行 $\times(-1)$ を
第 i 行にそれぞれ加える

$$= (n-1)! \times \begin{vmatrix} 1 & 1 & 1 & \cdots & 1 \\ 2 & 3 & 4 & \cdots & n \\ 4 & 9 & 16 & \cdots & n^2 \\ \vdots & \vdots & \vdots & \ddots & \vdots \end{vmatrix} = (n-1)! \times \varDelta_2$$

$\varDelta_2$ で，第1列 $\times(-1)$ を第2列以降にそれぞれ加える

$$= (n-1)! \times \begin{vmatrix} 1 & 0 & 0 & \cdots & 0 \\ 2 & 3-2 & 4-2 & \cdots & n-2 \\ 2^2 & 3^2-2^2 & 4^2-2^2 & \cdots & n^2-2^2 \\ \vdots & \vdots & \vdots & \ddots & \vdots \end{vmatrix}$$

第 1 行に関して余因子展開し，各列の共通因数でくくりだす

$$= (n-1)! \times (n-2)! \times \begin{vmatrix} 1 & 1 & 1 & \cdots & 1 \\ 5 & 6 & 7 & \cdots & n+2 \\ 19 & 28 & 39 & \cdots & n^2+2n+4 \\ \vdots & \vdots & \vdots & \ddots & \vdots \end{vmatrix}$$

第 $(i-1)$ 行 $\times (-2)$ を第 i 行へそれぞれ加える

$$= (n-1)! \times (n-2)! \times \begin{vmatrix} 1 & 1 & 1 & \cdots & 1 \\ 3 & 4 & 5 & \cdots & n \\ 9 & 16 & 25 & \cdots & n^2 \\ \vdots & \vdots & \vdots & \ddots & \vdots \end{vmatrix} = (n-1)! \times (n-2)! \times \varDelta_3$$

同様に操作を進めていくと

$$\begin{aligned} \varDelta_1 &= (n-1)! \times (n-2)! \times (n-3)! \times \varDelta_4 = \cdots \\ &= (n-1)! \times (n-2)! \times \cdots \times \left\{n-(k-1)\right\}! \times \varDelta_k \end{aligned}$$

となる．したがって，次式が成り立つ．

$$\varDelta_1 = (n-1)! \times (n-2)! \times \cdots \times (n-k+1)! \times \varDelta_k$$

別解▷ (2)　つぎのような n 次ファンデルモンドの行列式を活用する．

$$\begin{vmatrix} 1 & 1 & \cdots & 1 \\ x_1 & x_2 & \cdots & x_n \\ {x_1}^2 & {x_2}^2 & \cdots & {x_n}^2 \\ \vdots & \vdots & \ddots & \vdots \\ {x_1}^{n-1} & {x_2}^{n-1} & \cdots & {x_n}^{n-1} \end{vmatrix}$$

$$\begin{aligned} &= (x_n - x_{n-1})(x_n - x_{n-2}) \cdots (x_n - x_2)(x_n - x_1) \\ &\quad \times (x_{n-1} - x_{n-2}) \cdots (x_{n-1} - x_1) \times \cdots \times (x_3 - x_2)(x_3 - x_1) \times (x_2 - x_1) \quad \cdots ① \end{aligned}$$

$$\varDelta_1 = \begin{vmatrix} 1 & 1 & 1 & \cdots & 1 \\ 1 & 2 & 3 & \cdots & n \\ 1^2 & 2^2 & 3^2 & \cdots & n^2 \\ \vdots & \vdots & \vdots & \ddots & \vdots \\ 1^{n-1} & 2^{n-1} & 3^{n-1} & \cdots & n^{n-1} \end{vmatrix}$$

では，① に $x_1 = 1$, $x_2 = 2$, $\ldots$, $x_n = n$ を代入すると，

$$\begin{cases} (x_n - x_{n-1})(x_n - x_{n-2}) \cdots (x_n - x_2)(x_n - x_1) = 1 \cdot 2 \cdot 3 \cdot \cdots \cdot (n-1) = (n-1)! \\ (x_{n-1} - x_{n-2})(x_{n-1} - x_{n-3}) \cdots (x_{n-1} - x_1) = 1 \cdot 2 \cdot 3 \cdot \cdots \cdot (n-2) = (n-2)! \\ \quad \vdots \\ (x_3 - x_2)(x_3 - x_1) = 1 \times 2 = 2! \\ (x_2 - x_1) = 1! \end{cases}$$

となり，これらをかけ合わせると，$\Delta_1 = (n-1)!\,(n-2)!\cdot\cdots\cdot 2!\cdot 1!$ となる．一方，

$$\Delta_k = \begin{vmatrix} 1 & 1 & 1 & \cdots & 1 \\ k & k+1 & k+2 & \cdots & n \\ k^2 & (k+1)^2 & (k+2)^2 & \cdots & n^2 \\ \vdots & \vdots & \vdots & \ddots & \vdots \\ k^{n-k} & (k+1)^{n-k} & (k+2)^{n-k} & \cdots & n^{n-k} \end{vmatrix}$$

では，① に $x_1 = k, x_2 = k+1, \ldots, x_{n-(k-1)} = n$ を代入すると

$$\begin{cases} (x_{n-(k-1)} - x_{n-k})(x_{n-(k-1)} - x_{n-(k+1)})\cdots(x_{n-(k-1)} - x_1) \\ \qquad = 1\cdot 2\cdot 3\cdot\cdots\cdot(n-k) = (n-k)! \\ (x_{n-k} - x_{n-(k+1)})(x_{n-k} - x_{n-(k+2)})\cdots(x_{n-k} - x_1) \\ \qquad = 1\cdot 2\cdot 3\cdot\cdots\cdot\bigl\{n-(k+1)\bigr\} = \bigl\{n-(k+1)\bigr\}! \\ \qquad\qquad\qquad \vdots \\ (x_3 - x_2)(x_3 - x_1) = 1\times 2 = 2! \\ (x_2 - x_1) = 1! \end{cases}$$

となり，これらをかけ合わせると，$\Delta_k = (n-k)!\,\{n-(k+1)\}!\cdot\cdots\cdot 2!\cdot 1!$ となる．よって，つぎのようになる．

$$\begin{aligned} \Delta_1 &= (n-1)!\,(n-2)!\cdots 2!\cdot 1! \\ &= (n-1)!\,(n-2)!\cdots\bigl\{n-(k-1)\bigr\}!\,(n-k)!\,\bigl\{n-(k+1)\bigr\}!\cdot\cdots\cdot 2!\cdot 1! \\ &= (n-1)!\,(n-2)!\cdots\bigl\{n-(k-1)\bigr\}!\times\Delta_k \end{aligned}$$

5 ▶▶ **考え方**

(2) はファンデルモンドの行列式である．

解答▷ (1) $\begin{vmatrix} x+a_1 & a_2 & a_3 & \cdots & a_n \\ a_1 & x+a_2 & a_3 & \cdots & a_n \\ a_1 & a_2 & x+a_3 & \cdots & a_n \\ \vdots & \vdots & \vdots & \ddots & \vdots \\ a_1 & a_2 & a_3 & \cdots & x+a_n \end{vmatrix}$

第 2 列から第 n 列までそれぞれ第 1 列に加えて，
第 1 列から $(x_1 + a_1 + \cdots + a_n)$ でくくりだす．

$$= (x + a_1 + a_2 + \cdots + a_n)\begin{vmatrix} 1 & a_2 & a_3 & \cdots & a_n \\ 1 & x+a_2 & a_3 & \cdots & a_n \\ 1 & a_2 & x+a_3 & \cdots & a_n \\ \vdots & \vdots & \vdots & \ddots & \vdots \\ 1 & a_2 & a_3 & \cdots & x+a_n \end{vmatrix}$$

$$
= (x + a_1 + a_2 + \cdots + a_n)\begin{vmatrix} 1 & a_2 & a_3 & \cdots & a_n \\ 0 & x & 0 & \cdots & 0 \\ 0 & 0 & x & \ddots & 0 \\ \vdots & \vdots & \ddots & \ddots & 0 \\ 0 & 0 & \cdots & 0 & x \end{vmatrix}
$$

$$
= x^{n-1}(x + a_1 + a_2 + \cdots + a_n) \qquad \text{（答）} x^{n-1}(x + a_1 + a_2 + \cdots + a_n)
$$

(2)　$(n+1)$ 次のファンデルモンドの行列式

$$
\begin{vmatrix} 1 & 1 & \cdots & 1 \\ x_1 & x_2 & \cdots & x_{n+1} \\ {x_1}^2 & {x_2}^2 & \cdots & {x_{n+1}}^2 \\ \vdots & \vdots & \ddots & \vdots \\ {x_1}^n & {x_2}^n & \cdots & {x_{n+1}}^n \end{vmatrix} = \prod_{1 \leqq i < j \leqq n+1} (x_j - x_i)
$$

を用いる．

$x_1 = a$，$x_2 = a + x$，$x_{n+1} = a + nx$ とする．

$$
x_2 - x_1 = x,\ x_3 - x_1 = 2x, \ldots,\ x_{n+1} - x_1 = nx
$$

$$
x_3 - x_2 = x,\ x_4 - x_2 = 2x, \ldots,\ x_{n+1} - x_2 = (n-1)x, \ldots,\ x_{n+1} - x_n = x
$$

x の積について，$x^n \times x^{n-1} \times \cdots \times x = x^{n+(n-1)+\cdots+2+1} = x^{\frac{1}{2}n(n+1)}$

係数は，$n! \times (n-1)! \times \cdots \times 1! = \displaystyle\prod_{j=1}^{n} j!$ から

$$
x^{\frac{1}{2}n(n+1)} \times \prod_{j=1}^{n} j! \quad \left(= x^{\frac{1}{2}n(n+1)} \times (1! \times 2! \times \cdots \times n!)\right) \qquad \text{（答）} x^{\frac{1}{2}n(n+1)} \times \prod_{j=1}^{n} j!
$$

6　▶▶ **考え方**

成分 0 がもっとも多い第 n 行に関する展開を試みる．

解答▷　求める n 次正方行列の行列式を a_n とする．

$$
a_2 = \begin{vmatrix} 1 & 1 \\ 1 & 3 \end{vmatrix} = 2, \quad a_3 = \begin{vmatrix} 1 & 1 & 0 \\ 1 & 3 & 2 \\ 0 & 2 & 5 \end{vmatrix} = 6
$$

$n \geqq 4$ について，与えられた n 次行列式を第 n 行で展開すると，

$$
a_n = (-1)^{2n-1}(n-1)\varDelta + (-1)^{2n}(2n-1)a_{n-1} = (2n-1)a_{n-1} - (n-1)\varDelta
$$

ここで，$\varDelta$ は $(n-1)$ 次行列式で，

$$\Delta = \begin{vmatrix} 1 & 1 & 0 & \cdots & 0 & 0 \\ 1 & 3 & 2 & \ddots & 0 & 0 \\ 0 & 2 & 5 & \ddots & \ddots & \vdots \\ 0 & 0 & 3 & \ddots & n-3 & 0 \\ \vdots & \vdots & \ddots & \ddots & 2n-5 & 0 \\ 0 & 0 & \cdots & 0 & n-2 & n-1 \end{vmatrix}$$

であることから，$\Delta = (n-1)a_{n-2}$ が成り立つ．

以上より，漸化式 $a_n = (2n-1)a_{n-1} - (n-1)^2 a_{n-2}$ が成り立つ．

一方，$a_2 = 2$，$a_3 = 6$，$a_4 = 7a_3 - 9a_2 = 24, \ldots$ より，$a_n = n!$ と推測できる．このことを数学的帰納法で証明する．

$n = 2, 3$ のときは上記のとおり，成り立つ．

$n = 2, 3, \ldots, k-1$（k は 3 以上の整数）のときに成り立つと仮定する．$n = k$ のとき

$$\begin{aligned} a_k &= (2k-1)a_{k-1} - (k-1)^2 a_{k-2} = (2k-1)(k-1)(k-2)! - (k-1)^2(k-2)! \\ &= (k-1)(k-2)! \times \left\{(2k-1) - (k-1)\right\} = (k-1)! \times k = k! \end{aligned}$$

これより，$n = k$ のときも正しい．以上より，$a_n = n!$ である．　　(答) $n!$

7 ▶▶考え方

ブロックに分割した行列の行列式を考える．その際，零行列を活用する．

解答▷ $n \times m$ 次の行列 X に対して，つぎの積を考える．

$$\begin{pmatrix} A & B \\ C & D \end{pmatrix} \begin{pmatrix} E_m & O \\ X & E_n \end{pmatrix} = \begin{pmatrix} A + BX & B \\ C + DX & D \end{pmatrix}$$

ここで，X を $C + DX = O$ になるように定めると，$X = -D^{-1}C$ となる．
したがって，行列式に関して

$$\begin{vmatrix} A & B \\ C & D \end{vmatrix} = \begin{vmatrix} A + BX & B \\ O & D \end{vmatrix} = \begin{vmatrix} A - BD^{-1}C & B \\ O & D \end{vmatrix} = |A - BD^{-1}C| \times |D| \qquad \cdots ①$$

つぎに，$m \times n$ 次の行列 X に関して，つぎの積を考える．

$$\begin{pmatrix} A & B \\ C & D \end{pmatrix} \begin{pmatrix} E_m & Y \\ O & E_n \end{pmatrix} = \begin{pmatrix} A & B + AY \\ C & D + CY \end{pmatrix}$$

ここで，Y を $B + AY = O$ になるように定めると，$Y = -A^{-1}B$ となる．よって，

$$\begin{vmatrix} A & B \\ C & D \end{vmatrix} = \begin{vmatrix} A & O \\ C & D - CA^{-1}B \end{vmatrix} = |A| \times |D - CA^{-1}B| \qquad \cdots ②$$

①，② より $|A - BD^{-1}C| \times |D| = |A| \times |D - CA^{-1}B|$ が成り立つ．

Chapter 4

階数

▶▶ **出題傾向と学習上のポイント**

連立方程式の解の存在や，行列が対角化可能かどうかを調べるとき，行列の階数は，重要な要素となるので，確実な理解と計算力が必要になります．

1 階数の定義

階数の定義はつぎのとおりである．なお，階数のことをランクともいう．

重要 階数

$m \times n$ 行列 A の階数を r とした場合，

$$r = \operatorname{rank} A$$

は，❶ から ❹ の概念と一致する．

❶ 行列 A の列ベクトルの中から選びうる 1 次独立なベクトルの最大個数は r である．

❷ 行列 A の行ベクトルの中から選びうる 1 次独立なベクトルの最大個数は r である．

❸ 行列 A の r 次の小行列式の中には 0 でないものが存在し，$r+1$ 次以上の小行列式はすべて 0 である．

❹ 行列 A が定義する線形写像の像の次元 $(= \dim \operatorname{Im} A)$ は r である．

なお，$m \times n$ 行列 A の第 $i_1, i_2, \ldots, i_t$ 行 $(1 \leqq t \leqq m)$ と第 $j_1, j_2, \ldots, j_s$ 列 $(1 \leqq s \leqq n)$ を取り出してつくった

$$\begin{pmatrix} a_{i_1j_1} & a_{i_1j_2} & \cdots & a_{i_1j_s} \\ a_{i_2j_1} & a_{i_2j_2} & \cdots & a_{i_2j_s} \\ \vdots & \vdots & \ddots & \vdots \\ a_{i_tj_1} & a_{i_tj_2} & \cdots & a_{i_tj_s} \end{pmatrix}$$

を A の小行列という．

Memo

1 次独立や線形写像に関しては第 6 章で詳しく説明する．

とくに, $t=s$ の場合は t 次の小行列といい, $\begin{vmatrix} a_{i_1j_1} & \cdots & a_{i_1j_t} \\ \vdots & \ddots & \vdots \\ a_{i_tj_1} & \cdots & a_{i_tj_t} \end{vmatrix}$ を A の t 次の小行列式という.

Memo
さらに, つぎの性質がある.
$\operatorname{rank} A \leqq \min\{m, n\}$
ただし, $\min\{m, n\}$ は m と n の小さいほうを表す.

例 1 $A=\begin{pmatrix} 1 & 2 & 3 & 4 & 5 \\ 1 & 1 & 1 & 1 & 1 \\ 2 & 2 & 2 & 2 & 2 \\ 3 & 3 & 3 & 3 & 3 \\ 5 & 4 & 3 & 2 & 1 \end{pmatrix}$ で, $\begin{vmatrix} 1 & 2 \\ 1 & 1 \end{vmatrix}$ や $\begin{vmatrix} 3 & 3 \\ 4 & 3 \end{vmatrix}$ などは 2 次の小行列式,

$\begin{vmatrix} 1 & 2 & 3 \\ 1 & 1 & 1 \\ 2 & 2 & 2 \end{vmatrix}$ や $\begin{vmatrix} 2 & 2 & 2 \\ 3 & 3 & 3 \\ 3 & 2 & 1 \end{vmatrix}$ などは 3 次の小行列式, $\begin{vmatrix} 1 & 1 & 1 & 1 \\ 2 & 2 & 2 & 2 \\ 3 & 3 & 3 & 3 \\ 5 & 4 & 3 & 2 \end{vmatrix}$ などは 4 次の小行列式である.

---

2 階数の求め方

階数の求め方はつぎの三つである.

❶ 1 次独立なベクトルの最大個数による求め方

❷ 小行列式による求め方

❸ 階段行列による求め方

例 2 $\begin{pmatrix} 1 & -1 & 0 \\ 0 & 3 & 3 \\ 2 & 0 & 2 \end{pmatrix}$ の階数を上記の ❶〜❸ の方法で求める.

❶ 列ベクトルを $\boldsymbol{a}_1=\begin{pmatrix} 1 \\ 0 \\ 2 \end{pmatrix}$, $\boldsymbol{a}_2=\begin{pmatrix} -1 \\ 3 \\ 0 \end{pmatrix}$, $\boldsymbol{a}_3=\begin{pmatrix} 0 \\ 3 \\ 2 \end{pmatrix}$ として, $c_1\boldsymbol{a}_1+c_2\boldsymbol{a}_2=\boldsymbol{0}$ とすると, 第 1 成分より $c_1=c_2$, 第 2 成分より $c_2=0$ である.

よって, $c_1=c_2=0$ より, $\boldsymbol{a}_1$ と $\boldsymbol{a}_2$ は 1 次独立である. また, $c_1\boldsymbol{a}_1+c_2\boldsymbol{a}_2+c_3\boldsymbol{a}_3=\boldsymbol{0}$ とすると, $c_1-c_2=0$, $c_2+c_3=0$, $c_1+c_3=0$ となって, $c_1=c_2=-c_3$ となる. よって, $\boldsymbol{a}_1+\boldsymbol{a}_2=\boldsymbol{a}_3$ である.

$\boldsymbol{a}_3$ は $\boldsymbol{a}_1$ と $\boldsymbol{a}_2$ の和で表され, 1 次独立な列ベクトルの最大個数は $\boldsymbol{a}_1$, $\boldsymbol{a}_2$ の 2 個なので, 階数は 2 である.

❷ $\begin{vmatrix} 1 & -1 & 0 \\ 0 & 3 & 3 \\ 2 & 0 & 2 \end{vmatrix}=0$ なので, 階数は 3 より小さい. $\begin{vmatrix} 1 & -1 \\ 0 & 3 \end{vmatrix}=3\neq 0$ なので, 階数は 2 である.

❸ 行列 A に行基本変形を行って，つぎのような階段行列になったとすれば，$\mathrm{rank}\,A = r$ となる．

$$
\begin{pmatrix}
0 & \cdots & 0 & a_{1j_1} & * & * & \cdots & * & \cdots & \cdots & * \\
\vdots & & & 0 & a_{2j_2} & * & \cdots & * & \ddots & \ddots & \vdots \\
\vdots & & & & 0 & \cdots & 0 & \vdots & \ddots & \ddots & \vdots \\
\vdots & & & & & \ddots & \vdots & * & * & \ddots & * \\
\vdots & & & & & & 0 & a_{rj_r} & * & \cdots \vdots & * \\
\vdots & & & & & & & 0 & 0 & \cdots & 0 \\
\vdots & & & & & & & & & \ddots & \vdots \\
0 & \cdots & \cdots & \cdots & \cdots & \cdots & \cdots & \cdots & \cdots & \cdots & 0
\end{pmatrix}
$$

r 行 ➡ $\boxed{\mathrm{rank}\,A = r}$

（$*$ は任意の成分）

行列 $\begin{pmatrix} 1 & -1 & 0 \\ 0 & 3 & 3 \\ 2 & 0 & 2 \end{pmatrix}$ を，階段行列に変形すると，

$$
\begin{pmatrix} 1 & -1 & 0 \\ 0 & 3 & 3 \\ 2 & 0 & 2 \end{pmatrix} \to \begin{pmatrix} 1 & -1 & 0 \\ 0 & 3 & 3 \\ 0 & 2 & 2 \end{pmatrix} \to \begin{pmatrix} 1 & -1 & 0 \\ 0 & 3 & 3 \\ 0 & 0 & 0 \end{pmatrix}
$$

2 行

第 1 行 $\times(-2)$ を第 3 行に加える．

第 2 行 $\times(-2/3)$ を第 3 行に加える．

よって，階数は 2 である．

Memo

階段行列から階数を求められるのは，行基本変形を行っても，行列の階数は変わらないためである．

例題 1　つぎの行列の階数を求めなさい．ただし，a，x，y，z は実数とします．

(1) $\begin{pmatrix} 1 & 2 & 0 & -1 & 3 \\ 2 & 5 & 2 & -2 & 2 \\ 3 & 6 & 0 & -2 & 5 \\ 1 & 3 & 2 & -1 & -1 \end{pmatrix}$　　(2) $\begin{pmatrix} 1 & 1 & a \\ 1 & a & 1 \\ a & 1 & 1 \end{pmatrix}$

(3) $\begin{pmatrix} 0 & x & 0 & 1 \\ -x & 0 & y & 0 \\ 0 & -y & 0 & z \\ -1 & 0 & -z & 0 \end{pmatrix}$ （ただし，$xyz \neq 0$）

▶▶ 考え方

(2) は a の値，(3) は x，y，z の間に成り立つ条件によって階数が変わってくることに注意する．

解答▷　(1)

$$\begin{pmatrix}1&2&0&-1&3\\2&5&2&-2&2\\3&6&0&-2&5\\1&3&2&-1&-1\end{pmatrix}\to\begin{pmatrix}1&2&0&-1&3\\0&1&2&0&-4\\0&0&0&1&-4\\0&1&2&0&-4\end{pmatrix}\to\begin{pmatrix}1&2&0&-1&3\\0&1&2&0&-4\\0&0&0&1&-4\\0&0&0&0&0\end{pmatrix}$$

↕ 3 行

第 1 行 × (−2) を第 2 行に，第 1 行 × (−3) を第 3 行に，第 1 行 × (−1) を第 4 行にそれぞれ加える．

第 2 行 × (−1) を第 4 行に加える．

よって，階数は 3 である．　　（答）3

(2)　小行列式から求める．

$$\begin{vmatrix}1&1&a\\1&a&1\\a&1&1\end{vmatrix}=-a^3+3a-2=-(a-1)^2(a+2)$$

よって，$a\neq1$，$a\neq-2$ のとき階数は 3 となる．

$a=-2$ または $a=1$ では，階数は 2 以下となって，$a=-2$ のとき $\begin{pmatrix}1&1&-2\\1&-2&1\\-2&1&1\end{pmatrix}$ の階数は 2，$a=1$ のとき $\begin{pmatrix}1&1&1\\1&1&1\\1&1&1\end{pmatrix}$ の階数は 1 となる．

（答）$\begin{cases}a\neq1,\ a\neq-2 \text{ のとき，階数は } 3\\ a=-2 \text{ のとき，階数は } 2\\ a=1 \text{ のとき，階数は } 1\end{cases}$

(3)　階段行列を求める．

$$\begin{pmatrix}0&x&0&1\\-x&0&y&0\\0&-y&0&z\\-1&0&-z&0\end{pmatrix}\to\begin{pmatrix}1&0&z&0\\-x&0&y&0\\0&-y&0&z\\0&x&0&1\end{pmatrix}\to\begin{pmatrix}1&0&z&0\\0&0&y+zx&0\\0&-y&0&z\\0&x&0&1\end{pmatrix}$$

第 1 行と第 4 行を入れ換え，その後，第 1 行 × (−1) とする．

第 1 行 × x を第 2 行に加える．

$$\to\begin{pmatrix}1&0&z&0\\0&x&0&1\\0&-y&0&z\\0&0&y+zx&0\end{pmatrix}\to\begin{pmatrix}1&0&z&0\\0&x&0&1\\0&0&0&(y+zx)/x\\0&0&y+zx&0\end{pmatrix}$$

第 2 行と第 4 行を入れ換える．

第 2 行 × (y/x) を第 3 行に加える．

よって，$xz+y$ について場合分けすると，階数が求められる．

（答）$\begin{cases} xz+y \neq 0 \text{ のとき，階数は } 4 \\ xz+y = 0 \text{ のとき，階数は } 2 \end{cases}$

別解▷ (2)　階段行列を求める．

$$\begin{pmatrix} 1 & 1 & a \\ 1 & a & 1 \\ a & 1 & 1 \end{pmatrix} \to \begin{pmatrix} 1 & 1 & a \\ 0 & a-1 & 1-a \\ 0 & 1-a & 1-a^2 \end{pmatrix} \to \begin{pmatrix} 1 & 1 & a \\ 0 & a-1 & 1-a \\ 0 & 0 & -(a-1)(a+2) \end{pmatrix}$$

これより，$a \neq 1$，$a \neq -2$ のとき階数 3，$a = -2$ のとき階数 2，$a = 1$ のとき階数 1 となる．

▶▶▶ 演習問題 4

1　行列 $\begin{pmatrix} 1 & -2 & 3 & -1 & 0 \\ 1 & -1 & 2 & -3 & 2 \\ 2 & -5 & 7 & 0 & -2 \\ -3 & 8 & -11 & -1 & 4 \\ -1 & 5 & -6 & -5 & 6 \end{pmatrix}$ の階数を求めなさい．

2　行列 $A = \begin{pmatrix} 1 & 1 & 1 \\ a & b & c \\ b^2+c^2 & c^2+a^2 & a^2+b^2 \end{pmatrix}$ について，つぎの問いに答えなさい．

(1)　A の行列式 $|A|$ を求めなさい．

(2)　a，b，c の関係に応じて，A の階数を求めなさい．

3★★　$\begin{pmatrix} a & b & c \\ 0 & d & e \\ 0 & 0 & f \end{pmatrix}$ の階数を求めなさい．

▶▶▶ 演習問題 4　解答

1 ▶▶ **考え方**

5 次の正方行列とサイズも大きいので，行基本変形によって，階段行列を求める．

解答▷

$$\begin{pmatrix} 1 & -2 & 3 & -1 & 0 \\ 1 & -1 & 2 & -3 & 2 \\ 2 & -5 & 7 & 0 & -2 \\ -3 & 8 & -11 & -1 & 4 \\ -1 & 5 & -6 & -5 & 6 \end{pmatrix} \to \begin{pmatrix} 1 & -2 & 3 & -1 & 0 \\ 0 & 1 & -1 & -2 & 2 \\ 0 & -1 & 1 & 2 & -2 \\ 0 & 2 & -2 & -4 & 4 \\ 0 & 3 & -3 & -6 & 6 \end{pmatrix}$$

第 1 行 × (−1) を第 2 行に，第 1 行 × (−2) を第 3 行に，
第 1 行 × 3 を第 4 行に，第 1 行を第 5 行にそれぞれ加える．

$$\to \begin{pmatrix} 1 & -2 & 3 & -1 & 0 \\ 0 & 1 & -1 & -2 & 2 \\ 0 & 0 & 0 & 0 & 0 \\ 0 & 0 & 0 & 0 & 0 \\ 0 & 0 & 0 & 0 & 0 \end{pmatrix}$$ ↕ 2 行

第 2 行を第 3 行に，第 2 行 × (−2) を第 4 行に，
第 2 行 × (−3) を第 5 行にそれぞれ加える．

より，階数は 2 である．　　（答）2

2 ▶▶ **考え方**

(2)　a, b, c の関係によって $|A|=0$ や $|A|\neq 0$ となり，階数が変わることに注意する．

解答▷　(1)　$|A|=\begin{vmatrix}1 & 1 & 1\\ a & b & c\\ b^2+c^2 & c^2+a^2 & a^2+b^2\end{vmatrix}$

第 1 列 ×(−1) を第 2 列と第 3 列にそれぞれ加える．

$$=\begin{vmatrix}1 & 0 & 0\\ a & b-a & c-a\\ b^2+c^2 & a^2-b^2 & a^2-c^2\end{vmatrix}=(b-a)(a^2-c^2)-(c-a)(a^2-b^2)$$

$$=(a-b)(a-c)(b-c)=-(a-b)(b-c)(c-a)$$

（答）$-(a-b)(b-c)(c-a)$

(2)　(i) $(a-b)(b-c)(c-a)\neq 0$ すなわち，$a\neq b$ かつ $b\neq c$ かつ $c\neq a$ のとき

$|A|\neq 0$ より，階数 3

(ii) $a=b$ または $a=c$ または $b=c$ すなわち，$a=b$, $a=c$, $b=c$ の三つのうちどれか一つが成り立つ場合（二つが同時に成り立つ $a=b=c$ は除く）

たとえば，$a=b$　$(a\neq c,\ b\neq c)$ では $\begin{vmatrix}1 & 1\\ a & b\end{vmatrix}=0$ だが，$\begin{vmatrix}1 & 1\\ b & c\end{vmatrix}\neq 0$ より，階数 2

(iii) $a=b=c$ のとき

$$A=\begin{vmatrix}1 & 1 & 1\\ a & a & a\\ 2a^2 & 2a^2 & 2a^2\end{vmatrix}$$

2 次の小行列式はすべて 0 になるので，階数 1

Check!

(1) よりつぎの三つの場合を考える．

(i)　a, b, c が相異なる

(ii)　a, b, c のうち二つが等しい

(iii)　a, b, c が相等しい

を意味する．

（答）$\begin{cases}a\neq b \text{ かつ } b\neq c \text{ かつ } c\neq a \text{ のとき，階数 3}\\ a=b \text{ または } a=c \text{ または } b=c \text{ のとき，階数 2}\\ a=b=c \text{ のとき，階数 1}\end{cases}$

参考▷　(2) (i) の「$a\neq b$ かつ $b\neq c$ かつ $c\neq a$」は，「a, b, c はすべて相異なる」としてもよい．

3 ▶▶ **考え方**

行列式 $\begin{vmatrix}a & b & c\\ 0 & d & e\\ 0 & 0 & f\end{vmatrix}=adf\neq 0$ ならば階数は 3，$adf=0$ ならば階数は 3 未満になることから調べる．

解答▷　$\begin{vmatrix}a & b & c\\ 0 & d & e\\ 0 & 0 & f\end{vmatrix}=adf$ より，(i) $adf\neq 0$ の場合（すなわち a, d, f がどれも 0 でなけれ

ば）階数は 3 である．

$adf=0$ ならば階数は 3 未満となるので，以降では $adf=0$ の場合を吟味する．

(ii) a，d，f のうち一つだけが 0 の場合，つぎの三つに分けられる．

① $a=0$，$d\neq 0$，$f\neq 0$ では $\begin{pmatrix}0 & b & c\\ 0 & d & e\\ 0 & 0 & f\end{pmatrix}$ となって，階数は 2 である．

② $a\neq 0$，$d=0$，$f\neq 0$ では $\begin{pmatrix}a & b & c\\ 0 & 0 & e\\ 0 & 0 & f\end{pmatrix}$ となって，階数は 2 である．

③ $a\neq 0$，$d\neq 0$，$f=0$ では $\begin{pmatrix}a & b & c\\ 0 & d & e\\ 0 & 0 & 0\end{pmatrix}$ となって，階数は 2 である．

(iii) a，d，f のうち二つが 0 の場合，つぎの三つに分けられる．

① $a=d=0$，$f\neq 0$ では $\begin{pmatrix}0 & b & c\\ 0 & 0 & e\\ 0 & 0 & f\end{pmatrix}$ となる．b が 0 か否かによって，さらに二つに分けられる．すなわち，$b\neq 0$ では階数は 2，$b=0$ では階数は 1 である．

② $a=f=0$，$d\neq 0$ では $\begin{pmatrix}0 & b & c\\ 0 & d & e\\ 0 & 0 & 0\end{pmatrix}$ となる．$\begin{vmatrix}b & c\\ d & e\end{vmatrix}=be-cd$ が 0 か否かによって，さらに二つに分けられる．すなわち，$be\neq cd$ では階数は 2 で，$be=cd$ では階数は 1 である．

③ $d=f=0$，$a\neq 0$ では $\begin{pmatrix}a & b & c\\ 0 & 0 & e\\ 0 & 0 & 0\end{pmatrix}$ となる．e が 0 か否かによって，さらに二つに分けられる．すなわち，$e\neq 0$ では階数は 2 で，$e=0$ では階数は 1 である．

(iv) a，d，f がすべて 0 $(a=d=f=0)$ の場合，$\begin{pmatrix}0 & b & c\\ 0 & 0 & e\\ 0 & 0 & 0\end{pmatrix}$ となり，$\begin{vmatrix}b & c\\ 0 & e\end{vmatrix}=be$

① $be\neq 0$ ならば，階数は 2 である．

② $be=0$ ならば，さらに三つの場合に分けられる．

- $b=0$，$e\neq 0$ のとき，$\begin{pmatrix}0 & 0 & c\\ 0 & 0 & e\\ 0 & 0 & 0\end{pmatrix}$ より，（$c=0$ か否かによらず）階数は 1 である．
- $b\neq 0$，$e=0$ のとき，$\begin{pmatrix}0 & b & c\\ 0 & 0 & 0\\ 0 & 0 & 0\end{pmatrix}$ より，（$c=0$ か否かによらず）階数は 1 である．
- $b=0$，$e=0$ のとき，$\begin{pmatrix}0 & 0 & c\\ 0 & 0 & 0\\ 0 & 0 & 0\end{pmatrix}$ より，$c=0$ か否かで階数が変わる．

すなわち，$c\neq 0$ では階数は 1，$c=0$ では階数は 0 である．

（答）(i)　a，d，f がどれも 0 でない場合，階数は 3

(ii)　a，d，f のうち一つが 0 の場合，階数は 2

(iii)　a，d，f のうち二つが 0 の場合

- $a = d = 0$，$f \neq 0$ のとき，$b \neq 0$ では階数は 2，$b = 0$ では階数は 1
- $a = f = 0$，$d \neq 0$ のとき，$be \neq cd$ では階数は 2 で，$be = cd$ では階数は 1
- $d = f = 0$，$a \neq 0$ のとき，$e \neq 0$ では階数は 2 で，$e = 0$ では階数は 1

(iv)　a，d，f がすべて 0 ($a = d = f = 0$) の場合

- $be \neq 0$ のとき，階数は 2
- $b = 0$，$e \neq 0$ または $b \neq 0$，$e = 0$ のとき，階数は 1
- $b = e = 0$ のとき，$c \neq 0$ では階数は 1 で，$c = 0$ では階数は 0

Chapter

5 連立1次方程式

▶▶ 出題傾向と学習上のポイント

第 **4** 章で学んだ行列の階数を使って，連立 **1** 次方程式の解や，解の存在条件を求める問題として出題されたケースもあるので，階数と組み合わせた学習対策をしましょう．

1 未知数の数と方程式の数が一致する場合の解法

(1) 一般的解法

$x_1, x_2, \ldots, x_n$ を未知数とする連立 1 次方程式

$$\begin{cases} a_{11}x_1 + a_{12}x_2 + \cdots + a_{1n}x_n = b_1 \\ a_{21}x_1 + a_{22}x_2 + \cdots + a_{2n}x_n = b_2 \\ \quad\vdots \\ a_{n1}x_1 + a_{n2}x_2 + \cdots + a_{nn}x_n = b_n \end{cases} \tag{5.1}$$

に対して，係数の行列を $A = \begin{pmatrix} a_{11} & a_{12} & \cdots & a_{1n} \\ a_{21} & a_{22} & \cdots & a_{2n} \\ \vdots & \vdots & \ddots & \vdots \\ a_{n1} & a_{n2} & \cdots & a_{nn} \end{pmatrix}$，未知数の列ベクトルを $\boldsymbol{x} = \begin{pmatrix} x_1 \\ x_2 \\ \vdots \\ x_n \end{pmatrix}$，定数項の列ベクトルを $\boldsymbol{b} = \begin{pmatrix} b_1 \\ b_2 \\ \vdots \\ b_n \end{pmatrix}$ とおけば，(5.1) は，つぎのように表される．

$$A\boldsymbol{x} = \boldsymbol{b} \tag{5.2}$$

(5.2) から，$|A| \neq 0$ であれば，解がつぎのように求められる．

$$\boldsymbol{x} = A^{-1}\boldsymbol{b}$$

(2) クラーメルの公式

クラーメルの公式は，未知数の数と方程式の数が一致する場合の，連立 1 次方程式の解法である．

重要 クラーメルの公式

n 個の未知数に関する連立 1 次方程式 $A\boldsymbol{x}=\boldsymbol{b}$ は，係数の行列式 $|A|\neq 0$ のとき，すなわち，A が n 次正則行列であるとき，ただ 1 組の解

$$x_j=\frac{\Delta_j}{|A|}\quad (j=1,2,\ldots,n) \tag{5.3}$$

をもつ．ただし，Δ_j は行列 A の第 j 列を $\boldsymbol{b}$ で置き換えた行列式である．

上記 (5.3) を具体的に示せば，つぎのようになる．

第 j 列

$$x_j=\frac{\begin{vmatrix} a_{11} & a_{12} & \cdots & \boxed{b_1} & \cdots & a_{1n}\\ a_{21} & a_{22} & \cdots & b_2 & \cdots & a_{2n}\\ \vdots & \vdots & & \vdots & & \vdots\\ a_{n1} & a_{n2} & \cdots & b_n & \cdots & a_{nn}\end{vmatrix}}{\begin{vmatrix} a_{11} & a_{12} & \cdots & a_{1n}\\ a_{21} & a_{22} & \cdots & a_{2n}\\ \vdots & \vdots & \ddots & \vdots\\ a_{n1} & a_{n2} & \cdots & a_{nn}\end{vmatrix}}\quad (j=1,2,\ldots,n)$$

▶例題 1　つぎの連立 1 次方程式をクラーメルの公式で解きなさい．ただし，(2)，(3) の係数の行列式は 0 でないとします．

(1) $\begin{cases} x+y-z=4\\ 2x-y-3z=5\\ 3x+4y+2z=-1\end{cases}$　　(2) $\begin{cases} ax+by+cz=a\\ bx+cy+az=b\\ cx+ay+bz=c\end{cases}$

(3) $\begin{cases} ax+by+cz=k\\ a^2x+b^2y+c^2z=k^2\\ a^3x+b^3y+c^3z=k^3\end{cases}$

▶▶考え方

方程式の係数を行列 A で表し，クラーメルの公式を活用する．

解答▷ (1)　$|A|=\begin{vmatrix}1&1&-1\\2&-1&-3\\3&4&2\end{vmatrix}=\begin{vmatrix}1&1&-1\\0&-3&-1\\0&1&5\end{vmatrix}=\begin{vmatrix}-3&-1\\1&5\end{vmatrix}=-14\quad(\neq 0)$ より

$$x=\frac{\begin{vmatrix}4&1&-1\\5&-1&-3\\-1&4&2\end{vmatrix}}{-14}=\frac{14}{-14}=-1,\quad y=\frac{\begin{vmatrix}1&4&-1\\2&5&-3\\3&-1&2\end{vmatrix}}{-14}=\frac{-28}{-14}=2,$$

$$z=\frac{\begin{vmatrix}1&1&4\\2&-1&5\\3&4&-1\end{vmatrix}}{-14}=\frac{42}{-14}=-3$$

（答）$x=-1,\ y=2,\ z=-3$

(2)　$|A|=\begin{vmatrix}a&b&c\\b&c&a\\c&a&b\end{vmatrix}=3abc-a^3-b^3-c^3\neq 0$ より

$$x=\frac{\begin{vmatrix}a&b&c\\b&c&a\\c&a&b\end{vmatrix}}{|A|}=1,\quad y=\frac{\begin{vmatrix}a&a&c\\b&b&a\\c&c&b\end{vmatrix}}{|A|}=0,$$

$$z=\frac{\begin{vmatrix}a&b&a\\b&c&b\\c&a&c\end{vmatrix}}{|A|}=0$$

（答）$x=1,\ y=0,\ z=0$

> **Check!**
> 二つの列が等しい行列式は 0 になる！

(3)　$|A|=\begin{vmatrix}a&b&c\\a^2&b^2&c^2\\a^3&b^3&c^3\end{vmatrix}=abc\begin{vmatrix}1&1&1\\a&b&c\\a^2&b^2&c^2\end{vmatrix}$

$\begin{vmatrix}1&1&1\\a&b&c\\a^2&b^2&c^2\end{vmatrix}$ は 3 次のファンデルモンドの行列式と考えて，

$$\begin{vmatrix}1&1&1\\a&b&c\\a^2&b^2&c^2\end{vmatrix}=(a-b)(b-c)(c-a)$$

よって，$|A|=abc(a-b)(b-c)(c-a)\neq 0$ より

$$x=\frac{\begin{vmatrix}k&b&c\\k^2&b^2&c^2\\k^3&b^3&c^3\end{vmatrix}}{|A|}=\frac{k\cancel{bc}(k-b)\cancel{(b-c)}(c-k)}{a\cancel{bc}(a-b)\cancel{(b-c)}(c-a)}=\frac{k(k-b)(k-c)}{a(a-b)(a-c)}$$

同様に，$y=\dfrac{k(k-a)(k-c)}{b(b-a)(b-c)}$，$z=\dfrac{k(k-a)(k-b)}{c(c-a)(c-b)}$

（答）$x=\dfrac{k(k-b)(k-c)}{a(a-b)(a-c)},\ y=\dfrac{k(k-a)(k-c)}{b(b-a)(b-c)},\ z=\dfrac{k(k-a)(k-b)}{c(c-a)(c-b)}$

(3) 連立斉次1次方程式の解法

$x_1, x_2, \ldots, x_n$ を未知数とする連立1次方程式

$$\begin{cases} a_{11}x_1 + a_{12}x_2 + \cdots + a_{1n}x_n = 0 \\ a_{21}x_1 + a_{22}x_2 + \cdots + a_{2n}x_n = 0 \\ \qquad \vdots \\ a_{n1}x_1 + a_{n2}x_2 + \cdots + a_{nn}x_n = 0 \end{cases} \tag{5.4}$$

を連立斉次1次方程式といい，A を係数の行列，$\boldsymbol{x}$ を未知数の列ベクトルとして

$$A\boldsymbol{x} = \boldsymbol{0} \tag{5.5}$$

と表せる．連立斉次1次方程式 (5.4)，(5.5) は明らかに解 $\boldsymbol{x} = \boldsymbol{0}$ をもつ．これを**自明な解**という．(5.4)，(5.5) が自明な解以外の解をもつための必要十分条件は，

$$|A| = 0$$

である．

Memo
自明な解以外の解を非自明解ということもある．

例題2　つぎの連立斉次1次方程式が自明な解以外の解をもつように，a の値を定めなさい．

$$ax + y + z = 0, \quad x + ay + z = 0, \quad x + y + az = 0$$

考え方
係数行列の行列式 $|A| = 0$ より考える．

解答▷　係数の行列を A とする．$|A| = \begin{vmatrix} a & 1 & 1 \\ 1 & a & 1 \\ 1 & 1 & a \end{vmatrix} = 0$，すなわち，$a^3 - 3a + 2 = 0$

$(a-1)^2(a+2) = 0$ より，$a = 1, -2$　　（答）$a = 1, -2$

参考▷　$a = 1, -2$ の場合，非自明解をどのようにもつかをさらに吟味してみる．

(i)　$a = 1$ のとき

$x + y + z = 0$ となる．$x = \alpha$，$y = \beta$ を任意の定数として，$z = -\alpha - \beta$ となる．

(ii)　$a = -2$ のとき

$$-2x + y + z = 0 \quad \cdots①, \quad x - 2y + z = 0 \quad \cdots②, \quad x + y - 2z = 0 \quad \cdots③$$

① から $z = 2x - y$ を ②，③ に代入すると，$x = y$

すなわち，$x = y = z$ となる．α を任意の定数として，$x = y = z = \alpha$ となる．

2　未知数の数と方程式の数が一致しない場合の解法

$x_1, x_2, \ldots, x_n$ を未知数とする連立 1 次方程式

$$\begin{cases} a_{11}x_1 + a_{12}x_2 + \cdots + a_{1n}x_n = b_1 \\ a_{21}x_1 + a_{22}x_2 + \cdots + a_{2n}x_n = b_2 \\ \qquad \vdots \\ a_{m1}x_1 + a_{m2}x_2 + \cdots + a_{mn}x_n = b_m \end{cases} \qquad (n \neq m) \tag{5.6}$$

に対して, $A = \begin{pmatrix} a_{11} & a_{12} & \cdots & a_{1n} \\ a_{21} & a_{22} & \cdots & a_{2n} \\ \vdots & \vdots & \ddots & \vdots \\ a_{m1} & a_{m2} & \cdots & a_{mn} \end{pmatrix}$, $\boldsymbol{x} = \begin{pmatrix} x_1 \\ x_2 \\ \vdots \\ x_n \end{pmatrix}$, $\boldsymbol{b} = \begin{pmatrix} b_1 \\ b_2 \\ \vdots \\ b_m \end{pmatrix}$ とおけば, (5.6) は,

$$A\boldsymbol{x} = \boldsymbol{b} \tag{5.7}$$

と表せる.

(1) 拡大係数行列

未知数の数と方程式の数が一致する場合, 行列式 $|A|$ が 0 か否かが解を調べる有効な手がかりであった. しかし, 未知数の数と方程式の数が一致しない場合, もはや行列式 $|A|$ は使えない. それに代わるのが行列の階数の考えである.

係数行列 $A = \begin{pmatrix} a_{11} & a_{12} & \cdots & a_{1n} \\ a_{21} & a_{22} & \cdots & a_{2n} \\ \vdots & \vdots & \ddots & \vdots \\ a_{m1} & a_{m2} & \cdots & a_{mn} \end{pmatrix}$ と, $\boldsymbol{b} = \begin{pmatrix} b_1 \\ b_2 \\ \vdots \\ b_m \end{pmatrix}$ をまとめた $m \times (n+1)$ 行列

$$(A, \boldsymbol{b}) = \begin{pmatrix} a_{11} & a_{12} & \cdots & a_{1n} & b_1 \\ a_{21} & a_{22} & \cdots & a_{2n} & b_2 \\ \vdots & \vdots & \ddots & \vdots & \vdots \\ a_{m1} & a_{m2} & \cdots & a_{mn} & b_m \end{pmatrix}$$

を**拡大係数行列**という.

この拡大係数行列の階数が, 一般的な連立 1 次方程式 (5.6) ((5.7)) の解を調べる重要な手がかりとなる.

(2) 一般的な連立1次方程式が解をもつための必要十分条件

重要　一般的な連立1次方程式が解をもつための必要十分条件

一般的な連立1次方程式 (5.6) ((5.7)) が解をもつための必要十分条件は

$$\mathrm{rank}\,A = \mathrm{rank}(A, \boldsymbol{b}) \tag{5.8}$$

すなわち，係数行列の階数と拡大係数行列の階数とが一致する場合，解をもつ．

ただし，解をもつといっても，厳密には二つの場合がある．

(i)　ただ1組の解をもつ場合

$$\mathrm{rank}\,A = \mathrm{rank}(A, \boldsymbol{b}) = n \qquad \text{解の自由度} = 0$$

(ii)　1組でない解をもつ（解が不定になる）場合

$$\mathrm{rank}\,A = \mathrm{rank}(A, \boldsymbol{b}) = r\ (< n) \qquad \text{解の自由度} = n - r$$

Memo　解の自由度

n 個の未知数 $x_1, x_2, \ldots, x_n$ の中で $n-r$ 個は任意に与えることができることを自由度 $n-r$ という．解の自由度 $=0$ とは，解がただ1組存在するということである．

例1　連立1次方程式の解 $x_1, \ldots, x_n$ について，$x_1 + x_2 + \cdots + x_n = 0$ の関係があるとき，$x_1 = -(x_2 + \cdots + x_n)$ より，$x_2, \ldots, x_n$ の $n-1$ 個を任意に与えることで x_1 が決まるので，自由度は $n-1$ である．

例2　1次方程式 $ax = b$ を上記 (5.8) に当てはめると，

(i)　$a = 0$, $b \neq 0$ の不能の場合，$\mathrm{rank}\,A = 0$, $\mathrm{rank}(A, \boldsymbol{b}) = 1$ となる．

この場合，$\mathrm{rank}\,A \neq \mathrm{rank}(A, \boldsymbol{b})$ である．

(ii)　$a = b = 0$ の不定の場合，$\mathrm{rank}\,A = 0$，$\mathrm{rank}(A, \boldsymbol{b}) = 0$ となる．

この場合は，$\mathrm{rank}\,A = \mathrm{rank}(A, \boldsymbol{b})$ である．

Memo

解が存在しないことを不能ともいう．

また，$x_1, x_2, \ldots, x_n$ を未知数とする連立1次方程式 (5.6) に対して，

$$A = \begin{pmatrix} a_{11} & a_{12} & \cdots & a_{1n} \\ a_{21} & a_{22} & \cdots & a_{2n} \\ \vdots & \vdots & \ddots & \vdots \\ a_{m1} & a_{m2} & \cdots & a_{mn} \end{pmatrix}, \quad \boldsymbol{x} = \begin{pmatrix} x_1 \\ x_2 \\ \vdots \\ x_n \end{pmatrix}, \quad \boldsymbol{b} = \boldsymbol{0} = \begin{pmatrix} 0 \\ 0 \\ \vdots \\ 0 \end{pmatrix}$$

とおけば (5.6) は連立斉次 1 次方程式

$$A\boldsymbol{x} = \boldsymbol{0} \tag{5.9}$$

と表せる．連立斉次 1 次方程式 (5.9) は，$\operatorname{rank} A = \operatorname{rank}(A, \boldsymbol{0})$ なので解をもつ．

ただし，つぎのように場合分けされる．

(i)　自明な解 $\boldsymbol{x} = \boldsymbol{0}$ をただ 1 組もつ（すなわち，$x_1 = x_2 = \cdots = x_n = 0$）場合

$$\operatorname{rank} A = n$$

(ii)　ただ 1 組でない解をもつ（解が不定になる）場合

$$\operatorname{rank} A = r < n$$

解の自由度 $= n - r$（すなわち，任意に与えられる解は $n - r$ 個）

(3) 連立 1 次方程式 $A\boldsymbol{x} = \boldsymbol{b}$ の解の形

重要　$A\boldsymbol{x} = \boldsymbol{b}$ の解の形

連立 1 次方程式 $A\boldsymbol{x} = \boldsymbol{b}$ が解をもつとき，その一つを $\boldsymbol{x}_0$ とする．その連立斉次 1 次方程式 $A\boldsymbol{x} = \boldsymbol{0}$ の $n-r$ 個の基本解を $\boldsymbol{s}_{r+1}, \boldsymbol{s}_{r+2}, \ldots, \boldsymbol{s}_n$　$(r = \operatorname{rank} A)$ とするとき，$A\boldsymbol{x} = \boldsymbol{b}$ の解 $\boldsymbol{x}$ は，任意の $n-r$ 個のスカラー $c_{r+1}, c_{r+2}, \ldots, c_n$ に対して，

$$\boldsymbol{x} = \boldsymbol{x}_0 + c_{r+1}\boldsymbol{s}_{r+1} + c_{r+2}\boldsymbol{s}_{r+2} + \cdots + c_n\boldsymbol{s}_n$$

$\boldsymbol{x}_0$：$A\boldsymbol{x} = \boldsymbol{b}$ の特殊解　　$c_{r+1}\boldsymbol{s}_{r+1} + \cdots + c_n\boldsymbol{s}_n$：$A\boldsymbol{x} = \boldsymbol{0}$ の基本解の 1 次結合

Memo　基本解とは 1 次独立な解の集合である．

Memo　連立 1 次方程式と線形微分方程式の解の類似性

連立 1 次方程式と線形微分方程式はともに線形方程式であり，解の形には類似性がある．すなわち，n 階線形微分方程式 $L(y) = y^{(n)} + P_1 y^{(n-1)} + \cdots + P_n y = R(x)$ の一般解はつぎのように求められる．

まず，$L(y) = 0$ の 1 次独立な n 個の解 $u_1(x), u_2(x), \ldots, u_n(x)$ を求める．$\cdots$(i)

つぎに，$L(y) = R(x)$ の特殊解 $Y_0(x)$ を求める．$\cdots$(ii)

(i)，(ii) より求める一般解は

$$y = Y_0(x) + c_1u_1(x) + c_2u_2(x) + \cdots + c_nu_n(x) \quad (c_1, c_2, \ldots, c_n \text{ は任意の定数})$$

▶例題 3　つぎの連立 1 次方程式の解を係数行列の階数から調べなさい．

(1) $\begin{cases} x + y = -1 \\ 2x - y = 4 \end{cases}$　　(2) $\begin{cases} x + y = -1 \\ 2x + 2y = -2 \end{cases}$　　(3) $\begin{cases} x + y = -1 \\ x + y = -2 \end{cases}$

▶▶ 考え方
係数行列と拡大係数行列の階数をそれぞれ求めてみる．

解答▷ (1)　$A=\begin{pmatrix}1 & 1\\ 2 & -1\end{pmatrix}$，$(A,\boldsymbol{b})=\begin{pmatrix}1 & 1 & -1\\ 2 & -1 & 4\end{pmatrix}$ で $\mathrm{rank}\,A=\mathrm{rank}(A,\boldsymbol{b})=2$ より，ただ1組の解をもち，解は $x=1$，$y=-2$

（答）$x=1$，$y=-2$

(2)　$A=\begin{pmatrix}1 & 1\\ 2 & 2\end{pmatrix}$，$(A,\boldsymbol{b})=\begin{pmatrix}1 & 1 & -1\\ 2 & 2 & -2\end{pmatrix}$ で $\mathrm{rank}\,A=\mathrm{rank}(A,\boldsymbol{b})=1<2$ より，不定となる．解は，$x=\alpha$，$y=-\alpha-1$　（答）$x=\alpha$，$y=-\alpha-1$（α は任意の定数）

(3)　$A=\begin{pmatrix}1 & 1\\ 1 & 1\end{pmatrix}$，$(A,\boldsymbol{b})=\begin{pmatrix}1 & 1 & -1\\ 1 & 1 & -2\end{pmatrix}$ で $\mathrm{rank}\,A=1$，$\mathrm{rank}(A,\boldsymbol{b})=2$ より，$\mathrm{rank}\,A\neq\mathrm{rank}(A,\boldsymbol{b})$ なので，不能．すなわち，解をもたない．　（答）解をもたない

参考▷ (1)　解は $\begin{pmatrix}x\\ y\end{pmatrix}=\begin{pmatrix}1\\ -2\end{pmatrix}$ と表せる．この場合，解には任意の定数が含まれないことから解の自由度が0とわかる．また，未知数が2個で $A=\begin{pmatrix}1 & 1\\ 2 & 1\end{pmatrix}$ の階数が2より，解の自由度 $=n-r=2-2=0$ であることからもわかる．

(2)　解は $\begin{pmatrix}x\\ y\end{pmatrix}=\begin{pmatrix}0\\ -1\end{pmatrix}+\alpha\begin{pmatrix}1\\ -1\end{pmatrix}$ と表せる．この場合，$\begin{pmatrix}0\\ -1\end{pmatrix}$ は特殊解で，解に含まれる任意の定数が α の1個であることから解の自由度が1とわかる．また，未知数が2個で $A=\begin{pmatrix}1 & 1\\ 2 & 2\end{pmatrix}$ の階数が1より，解の自由度 $=n-r=2-1=1$ であることからもわかる．

▶例題4　つぎの連立1次方程式が解をもつように，定数 k の値を定めなさい．

$$2x+2y+z=k,\quad 5x+3y-z=7,\quad x-y-3z=3$$

▶▶ 考え方
係数行列と拡大係数行列の階数が一致することから，定数 k の値を求める．

解答▷ 係数行列 $A=\begin{pmatrix}2 & 2 & 1\\ 5 & 3 & -1\\ 1 & -1 & -3\end{pmatrix}$，拡大係数行列 $(A,\boldsymbol{b})=\begin{pmatrix}2 & 2 & 1 & k\\ 5 & 3 & -1 & 7\\ 1 & -1 & -3 & 3\end{pmatrix}$

$|A|=0$，$\begin{vmatrix}2 & 2\\ 5 & 3\end{vmatrix}=-4\neq 0$ より，$\mathrm{rank}\,A=2$ となる．

$\mathrm{rank}(A,\boldsymbol{b})=2$ になれば連立1次方程式は解をもつ．$(A,\boldsymbol{b})$ を行基本変形して

$$\begin{pmatrix}2 & 2 & 1 & k\\ 5 & 3 & -1 & 7\\ 1 & -1 & -3 & 3\end{pmatrix}\to\begin{pmatrix}1 & -1 & -3 & 3\\ 5 & 3 & -1 & 7\\ 2 & 2 & 1 & k\end{pmatrix}\to\begin{pmatrix}1 & -1 & -3 & 3\\ 0 & 8 & 14 & -8\\ 0 & 4 & 7 & k-6\end{pmatrix}$$

第1行と第3行を入れ換える

第1行 $\times(-5)$ を第2行に，第1行 $\times(-2)$ を第3行にそれぞれ加える

第 2 行 × (−1/2) を第 3 行に加える

$$\to \begin{pmatrix} 1 & -1 & -3 & 3 \\ 0 & 8 & 14 & -8 \\ 0 & 0 & 0 & k-2 \end{pmatrix}$$

となる．$k=2$ であれば，$\mathrm{rank}(A, \boldsymbol{b}) = 2$ になり解をもつ．よって，$k=2$　　（答）$k=2$

参考▷ 実際，$k=2$ のとき，自由度は $1\ (=3-2)$ で，解は

$$x = \alpha, \quad y = \frac{-7\alpha+9}{5}, \quad z = \frac{4\alpha-8}{5} \quad (\alpha \text{ は任意の定数})$$

となることが確認できる．なお，上記の解は，

$$\begin{pmatrix} x \\ y \\ z \end{pmatrix} = \underbrace{\begin{pmatrix} 0 \\ 9/5 \\ -8/5 \end{pmatrix}}_{\text{特殊解}} + \alpha \underbrace{\begin{pmatrix} 1 \\ -7/5 \\ 4/5 \end{pmatrix}}_{\text{基本解}}$$

とも表せる．実際，基本解 $(x, y, z) = \left(1, -\dfrac{7}{5}, \dfrac{4}{5}\right)$ は $2x+2y+z=0$，$5x+3y-z=0$，$x-y-3z=0$ を満たし，特殊解 $(x, y, z) = \left(0, \dfrac{9}{5}, -\dfrac{8}{5}\right)$ は，$2x+2y+z=2$，$5x+3y-z=7$，$x-y-3z=3$ を満たすことが確認できる．

▶例題 5★　a，b，c を 0 でない実数とするとき，連立 1 次方程式

$$ax+by+cz=a, \quad bx+cy+az=b, \quad cx+ay+bz=c$$

の解を調べなさい．

▶▶考え方

係数行列と拡大係数行列の階数から考える．$A = \begin{pmatrix} a & b & c \\ b & c & a \\ c & a & b \end{pmatrix}$，$(A, \boldsymbol{b}) = \begin{pmatrix} a & b & c & a \\ b & c & a & b \\ c & a & b & c \end{pmatrix}$ とすると，$\mathrm{rank}\, A = \mathrm{rank}(A, \boldsymbol{b})$ から（不定を含めて）解をもつことがわかる．$|A| \neq 0$ の場合，例題 1 (2) ですでに解いている．

解答▷ 係数行列を A として，行列式 $|A|$ を求める．

$$|A| = \begin{vmatrix} a & b & c \\ b & c & a \\ c & a & b \end{vmatrix} = (a+b+c) \begin{vmatrix} 1 & b & c \\ 1 & c & a \\ 1 & a & b \end{vmatrix} = (a+b+c) \begin{vmatrix} 1 & b & c \\ 0 & c-b & a-c \\ 0 & a-b & b-c \end{vmatrix}$$
$$= -(a+b+c)\left\{(b-c)^2 + (a-b)(a-c)\right\}$$
$$= -(a+b+c)(a^2+b^2+c^2-ab-bc-ca)$$
$$= -\frac{1}{2}(a+b+c)\left\{(a-b)^2+(b-c)^2+(c-a)^2\right\}$$

より，$|A| \neq 0$ の場合と $|A| = 0$ の場合とに分けて考える．

(i)　$|A| \neq 0$ の場合

すなわち，$a+b+c \neq 0$ かつ $a=b=c$ でないとき，クラーメルの公式より，

$$x = \frac{\begin{vmatrix} a & b & c \\ b & c & a \\ c & a & b \end{vmatrix}}{|A|} = 1, \quad y = \frac{\begin{vmatrix} a & a & c \\ b & b & a \\ c & c & b \end{vmatrix}}{|A|} = 0, \quad z = \frac{\begin{vmatrix} a & b & a \\ b & c & b \\ c & a & c \end{vmatrix}}{|A|} = 0$$

(ii)　$|A| = 0$ の場合

$|A|=0$ となる $a+b+c=0$ または $a=b=c$ の二つに場合分けして解を吟味する．

- $a+b+c=0$ （かつ $a=b=c$ でない）のとき

$$\begin{vmatrix} a & b & c \\ b & c & a \\ c & a & b \end{vmatrix} = 0$$

$$\begin{vmatrix} a & b \\ b & c \end{vmatrix} = ac - b^2 = ac - (a+c)^2 = -(a^2+ac+c^2) = -\left(a+\frac{c}{2}\right)^2 - \frac{3}{4}c^2 \neq 0$$

より，$\operatorname{rank} A = 2$ となる．

$c=-a-b$ を与えられた各方程式に代入して，

$$\begin{cases} ax+by-(a+b)z=a & \cdots① \\ bx-(a+b)y+az=b & \cdots② \\ -(a+b)x+ay+bz=-a-b & \cdots③ \end{cases}$$

①$\times b$，②$\times a$ とすると，

$$abx+b^2y-b(a+b)z=ab \qquad \cdots①'$$

$$abx-a(a+b)y+a^2z=ab \qquad \cdots②'$$

①$'$ − ②$'$ より，

$$(a^2+ab+b^2)y-(a^2+ab+b^2)z=0$$

$a^2+ab+b^2=\left(a+\dfrac{b}{2}\right)^2+\dfrac{3}{4}b^2 \neq 0$ より $y=z$ である．

$y=z=p$ （p は任意の定数）とおくと，① より $x=p+1$ が得られる．

解は自由度 1 で，$x=1+p$，$y=z=p$（p は任意の定数）

- $a=b=c\ (=k)$ （かつ $a+b+c \neq 0$）のとき

$\begin{vmatrix} k & k & k \\ k & k & k \\ k & k & k \end{vmatrix} = 0$，$\begin{vmatrix} k & k \\ k & k \end{vmatrix} = 0$，$|k| = k \neq 0$ より $\operatorname{rank} A = 1$ となる．

$a=b=c$ を各方程式に代入すると，すべて $ax+ay+az=a$ になって

$a(x+y+z)=a$，$a \neq 0$ より $x+y+z=1$

$y=p$，$z=q$ （p，q は任意の定数）とおくと，$x=1-p-q$ と求められる．

解は自由度 2 で，$x=1-p-q$，$y=p$，$z=q$ （p，q は任意の定数）

なお，$a+b+c=0$ かつ $a=b=c$ のときは $a=b=c=0$ となるが，本問では a，b，c

を 0 でない実数としているので，この場合は考えなくともよい．

（答）$|A| \neq 0$ の場合　$x=1,\ y=0,\ z=0$

$|A|=0$ の場合

$$\begin{cases} a+b+c=0 \ (\text{かつ } a=b=c \text{ でない}) \text{ のとき} \\ \qquad x=1+p,\ y=z=p \quad (p \text{ は任意の定数}) \\ a=b=c \ (\text{かつ } a+b+c\neq 0) \text{ のとき} \\ \qquad x=1-p-q,\ y=p,\ z=q \quad (p,\ q \text{ は任意の定数}) \end{cases}$$

Memo

$|A|=0$ の場合の解は，それぞれつぎのように表せる．

$$\begin{pmatrix} x \\ y \\ z \end{pmatrix} = \underbrace{\begin{pmatrix} 1 \\ 0 \\ 0 \end{pmatrix}}_{\text{特殊解}} + p\underbrace{\begin{pmatrix} 1 \\ 1 \\ 1 \end{pmatrix}}_{\text{基本解}} \qquad \begin{pmatrix} x \\ y \\ z \end{pmatrix} = \underbrace{\begin{pmatrix} 1 \\ 0 \\ 0 \end{pmatrix}}_{\text{特殊解}} + \underbrace{p\begin{pmatrix} -1 \\ 1 \\ 0 \end{pmatrix} + q\begin{pmatrix} -1 \\ 0 \\ 1 \end{pmatrix}}_{\text{基本解}}$$

▶▶▶ 演習問題 5

1　つぎの連立 1 次方程式の解を調べなさい．

$$(a+1)x+y+z=a-2,\quad x+(a+1)y+z=-2,\quad x+y+(a+1)z=-2$$

2★　a，b，c を 0 でない実数とするとき（すなわち，$abc \neq 0$），連立 1 次方程式

$$ax+by+cz=k,\quad a^2x+b^2y+c^2z=k^2,\quad a^3x+b^3y+c^3z=k^3$$

の解を調べなさい．ただし，$k \neq 0$ とします．

▶▶▶ 演習問題 5　解答

1　▶▶ **考え方**

係数行列の行列式 $|A|$ を求めて，a の値で場合分けする．

解答▷　$|A| = \begin{vmatrix} a+1 & 1 & 1 \\ 1 & a+1 & 1 \\ 1 & 1 & a+1 \end{vmatrix} = (a+1)^3+1+1-3(a+1) = a^2(a+3)$ より

(i)　$|A| \neq 0$，すなわち $a \neq 0$，$a \neq -3$ の場合

$\operatorname{rank} A = \operatorname{rank}(A, \boldsymbol{b}) = 3$ より解をもつ．

$$x = \frac{\begin{vmatrix} a-2 & 1 & 1 \\ -2 & a+1 & 1 \\ -2 & 1 & a+1 \end{vmatrix}}{|A|} = \frac{a}{a+3},\quad y = \frac{\begin{vmatrix} a+1 & a-2 & 1 \\ 1 & -2 & 1 \\ 1 & -2 & a+1 \end{vmatrix}}{|A|} = -\frac{3}{a+3}$$

$$z = \frac{\begin{vmatrix} a+1 & 1 & a-2 \\ 1 & a+1 & -2 \\ 1 & 1 & -2 \end{vmatrix}}{|A|} = -\frac{3}{a+3}$$

つぎに，$|A| = 0$ を考える．

(ii)　$a = 0$ の場合

$A = \begin{pmatrix} 1 & 1 & 1 \\ 1 & 1 & 1 \\ 1 & 1 & 1 \end{pmatrix}$，$(A, \boldsymbol{b}) = \begin{pmatrix} 1 & 1 & 1 & -2 \\ 1 & 1 & 1 & -2 \\ 1 & 1 & 1 & -2 \end{pmatrix}$ より，$\mathrm{rank}\, A = \mathrm{rank}(A, \boldsymbol{b}) = 1$ となり，解をもつ．三つの方程式はすべて $x + y + z = -2$ に一致する．

$y = \alpha$，$z = \beta$ とおくと，$x = -2 - \alpha - \beta$ （α，β は任意の定数）となる．この場合，解の自由度は 2 である．

(iii)　$a = -3$ の場合

$A = \begin{pmatrix} -2 & 1 & 1 \\ 1 & -2 & 1 \\ 1 & 1 & -2 \end{pmatrix}$, $(A, \boldsymbol{b}) = \begin{pmatrix} -2 & 1 & 1 & -5 \\ 1 & -2 & 1 & -2 \\ 1 & 1 & -2 & -2 \end{pmatrix}$ より, $\mathrm{rank}\, A = 2$, $\mathrm{rank}(A, \boldsymbol{b}) = 3$ となり，階数は一致しないので解をもたない．

（答）
$$\begin{cases} a \neq 0,\ a \neq -3 \text{ の場合} \quad x = \dfrac{a}{a+3},\ y = -\dfrac{3}{a+3},\ z = -\dfrac{3}{a+3} \\ a = 0 \text{ の場合} \quad x = -2 - \alpha - \beta,\ y = \alpha,\ z = \beta \quad (\alpha,\ \beta \text{ は任意の定数}) \\ a = -3 \text{ の場合} \quad \text{解をもたない} \end{cases}$$

2　▶▶ **考え方**

係数の行列式が 0 でないときは，例題 1 (3) ですでに解いている．係数の行列式が 0 の場合，a，b，c の値のとり方によって解は異なる．

解答▷　$|A| = \begin{vmatrix} a & b & c \\ a^2 & b^2 & c^2 \\ a^3 & b^3 & c^3 \end{vmatrix} = abc(a-b)(b-c)(c-a)$ より

(i)　$|A| \neq 0$，すなわち a，b，c がすべて相異なる場合

クラーメルの公式より $x = \dfrac{\begin{vmatrix} k & b & c \\ k^2 & b^2 & c^2 \\ k^3 & b^3 & c^3 \end{vmatrix}}{|A|} = \dfrac{k(k-b)(k-c)}{a(a-b)(a-c)}$ である．

同様に，$y = \dfrac{k(k-a)(k-c)}{b(b-a)(b-c)}$，$z = \dfrac{k(k-a)(k-b)}{c(c-a)(c-b)}$

(ii)　$|A| = 0$ の場合

①　a，b，c のうち二つが等しい場合，たとえば，$a = b \neq c$ の場合を考える．$\mathrm{rank}\, A = 2$ となり，$\mathrm{rank}(A, \boldsymbol{b}) = \mathrm{rank}\, A\ (= 2)$ であるには，

$$k = a\ (= b) \quad \text{または} \quad k = c$$

- $k = a\ (= b)$ の場合

$$ax + ay + cz = a, \quad a^2x + a^2y + c^2z = a^2, \quad a^3x + a^3y + c^3z = a^3$$

より $x+y=1$, $z=0$ が得られる．$y=\alpha$ とおけば，$x=1-\alpha$ となる．

したがって，$x=1-\alpha$, $y=\alpha$, $z=0$ （α は任意の定数）となる．この場合，解の自由度は $1\ (=3-2)$ である．

- $k=c$ の場合

$$ax+ay+cz=c,\quad a^2x+a^2y+c^2z=c^2,\quad a^3x+a^3y+c^3z=c^3$$

より $x+y=0$, $z=1$ が得られる．$y=\beta$ とおけば，$x=-\beta$ となる．

したがって，$x=-\beta$, $y=\beta$, $z=1$ （β は任意の定数）となる．この場合も，解の自由度は 1 である．

$b=c\neq a$, $c=a\neq b$ も同様に求められる．

② $a=b=c$ の場合

$\mathrm{rank}\,A=1$ で，$\mathrm{rank}(A,\boldsymbol{b})=\mathrm{rank}\,A\ (=1)$ となることから，$a=b=c=k$ である．この場合，$x+y+z=1$ が得られる．$y=\alpha$, $z=\beta$ とおけば，$x=1-\alpha-\beta$ となる．

したがって，$x=1-\alpha-\beta$, $y=\alpha$, $z=\beta$ （α, β は任意の定数）となる．この場合，解の自由度は $2\ (=3-1)$ になる．

（答）(i)　$|A|\neq 0$ の場合

$$x=\frac{k(k-b)(k-c)}{a(a-b)(a-c)},\quad y=\frac{k(k-a)(k-c)}{b(b-a)(b-c)},\quad z=\frac{k(k-a)(k-b)}{c(c-a)(c-b)}$$

(ii)　$|A|=0$ の場合

① a, b, c のうち二つが等しい場合，すなわち

- $a=b\neq c$ の場合

$$\begin{cases} k=a\ (=b)\ \text{のとき} & x=1-\alpha,\ y=\alpha,\ z=0\quad (\alpha\ \text{は任意の定数}) \\ k=c\ \text{のとき} & x=-\beta,\ y=\beta,\ z=1\quad (\beta\ \text{は任意の定数}) \end{cases}$$

- $b=c\neq a$ の場合

$$\begin{cases} k=b\ (=c)\ \text{のとき} & x=0,\ y=1-\alpha,\ z=\alpha\quad (\alpha\ \text{は任意の定数}) \\ k=a\ \text{のとき} & x=1,\ y=-\beta,\ z=\beta\quad (\beta\ \text{は任意の定数}) \end{cases}$$

- $c=a\neq b$ の場合

$$\begin{cases} k=a\ (=c)\ \text{のとき} & x=\alpha,\ y=0,\ z=1-\alpha\quad (\alpha\ \text{は任意の定数}) \\ k=b\ \text{のとき} & x=\beta,\ y=1,\ z=-\beta\quad (\beta\ \text{は任意の定数}) \end{cases}$$

② $a=b=c$ の場合　　$x=1-\alpha-\beta$, $y=\alpha$, $z=\beta$ （α, β は任意の定数）

参考▷　② で $a=b=c\neq k$ では，$\mathrm{rank}(A,\boldsymbol{b})=2$ となり，$\mathrm{rank}(A,\boldsymbol{b})\neq\mathrm{rank}\,A$ より解をもたない．

Chapter

6 ベクトル空間と線形写像

▶▶ 出題傾向と学習上のポイント

本章は，やや抽象的な概念が多く理解しにくい分野ですが，過去に何度も出題されたことがあります．線形代数の要であるため，演習を通じて確実に理解しましょう．とくに，部分空間，線形写像とその表現行列，像と核における次元の関係は押さえておきましょう．

1 ベクトル空間

(1) ベクトル空間の定義

実数全体の集合を $\mathbb{R}$ と表す．$\boldsymbol{a}$，$\boldsymbol{b}$，$\boldsymbol{c}$ を集合 V の任意の元，λ，μ を任意のスカラー（実数）とするとき，❶から❽を満たす V を，**$\mathbb{R}$ 上のベクトル空間**（または**実数上のベクトル空間**，**実ベクトル空間**）という．❶から❽を**ベクトル空間の公理**ともいう．

Memo
ベクトル空間を線形空間ともいう．

❶ $\boldsymbol{a}+\boldsymbol{b}=\boldsymbol{b}+\boldsymbol{a}$ （交換法則）

❷ $(\boldsymbol{a}+\boldsymbol{b})+\boldsymbol{c}=\boldsymbol{a}+(\boldsymbol{b}+\boldsymbol{c})$ （結合法則）

❸ $\boldsymbol{a}+\boldsymbol{0}=\boldsymbol{a}$ を満たす零ベクトル $\boldsymbol{0}$ が存在 （零元の存在）

❹ $\boldsymbol{a}+\boldsymbol{a}'=\boldsymbol{0}$ を満たす逆ベクトル $\boldsymbol{a}'\ (=-\boldsymbol{a})$ が存在 （逆元の存在）

❺ $(\lambda\mu)\boldsymbol{a}=\lambda(\mu\boldsymbol{a})$ （結合法則）　❻ $(\lambda+\mu)\boldsymbol{a}=\lambda\boldsymbol{a}+\mu\boldsymbol{a}$

❼ $\lambda(\boldsymbol{a}+\boldsymbol{b})=\lambda\boldsymbol{a}+\lambda\boldsymbol{b}$ （分配法則）　❽ $1\boldsymbol{a}=\boldsymbol{a}$

なお，複素数全体の集合を $\mathbb{C}$ と表す．$\mathbb{R}$ の代わりに $\mathbb{C}$ を用いた **$\mathbb{C}$ 上のベクトル空間**（または**複素数上のベクトル空間**，**複素ベクトル空間**）も同様に定義できる．

(2) 部分空間

ベクトル空間 V の部分集合 W が，つぎの3条件を満たすとき，W を V の**部分空間**という．

❶ $W\neq\emptyset$ （$\emptyset$ は空集合）　❷ $\boldsymbol{a},\boldsymbol{b}\in W \Longrightarrow \boldsymbol{a}+\boldsymbol{b}\in W$

❸ $\boldsymbol{a}\in W,\ \lambda\in\mathbb{R} \Longrightarrow \lambda\boldsymbol{a}\in W$

(3) 1次独立と1次従属

ベクトルの組 $\boldsymbol{a}_1, \boldsymbol{a}_2, \ldots, \boldsymbol{a}_n$ とスカラー $c_1, c_2, \ldots, c_n$ に対して，

$$c_1\boldsymbol{a}_1 + c_2\boldsymbol{a}_2 + \cdots + c_n\boldsymbol{a}_n = \boldsymbol{0}$$

を考える．この関係式が成り立つのは，$c_1 = c_2 = \cdots = c_n = 0$ の場合のみであるとき，$\boldsymbol{a}_1, \boldsymbol{a}_2, \ldots, \boldsymbol{a}_n$ は**1次独立**（または線形独立）であるという．

ベクトルの組 $\boldsymbol{a}_1, \boldsymbol{a}_2, \ldots, \boldsymbol{a}_n$ が1次独立でないとき，**1次従属**であるという．1次従属（または線形従属）であるとき，$c_1\boldsymbol{a}_1 + c_2\boldsymbol{a}_2 + \cdots + c_n\boldsymbol{a}_n = \boldsymbol{0}$ を満たす $c_1, c_2, \ldots, c_n$ のうち，少なくとも一つ0でないものが存在する．

Memo　**1次独立と1次従属のイメージ**

ベクトル $\boldsymbol{a}_1$，$\boldsymbol{a}_2$，$\boldsymbol{a}_3$，$\boldsymbol{a}_4$ があって，

$\boldsymbol{a}_1$，$\boldsymbol{a}_2$，$\boldsymbol{a}_3$ は同一平面上にある $\iff$ $\boldsymbol{a}_1$，$\boldsymbol{a}_2$，$\boldsymbol{a}_3$ は1次従属

$\boldsymbol{a}_1$，$\boldsymbol{a}_3$，$\boldsymbol{a}_4$ は同一平面上にない $\iff$ $\boldsymbol{a}_1$，$\boldsymbol{a}_3$，$\boldsymbol{a}_4$ は1次独立

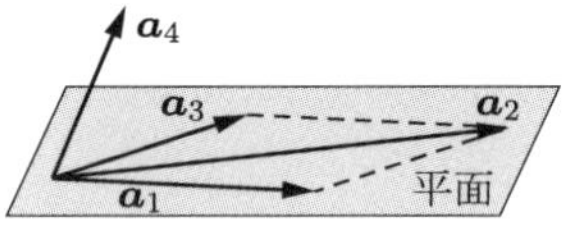

(4) ベクトル空間の次元

重要　基底

ベクトル空間 V のベクトルの組 $\boldsymbol{a}_1, \boldsymbol{a}_2, \ldots, \boldsymbol{a}_n$ が以下の二つの条件を満たすとき，V の**基底**という．基底のことを**ベース**ともいう．

(i)　$\boldsymbol{a}_1, \boldsymbol{a}_2, \ldots, \boldsymbol{a}_n$ は1次独立である．

(ii)　$\boldsymbol{a}_1, \boldsymbol{a}_2, \ldots, \boldsymbol{a}_n$ の1次結合全体の集合は，ベクトル空間 V と一致する．

これを，ベクトル空間 V が $\boldsymbol{a}_1, \boldsymbol{a}_2, \ldots, \boldsymbol{a}_n$ によって**生成される**，または，**張られる**という．

重要　ベクトル空間の次元

ベクトル空間 V に対して，基底のベクトルの個数をベクトル空間の**次元**といい，$\dim V$ で表す．これはベクトル空間 V を生成する1次独立なベクトルの個数で，基底のとり方によらず一定である．

Memo

W は V の部分空間 $\iff \dim W \leqq \dim V$

すなわち，$\dim V = n$ であれば，V 上のベクトル $\boldsymbol{a}_1, \boldsymbol{a}_2, \ldots, \boldsymbol{a}_n$ があって，V の任意のベクトル $\boldsymbol{a}$ は，$\boldsymbol{a} = c_1\boldsymbol{a}_1 + c_2\boldsymbol{a}_2 + \cdots + c_n\boldsymbol{a}_n$ と一意的に表せる．

▶**例題1**　つぎのベクトルの組は，3次元実ベクトル空間 $(\mathbb{R}^3)$ の基底になるか調べなさい．

(1)　$\boldsymbol{a}_1 = \begin{pmatrix} 0 \\ 1 \\ 0 \end{pmatrix}$，$\boldsymbol{a}_2 = \begin{pmatrix} 1 \\ 0 \\ -1 \end{pmatrix}$，$\boldsymbol{a}_3 = \begin{pmatrix} 1 \\ 1 \\ 1 \end{pmatrix}$

(2)　$\boldsymbol{a}_1 = \begin{pmatrix} 1 \\ 2 \\ 1 \end{pmatrix}$，$\boldsymbol{a}_2 = \begin{pmatrix} 1 \\ 0 \\ -1 \end{pmatrix}$，$\boldsymbol{a}_3 = \begin{pmatrix} 2 \\ 2 \\ 0 \end{pmatrix}$

▶▶ 考え方

$c_1\boldsymbol{a}_1 + c_2\boldsymbol{a}_2 + c_3\boldsymbol{a}_3 = \boldsymbol{0}$ として c_1，c_2，c_3 の値のとり方を確認する．

解答▷　(1)　$c_1\boldsymbol{a}_1 + c_2\boldsymbol{a}_2 + c_3\boldsymbol{a}_3 = \boldsymbol{0}$ すなわち，$c_1\begin{pmatrix} 0 \\ 1 \\ 0 \end{pmatrix} + c_2\begin{pmatrix} 1 \\ 0 \\ -1 \end{pmatrix} + c_3\begin{pmatrix} 1 \\ 1 \\ 1 \end{pmatrix} = \begin{pmatrix} 0 \\ 0 \\ 0 \end{pmatrix}$ より

$$c_2 + c_3 = 0,\quad c_1 + c_3 = 0,\quad -c_2 + c_3 = 0$$

よって，$c_1 = c_2 = c_3 = 0$ となって，$\boldsymbol{a}_1$，$\boldsymbol{a}_2$，$\boldsymbol{a}_3$ は 1 次独立である．したがって，$\boldsymbol{a}_1$，$\boldsymbol{a}_2$，$\boldsymbol{a}_3$ は 3 次元実ベクトル空間 $(\mathbb{R}^3)$ の基底になる．

(2)　$c_1\boldsymbol{a}_1 + c_2\boldsymbol{a}_2 + c_3\boldsymbol{a}_3 = \boldsymbol{0}$ すなわち，$c_1\begin{pmatrix} 1 \\ 2 \\ 1 \end{pmatrix} + c_2\begin{pmatrix} 1 \\ 0 \\ -1 \end{pmatrix} + c_3\begin{pmatrix} 2 \\ 2 \\ 0 \end{pmatrix} = \begin{pmatrix} 0 \\ 0 \\ 0 \end{pmatrix}$ より

$$c_1 + c_2 + 2c_3 = 0,\quad 2c_1 + 2c_3 = 0,\quad c_1 - c_2 = 0$$

となって，

$$\begin{pmatrix} c_1 \\ c_2 \\ c_3 \end{pmatrix} = c\begin{pmatrix} 1 \\ 1 \\ -1 \end{pmatrix} \neq \begin{pmatrix} 0 \\ 0 \\ 0 \end{pmatrix}\quad (c \text{ は任意の定数})$$

たとえば，$c_1 = 1$，$c_2 = 1$，$c_3 = -1$ を解にもつので，$\boldsymbol{a}_3 = \boldsymbol{a}_2 + \boldsymbol{a}_1$ が成り立つ．

よって，$\boldsymbol{a}_1$，$\boldsymbol{a}_2$，$\boldsymbol{a}_3$ は 1 次従属である．したがって，$\mathbb{R}^3$ の基底にはならない．

参考▷　任意のベクトル $\boldsymbol{b}$ に対して，$c_1\boldsymbol{a}_1 + c_2\boldsymbol{a}_2 + c_3\boldsymbol{a}_3 = \boldsymbol{b}$ とおくと，(1) は

$$\begin{pmatrix} 0 & 1 & 1 \\ 1 & 0 & 1 \\ 0 & -1 & 1 \end{pmatrix}\begin{pmatrix} c_1 \\ c_2 \\ c_3 \end{pmatrix} = \begin{pmatrix} b_1 \\ b_2 \\ b_3 \end{pmatrix}$$

と連立 1 次方程式で表せる．$\begin{vmatrix} 0 & 1 & 1 \\ 1 & 0 & 1 \\ 0 & -1 & 1 \end{vmatrix} = -2 \neq 0$ で，$\begin{pmatrix} 0 & 1 & 1 \\ 1 & 0 & 1 \\ 0 & -1 & 1 \end{pmatrix}$ の階数は 3 より，c_1，c_2，c_3 はただ 1 組の解（解の自由度 0）として一意的に存在し，$\boldsymbol{b}$ は $\boldsymbol{a}_1$，$\boldsymbol{a}_2$，$\boldsymbol{a}_3$ の 1 次結合で表せることがわかる．

(2) 同様に $\begin{pmatrix} 1 & 1 & 2 \\ 2 & 0 & 2 \\ 1 & -1 & 0 \end{pmatrix}\begin{pmatrix} c_1 \\ c_2 \\ c_3 \end{pmatrix} = \begin{pmatrix} b_1 \\ b_2 \\ b_3 \end{pmatrix}$ と表せる．$\begin{vmatrix} 1 & 1 & 2 \\ 2 & 0 & 2 \\ 1 & -1 & 0 \end{vmatrix} = 0$ で，$\begin{pmatrix} 1 & 1 & 2 \\ 2 & 0 & 2 \\ 1 & -1 & 0 \end{pmatrix}$ の階数は 2 より，c_1，c_2，c_3 は自由度 1 の解として求められる．

Memo

$\mathbb{R}^n$ は n 次元実ベクトル空間，$\mathbb{C}^n$ は n 次元複素ベクトル空間を表す．

2 線形写像

(1) 線形写像

V, W を $\mathbb{R}$ 上のベクトル空間とする．V から W への写像 $f\colon V \to W$ が線形写像であるとは，以下の二つの条件を満たすことである．

重要　$f\colon V \to W$ が線形写像である条件

(i)　$f(\boldsymbol{x}+\boldsymbol{y}) = f(\boldsymbol{x}) + f(\boldsymbol{y})$　$(\boldsymbol{x}, \boldsymbol{y} \in V)$

(ii)　$f(\alpha\boldsymbol{x}) = \alpha f(\boldsymbol{x})$　$(\alpha \in \mathbb{R},\ \boldsymbol{x} \in V)$

なお，(i)，(ii) を合わせて，つぎのようにしてもよい．

$$f(\alpha\boldsymbol{x} + \beta\boldsymbol{y}) = \alpha f(\boldsymbol{x}) + \beta f(\boldsymbol{y}) \quad (\alpha, \beta \in \mathbb{R},\ \boldsymbol{x}, \boldsymbol{y} \in V)$$

線形写像のイメージを図 6.1 に示す．

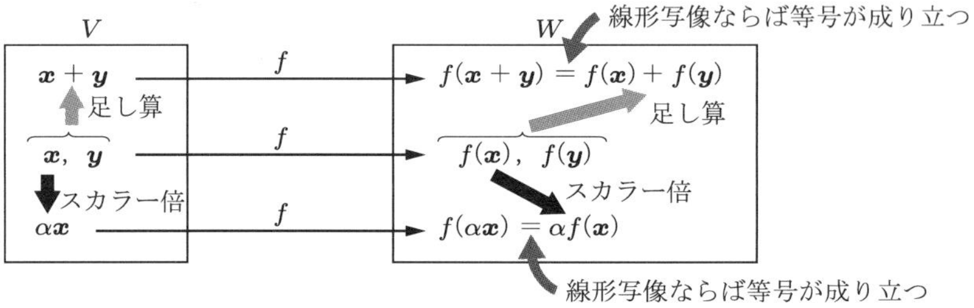

図 6.1

▶**例題 2**　つぎの写像は線形写像であるかどうかを調べなさい．

(1)　$f\colon \mathbb{R}^2 \to \mathbb{R}^2$,　$f\begin{pmatrix} x_1 \\ x_2 \end{pmatrix} = \begin{pmatrix} 2x_1 + 3x_2 \\ 4x_1 - x_2 \end{pmatrix}$

(2)　$f\colon \mathbb{R}^3 \to \mathbb{R}^2$,　$f\begin{pmatrix} x_1 \\ x_2 \\ x_3 \end{pmatrix} = \begin{pmatrix} x_1 + x_2 + 1 \\ x_2 + x_3 - 1 \end{pmatrix}$

▶▶考え方

$\boldsymbol{x} = \begin{pmatrix} x_1 \\ x_2 \end{pmatrix}$，$\boldsymbol{y} = \begin{pmatrix} y_1 \\ y_2 \end{pmatrix}$ として，$f(\boldsymbol{x}+\boldsymbol{y})$ や $f(\alpha\boldsymbol{x})$ を計算してみる．

解答▷　(1)　$\boldsymbol{x} = \begin{pmatrix} x_1 \\ x_2 \end{pmatrix}$，$\boldsymbol{y} = \begin{pmatrix} y_1 \\ y_2 \end{pmatrix}$ として，$f(\boldsymbol{x}) = \begin{pmatrix} 2x_1 + 3x_2 \\ 4x_1 - x_2 \end{pmatrix}$，$f(\boldsymbol{y}) = \begin{pmatrix} 2y_1 + 3y_2 \\ 4y_1 - y_2 \end{pmatrix}$

$\boldsymbol{x} + \boldsymbol{y} = \begin{pmatrix} x_1 + y_1 \\ x_2 + y_2 \end{pmatrix}$ より，

$$f(\boldsymbol{x}+\boldsymbol{y})=\begin{pmatrix}2(x_1+y_1)+3(x_2+y_2)\\4(x_1+y_1)-(x_2+y_2)\end{pmatrix}=\begin{pmatrix}2x_1+3x_2\\4x_1-x_2\end{pmatrix}+\begin{pmatrix}2y_1+3y_2\\4y_1-y_2\end{pmatrix}$$
$$=f(\boldsymbol{x})+f(\boldsymbol{y})$$

また，$\alpha\boldsymbol{x}=\begin{pmatrix}\alpha x_1\\\alpha x_2\end{pmatrix}$ から，

$$f(\alpha\boldsymbol{x})=\begin{pmatrix}2\alpha x_1+3\alpha x_2\\4\alpha x_1-\alpha x_2\end{pmatrix}=\alpha\begin{pmatrix}2x_1+3x_2\\4x_1-x_2\end{pmatrix}=\alpha f(\boldsymbol{x})$$

よって，f は線形写像となる．

(2)　$\boldsymbol{x}=\begin{pmatrix}x_1\\x_2\\x_3\end{pmatrix}$，$\boldsymbol{y}=\begin{pmatrix}y_1\\y_2\\y_3\end{pmatrix}$ として，$f(\boldsymbol{x})=\begin{pmatrix}x_1+x_2+1\\x_2+x_3-1\end{pmatrix}$，$f(\boldsymbol{y})=\begin{pmatrix}y_1+y_2+1\\y_2+y_3-1\end{pmatrix}$

$\boldsymbol{x}+\boldsymbol{y}=\begin{pmatrix}x_1+y_1\\x_2+y_2\\x_3+y_3\end{pmatrix}$ より，

$$f(\boldsymbol{x}+\boldsymbol{y})=\begin{pmatrix}x_1+x_2+y_1+y_2+1\\x_2+x_3+y_2+y_3-1\end{pmatrix}$$
$$f(\boldsymbol{x})+f(\boldsymbol{y})=\begin{pmatrix}x_1+x_2+1\\x_2+x_3-1\end{pmatrix}+\begin{pmatrix}y_1+y_2+1\\y_2+y_3-1\end{pmatrix}=\begin{pmatrix}x_1+x_2+y_1+y_2+2\\x_2+x_3+y_2+y_3-2\end{pmatrix}$$

となるので，$f(\boldsymbol{x}+\boldsymbol{y})\neq f(\boldsymbol{x})+f(\boldsymbol{y})$

また，$\alpha\boldsymbol{x}=\begin{pmatrix}\alpha x_1\\\alpha x_2\\\alpha x_3\end{pmatrix}$ から，

$$f(\alpha\boldsymbol{x})=\begin{pmatrix}\alpha x_1+\alpha x_2+1\\\alpha x_2+\alpha x_3-1\end{pmatrix}$$
$$\alpha f(\boldsymbol{x})=\alpha\begin{pmatrix}x_1+x_2+1\\x_2+x_3-1\end{pmatrix}=\begin{pmatrix}\alpha x_1+\alpha x_2+\alpha\\\alpha x_2+\alpha x_3-\alpha\end{pmatrix}$$

となるので，$f(\alpha\boldsymbol{x})\neq\alpha f(\boldsymbol{x})$

よって，f は線形写像とならない．

参考▷　線形写像となる (1) は，$\begin{pmatrix}2x_1+3x_2\\4x_1-x_2\end{pmatrix}=\begin{pmatrix}2&3\\4&-1\end{pmatrix}\begin{pmatrix}x_1\\x_2\end{pmatrix}$ と行列で表せるが，線形写像とならない (2) は表すことができない．

▶例題3　V を 3 次以下の実係数 1 変数多項式からなる実線形空間，W を 2 次以下の実係数 1 変数多項式からなる実線形空間とします．V から W への写像 F を

$$F\bigl(f(x)\bigr)=2xf''(x)-f'(x+1)+x^2f(1)$$

によって定めます．このとき，F は線形写像であることを示しなさい．

▶▶ 考え方

線形写像であるための条件：$F\bigl(\alpha f(x)+\beta g(x)\bigr)=\alpha F\bigl(f(x)\bigr)+\beta F\bigl(g(x)\bigr)$ を満たすことを示す．

解答▷　$f(x)$，$g(x)$ を V の元，α，β を実数の定数とするとき，

$$
\begin{aligned}
&F\bigl(\alpha f(x)+\beta g(x)\bigr)\\
&=2x\bigl\{\alpha f(x)+\beta g(x)\bigr\}''-\bigl\{\alpha f(x+1)+\beta g(x+1)\bigr\}'+x^2\bigl\{\alpha f(1)+\beta g(1)\bigr\}\\
&=2x\alpha f''(x)+2x\beta g''(x)-\alpha f'(x+1)-\beta g'(x+1)+x^2\alpha f(1)+x^2\beta g(1)\\
&=\alpha\bigl\{2xf''(x)-f'(x+1)+x^2f(1)\bigr\}+\beta\bigl\{2xg''(x)-g'(x+1)+x^2g(1)\bigr\}\\
&=\alpha F\bigl(f(x)\bigr)+\beta F\bigl(g(x)\bigr)
\end{aligned}
$$

よって，F は V から W への線形写像であることが示される．

(2) 像と核

線形写像の像と核をつぎのように定義する．

重要　像，核

$f\colon V\to W$ を線形写像とするとき，
$\mathrm{Im}\,f=\bigl\{f(\boldsymbol{x})\mid \boldsymbol{x}\in V\bigr\}$ を f の**像（像空間）**といい，W の部分空間である．
$\mathrm{Ker}\,f=\bigl\{\boldsymbol{x}\in V\mid f(\boldsymbol{x})=0\bigr\}$ を f の**核（核空間）**といい，V の部分空間である．
このとき，次元定理

$$\dim\mathrm{Im}\,f+\dim\mathrm{Ker}\,f=\dim V \tag{6.1}$$

という重要な関係がある．

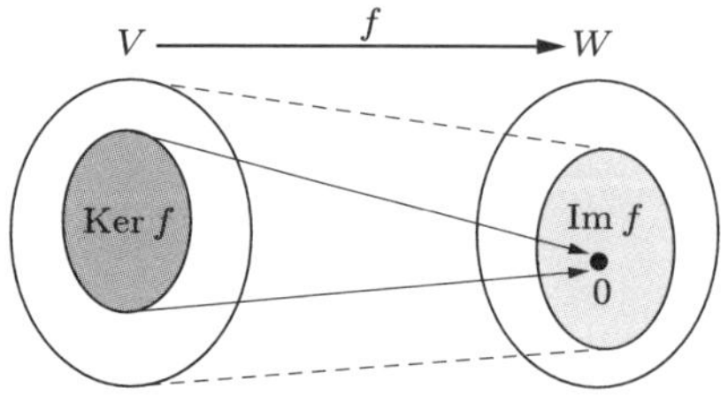

図 6.2

Memo
Im は image（像），Ker は kernel（核）の略字である．

(6.1) はつぎのようにイメージするとわかりやすい．

f でうつす前のベクトル空間 V の次元は $\dim V$，うつされた先の次元は $\dim\mathrm{Im}\,f$ である．一般に，$\dim V\geqq\dim\mathrm{Im}\,f$ と次元が減少することがある．

減少した次元はどこに消えたのかというと，$\dim \mathrm{Ker}\, f$，つまり，f によって零ベクトルにうつされた次元である．これより，$\mathrm{Im}\, f$ として現れている次元と，$\mathrm{Ker}\, f$ として零ベクトルにされた次元を合わせると，もともとのベクトル空間 V 全体の次元になるのが (6.1) である．

次元定理のイメージを図 6.3 に示す．

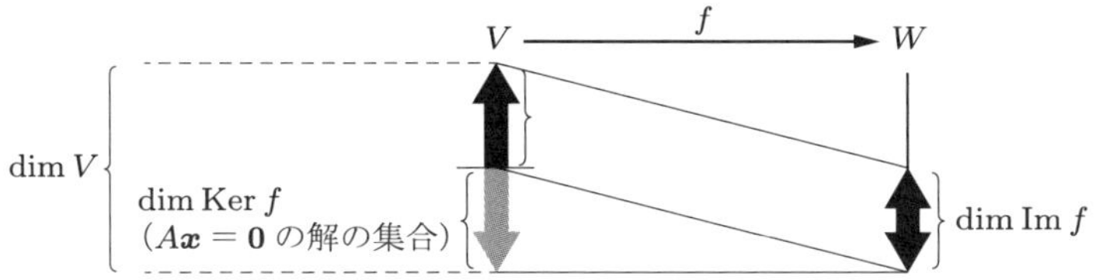

図 6.3　次元定理のイメージ

さて，第 5 章で連立斉次 1 次方程式 $A\boldsymbol{x} = \boldsymbol{0}$ の解の自由度 $= n - r$ を説明したが，$\dim \mathrm{Ker}\, A = \dim V - \dim \mathrm{Im}\, A$ において，$\dim V = n$，$\dim \mathrm{Im}\, A = \mathrm{rank}\, A \ (= r)$ より $\dim \mathrm{Ker}\, A = n - r$ となる．

すなわち，$\mathrm{Ker}\, A$ は $A\boldsymbol{x} = \boldsymbol{0}$ の解の集合（解空間）を示し，$\dim \mathrm{Ker}\, A$ は $A\boldsymbol{x} = \boldsymbol{0}$ の解空間の次元，すなわち，解の自由度に等しくなる．

(3) 線形写像の行列表現

V，W をベクトル空間，$\boldsymbol{v}_1, \boldsymbol{v}_2, \ldots, \boldsymbol{v}_n$ を V の基底，$\boldsymbol{w}_1, \boldsymbol{w}_2, \ldots, \boldsymbol{w}_m$ を W の基底とする．線形写像 $f\colon V \to W$ に対して，

$$\begin{cases} f(\boldsymbol{v}_1) = a_{11}\boldsymbol{w}_1 + a_{21}\boldsymbol{w}_2 + \cdots + a_{m1}\boldsymbol{w}_m \\ f(\boldsymbol{v}_2) = a_{12}\boldsymbol{w}_1 + a_{22}\boldsymbol{w}_2 + \cdots + a_{m2}\boldsymbol{w}_m \\ \quad \vdots \\ f(\boldsymbol{v}_n) = a_{1n}\boldsymbol{w}_1 + a_{2n}\boldsymbol{w}_2 + \cdots + a_{mn}\boldsymbol{w}_m \end{cases} \tag{6.2}$$

とするとき，まとめて表記すると，

$$f(\boldsymbol{v}_j) = \sum_{i=1}^{m} a_{ij}\boldsymbol{w}_i \quad (j = 1, 2, \ldots, n) \tag{6.3}$$

Memo
(6.2) において，a_{ij} の並びが転置されていることに注意する．

となる．このとき，係数のつくる行列の転置行列を A_f とすれば，

$$A_f = {}^t\begin{pmatrix} a_{11} & a_{21} & \cdots & a_{m1} \\ a_{12} & a_{22} & \cdots & a_{m2} \\ \vdots & \vdots & \ddots & \vdots \\ a_{1n} & a_{2n} & \cdots & a_{mn} \end{pmatrix} = \begin{pmatrix} a_{11} & a_{12} & \cdots & a_{1n} \\ a_{21} & a_{22} & \cdots & a_{2n} \\ \vdots & \vdots & \ddots & \vdots \\ a_{m1} & a_{m2} & \cdots & a_{mn} \end{pmatrix}$$

この A_f を用いれば，(6.2) は

$$\begin{pmatrix} f(\boldsymbol{v}_1) & f(\boldsymbol{v}_2) & \cdots & f(\boldsymbol{v}_n) \end{pmatrix} = \begin{pmatrix} \boldsymbol{w}_1 & \boldsymbol{w}_2 & \cdots & \boldsymbol{w}_m \end{pmatrix} \begin{pmatrix} a_{11} & a_{12} & \cdots & a_{1n} \\ a_{21} & a_{22} & \cdots & a_{2n} \\ \vdots & \vdots & \ddots & \vdots \\ a_{m1} & a_{m2} & \cdots & a_{mn} \end{pmatrix}$$

$$= \begin{pmatrix} \boldsymbol{w}_1 & \boldsymbol{w}_2 & \cdots & \boldsymbol{w}_m \end{pmatrix} A_f$$

と表せる．このとき，$A_f = \begin{pmatrix} a_{11} & a_{12} & \cdots & a_{1n} \\ a_{21} & a_{22} & \cdots & a_{2n} \\ \vdots & \vdots & \ddots & \vdots \\ a_{m1} & a_{m2} & \cdots & a_{mn} \end{pmatrix}$ を f の**表現行列**という．

また，V の任意のベクトル $\boldsymbol{x}$ の成分を $\begin{pmatrix} x_1 \\ x_2 \\ \vdots \\ x_n \end{pmatrix}$，$W$ の任意のベクトル $\boldsymbol{y} = f(\boldsymbol{x})$ の成分を $\begin{pmatrix} y_1 \\ y_2 \\ \vdots \\ y_m \end{pmatrix}$ とすると，

$$\boldsymbol{x} = x_1\boldsymbol{v}_1 + x_2\boldsymbol{v}_2 + \cdots + x_n\boldsymbol{v}_n = \begin{pmatrix} \boldsymbol{v}_1 & \boldsymbol{v}_2 & \cdots & \boldsymbol{v}_n \end{pmatrix} \begin{pmatrix} x_1 \\ x_2 \\ \vdots \\ x_n \end{pmatrix}$$

$$\boldsymbol{y} = y_1\boldsymbol{w}_1 + y_2\boldsymbol{w}_2 + \cdots + y_m\boldsymbol{w}_m = \begin{pmatrix} \boldsymbol{w}_1 & \boldsymbol{w}_2 & \cdots & \boldsymbol{w}_m \end{pmatrix} \begin{pmatrix} y_1 \\ y_2 \\ \vdots \\ y_m \end{pmatrix} \tag{6.4}$$

より

$$\boldsymbol{y} = f(\boldsymbol{x}) = \sum_{j=1}^{n} x_j f(\boldsymbol{v}_j) = \begin{pmatrix} f(\boldsymbol{v}_1) & f(\boldsymbol{v}_2) & \cdots & f(\boldsymbol{v}_n) \end{pmatrix} \begin{pmatrix} x_1 \\ x_2 \\ \vdots \\ x_n \end{pmatrix}$$

$$= \begin{pmatrix} \boldsymbol{w}_1 & \boldsymbol{w}_2 & \cdots & \boldsymbol{w}_m \end{pmatrix} A_f \begin{pmatrix} x_1 \\ x_2 \\ \vdots \\ x_n \end{pmatrix}$$

となるので，(6.4) より，ベクトル $\boldsymbol{x}$ と $\boldsymbol{y}$ の成分の間には，つぎの関係が成り立つ．

$$\begin{pmatrix} y_1 \\ y_2 \\ \vdots \\ y_m \end{pmatrix} = A_f \begin{pmatrix} x_1 \\ x_2 \\ \vdots \\ x_n \end{pmatrix} = \begin{pmatrix} a_{11} & a_{12} & \cdots & a_{1n} \\ a_{21} & a_{22} & \cdots & a_{2n} \\ \vdots & \vdots & \ddots & \vdots \\ a_{m1} & a_{m2} & \cdots & a_{mn} \end{pmatrix} \begin{pmatrix} x_1 \\ x_2 \\ \vdots \\ x_n \end{pmatrix}$$

重要 線形写像の表現行列

$$\begin{cases} f(\boldsymbol{v}_1) = \boxed{a_{11}\boldsymbol{w}_1 + a_{21}\boldsymbol{w}_2 + \cdots + a_{m1}\boldsymbol{w}_m} \\ f(\boldsymbol{v}_2) = \boxed{a_{12}\boldsymbol{w}_1 + a_{22}\boldsymbol{w}_2 + \cdots + a_{m2}\boldsymbol{w}_m} \\ \quad\vdots \qquad\qquad\qquad \vdots \\ f(\boldsymbol{v}_n) = \boxed{a_{1n}\boldsymbol{w}_1 + a_{2n}\boldsymbol{w}_2 + \cdots + a_{mn}\boldsymbol{w}_m} \end{cases}$$

$$\Leftrightarrow \text{表現行列 } A_f = \begin{pmatrix} \boxed{\begin{matrix} a_{11} \\ a_{21} \\ \vdots \\ a_{m1} \end{matrix}} & \boxed{\begin{matrix} a_{12} \\ a_{22} \\ \vdots \\ a_{m2} \end{matrix}} & \begin{matrix} \cdots \\ \cdots \\ \ddots \\ \cdots \end{matrix} & \boxed{\begin{matrix} a_{1n} \\ a_{2n} \\ \vdots \\ a_{mn} \end{matrix}} \end{pmatrix}$$

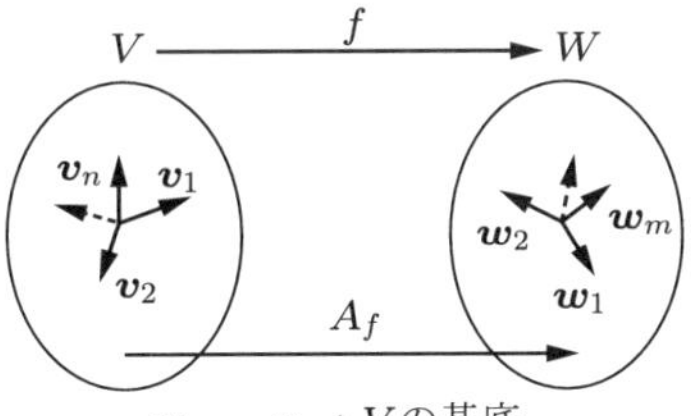

$\boldsymbol{v}_1, \ldots, \boldsymbol{v}_n$: V の基底
$\boldsymbol{w}_1, \ldots, \boldsymbol{w}_m$: W の基底

図 6.4

▶例題 4 線形写像 $f: \mathbb{R}^3 \to \mathbb{R}^3$，$f\begin{pmatrix} x \\ y \\ z \end{pmatrix} = \begin{pmatrix} 2x+z \\ -x+y \\ y-5z \end{pmatrix}$ で，$\mathbb{R}^3$ の基底がつぎの場合の表現行列をそれぞれ求めなさい．

(1) $\boldsymbol{e}_1 = \begin{pmatrix} 1 \\ 0 \\ 0 \end{pmatrix}$，$\boldsymbol{e}_2 = \begin{pmatrix} 0 \\ 1 \\ 0 \end{pmatrix}$，$\boldsymbol{e}_3 = \begin{pmatrix} 0 \\ 0 \\ 1 \end{pmatrix}$

(2) $\boldsymbol{a}_1 = \begin{pmatrix} 1 \\ -1 \\ 0 \end{pmatrix}$，$\boldsymbol{a}_2 = \begin{pmatrix} 0 \\ 1 \\ -1 \end{pmatrix}$，$\boldsymbol{a}_3 = \begin{pmatrix} 0 \\ 0 \\ 1 \end{pmatrix}$

▶▶考え方

線形写像の表現行列の定義に従って求める．本例題は同一ベクトル空間内の線形写像である．

解答▷ (1) $f(\boldsymbol{e}_1) = \begin{pmatrix} 2\times1+0 \\ -1+0 \\ 0-5\times0 \end{pmatrix} = \begin{pmatrix} 2 \\ -1 \\ 0 \end{pmatrix} = a_{11}\boldsymbol{e}_1 + a_{21}\boldsymbol{e}_2 + a_{31}\boldsymbol{e}_3$ より，$a_{11} = 2$，

$a_{21}=-1,\ a_{31}=0$

よって，$f(\boldsymbol{e}_1)=2\boldsymbol{e}_1+(-1)\boldsymbol{e}_2+0\boldsymbol{e}_3$

また，$f(\boldsymbol{e}_2)=\begin{pmatrix}2\times0+0\\-0+1\\1-5\times0\end{pmatrix}=\begin{pmatrix}0\\1\\1\end{pmatrix}=a_{12}\boldsymbol{e}_1+a_{22}\boldsymbol{e}_2+a_{32}\boldsymbol{e}_3$ より，同様に解いて，

$a_{12}=0,\ a_{22}=1,\ a_{32}=1$

よって，$f(\boldsymbol{e}_2)=0\boldsymbol{e}_1+1\boldsymbol{e}_2+1\boldsymbol{e}_3$

また，$f(\boldsymbol{e}_3)=\begin{pmatrix}2\times0+1\\-0+0\\0-5\times1\end{pmatrix}=\begin{pmatrix}1\\0\\-5\end{pmatrix}=a_{13}\boldsymbol{e}_1+a_{23}\boldsymbol{e}_2+a_{33}\boldsymbol{e}_3$ より，同様に解いて，

$a_{13}=1,\ a_{23}=0,\ a_{33}=-5$

よって，$f(\boldsymbol{e}_3)=1\boldsymbol{e}_1+0\boldsymbol{e}_2+(-5)\boldsymbol{e}_3$

したがって，表現行列 $\begin{pmatrix}2&0&1\\-1&1&0\\0&1&-5\end{pmatrix}$ が得られる．

（答）$\begin{pmatrix}2&0&1\\-1&1&0\\0&1&-5\end{pmatrix}$

Memo

(1) のような基底を標準基底とよぶ．

Check!

(1) のような標準基底に関する線形写像の表現行列は

$$\begin{pmatrix}2&0&1\\-1&1&0\\0&1&-5\end{pmatrix}\begin{pmatrix}x\\y\\z\end{pmatrix}=\begin{pmatrix}2x+z\\-x+y\\y-5z\end{pmatrix}\Leftrightarrow f\begin{pmatrix}x\\y\\z\end{pmatrix}=\begin{pmatrix}2x+z\\-x+y\\y-5z\end{pmatrix}$$

となって，まさに線形写像の行列そのものになる．

(2)　$f(\boldsymbol{a}_1)=\begin{pmatrix}2\times1+0\\-1-1\\-1-5\times0\end{pmatrix}=\begin{pmatrix}2\\-2\\-1\end{pmatrix}=a_{11}\boldsymbol{a}_1+a_{21}\boldsymbol{a}_2+a_{31}\boldsymbol{a}_3$

すなわち，$\begin{pmatrix}2\\-2\\-1\end{pmatrix}=a_{11}\begin{pmatrix}1\\-1\\0\end{pmatrix}+a_{21}\begin{pmatrix}0\\1\\-1\end{pmatrix}+a_{31}\begin{pmatrix}0\\0\\1\end{pmatrix}$ から

$2=a_{11},\ -2=-a_{11}+a_{21},\ -1=-a_{21}+a_{31}$ を解いて，$a_{11}=2,\ a_{21}=0,\ a_{31}=-1$

よって，$f(\boldsymbol{a}_1)=2\boldsymbol{a}_1+0\boldsymbol{a}_2+(-1)\boldsymbol{a}_3$

$f(\boldsymbol{a}_2)=\begin{pmatrix}2\times0-1\\0+1\\1-5\times(-1)\end{pmatrix}=\begin{pmatrix}-1\\1\\6\end{pmatrix}=a_{12}\boldsymbol{a}_1+a_{22}\boldsymbol{a}_2+a_{32}\boldsymbol{a}_3$ より，同様に解いて，

$a_{12}=-1,\ a_{22}=0,\ a_{32}=6$

よって，$f(\boldsymbol{a}_2)=(-1)\boldsymbol{a}_1+0\boldsymbol{a}_2+6\boldsymbol{a}_3$

$f(\boldsymbol{a}_3)=\begin{pmatrix}2\times0+1\\0+0\\0-5\times1\end{pmatrix}=\begin{pmatrix}1\\0\\-5\end{pmatrix}=a_{13}\boldsymbol{a}_1+a_{23}\boldsymbol{a}_2+a_{33}\boldsymbol{a}_3$ より，同様に解いて，$a_{13}=1$，

$a_{23}=1,\ a_{33}=-4$

よって，$f(\boldsymbol{a}_3)=1\boldsymbol{a}_1+1\boldsymbol{a}_2+(-4)\boldsymbol{a}_3$

したがって，表現行列 $\begin{pmatrix}2&-1&1\\0&0&1\\-1&6&-4\end{pmatrix}$ が得られる．

（答）$\begin{pmatrix}2&-1&1\\0&0&1\\-1&6&-4\end{pmatrix}$

Memo

標準基底に関する線形写像 $f\colon \mathbb{R}^n \to \mathbb{R}^m$ の表現行列を A とすると,

- 像 $\mathrm{Im}\, f = \left\{ f(\boldsymbol{x}) \,\middle|\, \boldsymbol{x} \in V \right\} \iff A$ の列ベクトルで生成する空間…(※)

  $\dim \mathrm{Im}\, f = \mathrm{rank}\, A$

- 核 $\mathrm{Ker}\, f = \left\{ \boldsymbol{x} \in V \,\middle|\, f(\boldsymbol{x}) = \mathbf{0} \right\} \iff A\boldsymbol{x} = \mathbf{0}$ の解空間

  $\dim \mathrm{Ker}\, f = n - \mathrm{rank}\, A$

このとき,(※) A の列ベクトルで生成する空間とは,つぎのように理解できる.

$$\begin{pmatrix} 2 & 0 & 1 \\ -1 & 1 & 0 \\ 0 & 1 & -5 \end{pmatrix}\begin{pmatrix} x \\ y \\ z \end{pmatrix} = \begin{pmatrix} 2x+z \\ -x+y \\ y-5z \end{pmatrix} = x\begin{pmatrix} 2 \\ -1 \\ 0 \end{pmatrix} + y\begin{pmatrix} 0 \\ 1 \\ 1 \end{pmatrix} + z\begin{pmatrix} 1 \\ 0 \\ -5 \end{pmatrix}$$

▶▶▶ 演習問題 6

1 行列 $A = \begin{pmatrix} 2 & 0 & 1 \\ -1 & 1 & 0 \\ 1 & 1 & 1 \end{pmatrix}$ とした $\mathbb{R}^3$ から $\mathbb{R}^3$ への線形写像 f の像 $\mathrm{Im}\, f$,ならびに,核 $\mathrm{Ker}\, f$ を求めなさい.

2★ n 次元線形空間 $\mathbb{R}^n$ から m 次元線形空間 $\mathbb{R}^m$ への線形写像 f について,$\mathrm{Im}\, f$,$\mathrm{Ker}\, f$ をつぎのように定義します.

$$\mathrm{Im}\, f = \left\{ f(\boldsymbol{x}) \,\middle|\, \boldsymbol{x} \text{ は } \mathbb{R}^n \text{ の元} \right\}$$

$$\mathrm{Ker}\, f = \left\{ \boldsymbol{x} \,\middle|\, \boldsymbol{x} \text{ は } \mathbb{R}^n \text{ の元かつ } f(\boldsymbol{x}) = \boldsymbol{O}_m \right\} \quad (\boldsymbol{O}_m\text{: } m \text{ 次元の零ベクトル})$$

このとき,つぎの問いに答えなさい.

(1) $\mathrm{Ker}\, f$ は $\mathbb{R}^n$ の線形部分空間であり,$\mathrm{Im}\, f$ は $\mathbb{R}^m$ の線形部分空間であることを示しなさい.

(2) 行列 $A = \begin{pmatrix} 3 & -3 & 2 & -2 & 3 \\ 5 & 4 & 2 & 1 & -2 \\ 7 & 2 & -2 & -1 & -4 \\ -2 & 5 & 0 & 3 & -3 \end{pmatrix}$ の定める $\mathbb{R}^5$ から $\mathbb{R}^4$ への線形写像 f において,$\mathrm{Im}\, f$ と $\mathrm{Ker}\, f$ の次元をそれぞれ求めなさい.

3 $\mathbb{R}^n$ を n 次元ベクトル空間,行列 $A = \begin{pmatrix} 1 & 3 & -2 & -1 \\ 2 & 5 & -6 & -6 \\ -4 & -13 & 6 & 0 \end{pmatrix}$ として,$F(\boldsymbol{x}) = A\boldsymbol{x}$ なる $\mathbb{R}^4$ から $\mathbb{R}^3$ への線形写像を考えます.このとき,つぎの問いに答えなさい.

(1) $\mathrm{Im}\, F = \left\{ F(\boldsymbol{x}) \,\middle|\, \boldsymbol{x} \text{ は } \mathbb{R}^4 \text{ の元} \right\}$ として,$\mathrm{Im}\, F$ の元を $\begin{pmatrix} x_1 \\ x_2 \\ x_3 \end{pmatrix}$ とします.このとき,x_1,x_2,x_3 の満たす関係式を求めなさい.

(2) $\mathrm{Ker}\, F = \left\{ \boldsymbol{x} \,\middle|\, \boldsymbol{x} \text{ は } \mathbb{R}^4 \text{ の元かつ } F(\boldsymbol{x}) = \boldsymbol{O} \right\}$ ($\boldsymbol{O}$: 3 次元の零ベクトル) とし,$\mathrm{Ker}\, F$

の元を $\begin{pmatrix} y_1 \\ y_2 \\ y_3 \\ y_4 \end{pmatrix}$ とします．$y_1 + y_2 + y_3 + y_4 = 0$ を満たすとき，$\begin{pmatrix} y_1 \\ y_2 \\ y_3 \\ y_4 \end{pmatrix}$ の一般形を求めなさい．

4　V を 3 次以下の実係数 1 変数多項式からなる実線形空間，W を 2 次以下の実係数 1 変数多項式からなる実線形空間とします．また，V から W への写像 F を

$$F\bigl(f(x)\bigr) = 2xf''(x) - f'(x+1) + x^2 f(1)$$

によって定めます．V の基底を $\langle 1, 3x-5, 2x^2-3x, x^3-2x^2+4 \rangle$，$W$ の基底を $\langle 1, x-1, (x-1)^2 \rangle$ とするとき，これら二つの基底に関する線形写像 F の表現行列を求めなさい．

▶▶▶ 演習問題 6　解答

1　▶▶ **考え方**

像と核の概念，両者の次元の関係から考える．

解答 ▷

$$\boldsymbol{x} = \begin{pmatrix} x \\ y \\ z \end{pmatrix},\quad \begin{pmatrix} 2 & 0 & 1 \\ -1 & 1 & 0 \\ 1 & 1 & 1 \end{pmatrix}\begin{pmatrix} x \\ y \\ z \end{pmatrix} = \begin{pmatrix} u \\ v \\ w \end{pmatrix}$$

として，$u = 2x + z$，$v = -x + y$，$w = x + y + z$ より x，y，z を消去すると，$w = u + v$ となる．

よって，f の像は

$$\operatorname{Im} f = \left\{ \begin{pmatrix} u \\ v \\ w \end{pmatrix} \in \mathbb{R}^3 \;\middle|\; w = u + v \right\}$$

となって，$\operatorname{Im} f$ は $\mathbb{R}^3$ 内の原点を通り，$\boldsymbol{n} = (1, 1, -1)$ に垂直な平面である．

一方，f の核は，$2x + z = 0$，$-x + y = 0$，$x + y + z = 0$ より $z = -2x$，$y = x$ となって，$x = y = -\dfrac{z}{2}$

すなわち，原点を通り，$\boldsymbol{v} = (1, 1, -2)$ に平行な直線となる．

（答）$\operatorname{Im} f$ は $\mathbb{R}^3$ 内の原点を通り，$\boldsymbol{n} = (1, 1, -1)$ に垂直な平面，
$\operatorname{Ker} f$ は原点を通り，$\boldsymbol{v} = (1, 1, -2)$ に平行な直線

Memo

点 (x_0, y_0, z_0) を通り，$\boldsymbol{n} = (a, b, c)$ に垂直な平面は $a(x - x_0) + b(y - y_0) + c(z - z_0) = 0$

Memo

点 (x_0, y_0, z_0) を通り，$\boldsymbol{v} = (a, b, c)$ に平行な直線は $\dfrac{x - x_0}{a} = \dfrac{y - y_0}{b} = \dfrac{z - z_0}{c}$

Check!

- この場合 $\dim \operatorname{Im} f = \operatorname{rank} A = 2$，$\dim \operatorname{Ker} f = 1$ である．**次元定理** $\dim \operatorname{Im} f + \dim \operatorname{Ker} f = \dim V$ より，$\dim V = 3$ となる．

● **像の次元** $\dim \mathrm{Im}\, f = \mathrm{rank}\, A = 2$ により，$\mathrm{Im}\, f$ は A の 2 個の列ベクトル $\left\langle \begin{pmatrix} 2 \\ -1 \\ 1 \end{pmatrix}, \begin{pmatrix} 0 \\ 1 \\ 1 \end{pmatrix} \right\rangle$ などで生成される 2 次元平面である．1 次元減った分は，$\dim(\mathrm{Ker}\, f) = 1$ より，直線をイメージできる．

2 **▶▶ 考え方**

(1)（線形）部分空間であるための条件が成り立つことを示す．

(2) A の階数より $\mathrm{Im}\, f$ の次元を求め，次元定理を用いて $\mathrm{Ker}\, f$ の次元を求める．

解答▷ (1)　まず，$\mathrm{Ker}\, f$ が $\mathbb{R}^n$ の線形部分空間であること，すなわち，任意の $\boldsymbol{a}, \boldsymbol{b} \in \mathrm{Ker}\, f$ と任意の実数 λ に対して，$\boldsymbol{a}+\boldsymbol{b} \in \mathrm{Ker}\, f$，$\lambda\boldsymbol{a} \in \mathrm{Ker}\, f$ が成り立つことを示す．

$\boldsymbol{a}, \boldsymbol{b} \in \mathrm{Ker}\, f$ とすると，$f(\boldsymbol{a}) = f(\boldsymbol{b}) = \boldsymbol{O}_m$ であり，f の線形性から

$$f(\boldsymbol{a}+\boldsymbol{b}) = f(\boldsymbol{a}) + f(\boldsymbol{b}) = \boldsymbol{O}_m + \boldsymbol{O}_m = \boldsymbol{O}_m$$
$$f(\lambda\boldsymbol{a}) = \lambda f(\boldsymbol{a}) = \lambda \times \boldsymbol{O}_m = \boldsymbol{O}_m$$

よって，$\boldsymbol{a}+\boldsymbol{b} \in \mathrm{Ker}\, f$，$\lambda\boldsymbol{a} \in \mathrm{Ker}\, f$ であり，$\mathrm{Ker}\, f$ は $\mathbb{R}^n$ の線形部分空間である．

つぎに，$\mathrm{Im} f$ が $\mathbb{R}^m$ の線形部分空間であることを示す．$\boldsymbol{p}, \boldsymbol{q} \in \mathrm{Im}\, f$ とすると，$f(\boldsymbol{u}) = \boldsymbol{p}$，$f(\boldsymbol{v}) = \boldsymbol{q}$ を満たす $\boldsymbol{u}, \boldsymbol{v} \in \mathbb{R}^n$ が存在し，$\boldsymbol{u}+\boldsymbol{v} \in \mathbb{R}^n$，$\mu$ を実数とすると $\mu\boldsymbol{u} \in \mathbb{R}^n$ であり，f の線形性から

$$f(\boldsymbol{u}+\boldsymbol{v}) = f(\boldsymbol{u}) + f(\boldsymbol{v}) = \boldsymbol{p}+\boldsymbol{q}, \quad f(\mu\boldsymbol{u}) = \mu f(\boldsymbol{u}) = \mu\boldsymbol{p}$$

よって，$\boldsymbol{p}+\boldsymbol{q} \in \mathrm{Im}\, f$，$\mu\boldsymbol{p} \in \mathrm{Im}\, f$ であり，$\mathrm{Im}\, f$ は $\mathbb{R}^m$ の線形部分空間である．

(2)　A に行基本変形を施す．

$$\begin{pmatrix} 3 & -3 & 2 & -2 & 3 \\ 5 & 4 & 2 & 1 & -2 \\ 7 & 2 & -2 & -1 & -4 \\ -2 & 5 & 0 & 3 & -3 \end{pmatrix} \to \begin{pmatrix} 1 & 2 & 2 & 1 & 0 \\ 5 & 4 & 2 & 1 & -2 \\ 7 & 2 & -2 & -1 & -4 \\ -2 & 5 & 0 & 3 & -3 \end{pmatrix}$$

第 1 行に第 4 行を加える．

$$\to \begin{pmatrix} 1 & 2 & 2 & 1 & 0 \\ 0 & -6 & -8 & -4 & -2 \\ 0 & -12 & -16 & -8 & -4 \\ 0 & 9 & 4 & 5 & -3 \end{pmatrix} \to \begin{pmatrix} 1 & 2 & 2 & 1 & 0 \\ 0 & 3 & 4 & 2 & 1 \\ 0 & 0 & 0 & 0 & 0 \\ 0 & 9 & 4 & 5 & -3 \end{pmatrix}$$

第 1 行 × (−5) を第 2 行に加える．
第 1 行 × (−7) を第 3 行に加える．
第 1 行 × 2 を第 4 行に加える．

第 2 行 × (−2) を第 3 行に加える．
第 2 行を (−2) で割る．

$$\to \begin{pmatrix} 1 & 2 & 2 & 1 & 0 \\ 0 & 3 & 4 & 2 & 1 \\ 0 & 0 & 0 & 0 & 0 \\ 0 & 0 & -8 & -1 & -6 \end{pmatrix} \to \begin{pmatrix} 1 & 2 & 2 & 1 & 0 \\ 0 & 3 & 4 & 2 & 1 \\ 0 & 0 & 8 & 1 & 6 \\ 0 & 0 & 0 & 0 & 0 \end{pmatrix} \updownarrow 3 \text{行}$$

第 2 行 × (−3) を
第 4 行に加える．

第 4 行 × (−1) した後，
第 3 行と入れ替える．

よって，A の階数は 3 であり，$\mathrm{rank}\, A = \dim \mathrm{Im}\, f = 3$ から

$$\dim \operatorname{Ker} f = \dim \mathbb{R}^5 - \dim \operatorname{Im} f = 5 - 3 = 2$$

（答）$\operatorname{Im} f$ の次元は 3，$\operatorname{Ker} f$ の次元は 2

参考▷　写像による次元の変化のイメージを解図 6.1 に示す．

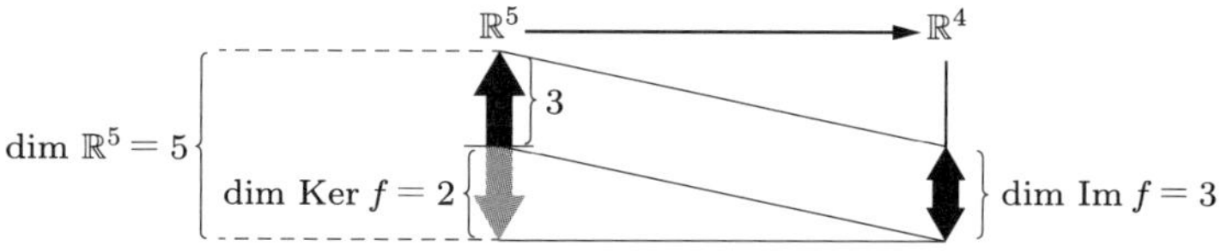

解図 6.1　写像による次元の変化のイメージ

3 **▶▶考え方**

行列 A の階数を求め，1 次独立な A の列ベクトルをいくつとるかを考える．

解答▷　(1)　A に行基本変形を施す．

$$\begin{pmatrix} 1 & 3 & -2 & -1 \\ 2 & 5 & -6 & -6 \\ -4 & -13 & 6 & 0 \end{pmatrix} \to \begin{pmatrix} 1 & 3 & -2 & -1 \\ 0 & -1 & -2 & -4 \\ 0 & -1 & -2 & -4 \end{pmatrix}$$

第 1 行 $\times (-2)$ を第 2 行に，第 1 行 $\times 4$ を第 3 行に，それぞれ加える．

$$\to \begin{pmatrix} 1 & 0 & -8 & -13 \\ 0 & 1 & 2 & 4 \\ 0 & 0 & 0 & 0 \end{pmatrix}$$

第 2 行 $\times 3$ を第 1 行に，第 2 行 $\times (-1)$ を第 3 行に，それぞれ加える．その後，第 2 行 $\times (-1)$ とする．

これより，$\operatorname{Im} F$ の次元は 2 であるから，$\operatorname{Im} F$ の基底の一つとして A の列ベクトル $\left\langle \begin{pmatrix} 1 \\ 2 \\ -4 \end{pmatrix}, \begin{pmatrix} 3 \\ 5 \\ -13 \end{pmatrix} \right\rangle$ がとれる．ゆえに，

$$\begin{pmatrix} x_1 \\ x_2 \\ x_3 \end{pmatrix} = c_1 \begin{pmatrix} 1 \\ 2 \\ -4 \end{pmatrix} + c_2 \begin{pmatrix} 3 \\ 5 \\ -13 \end{pmatrix} \quad (c_1,\ c_2 \text{ は } 0 \text{ でない任意の定数})$$

と表される．このとき

$$x_1 = c_1 + 3c_2 \quad \cdots ①, \qquad x_2 = 2c_1 + 5c_2 \quad \cdots ②, \qquad x_3 = -4c_1 - 13c_2 \quad \cdots ③$$

において，①，② より得られた二つの式

$$c_1 = -5x_1 + 3x_2, \quad c_2 = 2x_1 - x_2$$

を ③ に代入して整理すると，求める関係式がつぎのように得られる．

Check!
解答では ①，② より c_1，c_2 を x_1，x_2 で表して ③ に代入したが，ほかの組合せでも同じ結果が得られる．

$$6x_1 - x_2 + x_3 = 0$$

（答）$6x_1 - x_2 + x_3 = 0$

(2)　(1) での行基本変形により，$\mathrm{Ker}\, F$ の元について

$$\begin{cases} y_1 - 8y_3 - 13y_4 = 0 & \cdots ① \\ y_2 + 2y_3 + 4y_4 = 0 & \cdots ② \end{cases}$$

が成り立つ．さらに，

$$y_1 + y_2 + y_3 + y_4 = 0 \qquad \cdots ③$$

であることに注意する．③ − ① − ② より

$$7y_3 + 10y_4 = 0$$

これより $y_4 = -\dfrac{7}{10}y_3$ である．このとき，①，② について

$$y_1 = 8y_3 + 13y_4 = -\frac{11}{10}y_3, \quad y_2 = -2y_3 - 4y_4 = \frac{8}{10}y_3$$

よって，$y_3 = 10c$　(c は 0 でない任意の定数）とおくことにより $\begin{pmatrix} y_1 \\ y_2 \\ y_3 \\ y_4 \end{pmatrix} = c\begin{pmatrix} -11 \\ 8 \\ 10 \\ -7 \end{pmatrix}$

と表される．

（答）$\begin{pmatrix} y_1 \\ y_2 \\ y_3 \\ y_4 \end{pmatrix} = c\begin{pmatrix} -11 \\ 8 \\ 10 \\ -7 \end{pmatrix}$　(c は 0 でない任意の定数）

4　**▶▶ 考え方**

$F\big(f(x)\big) = 2xf''(x) - f'(x+1) + x^2 f(1)$ において，$f(x) = 1$，$3x - 5$，$2x^2 - 3x$，$x^3 - 2x^2 + 4$ の場合を計算して，$F\big(f(x)\big) = a + b(x-1) + c(x-1)^2$ の係数 a，b，c をそれぞれ求める．

解答▷　$F\big(f(x)\big) = 2xf''(x) - f'(x+1) + x^2 f(1)$ で，$f(x) = 1$，$3x-5$，$2x^2-3x$，x^3-2x^2+4 の場合をそれぞれ考える．

(i)　$f(x) = 1$ の場合

$$F(1) = 2x \times 0 - 0 + x^2 \times 1 = x^2 = 1 + 2(x-1) + (x-1)^2$$

(ii)　$f(x) = 3x - 5$ の場合

$$F(3x-5) = 2x \times 0 - 3 + x^2 \times (-2) = -2x^2 - 3$$
$$= -5 - 4(x-1) - 2(x-1)^2$$

(iii)　$f(x) = 2x^2 - 3x$ の場合

$$F(2x^2 - 3x) = 2x \times 4 - 4(x+1) + 3 + x^2 \times (-1) = -x^2 + 4x - 1$$

$$= 2+2(x-1)-(x-1)^2$$

(iv)　$f(x)=x^3-2x^2+4$ の場合

$$\begin{aligned} F(x^3-2x^2+4) &= 2x\times(6x-4)-3(x+1)^2+4(x+1)+x^2\times 3 \\ &= 12x^2-8x-3x^2-6x-3+4x+4+3x^2 \\ &= 12x^2-10x+1 = 3+14(x-1)+12(x-1)^2 \end{aligned}$$

すなわち，

$$\begin{aligned} &\begin{pmatrix} F(1) & F(3x-5) & F(2x^2-3x) & F(x^3-2x^2+4) \end{pmatrix} \\ &= \begin{pmatrix} 1 & x-1 & (x-1)^2 \end{pmatrix} \begin{pmatrix} 1 & -5 & 2 & 3 \\ 2 & -4 & 2 & 14 \\ 1 & -2 & -1 & 12 \end{pmatrix} \end{aligned}$$

よって，求める表現行列は，$\begin{pmatrix} 1 & -5 & 2 & 3 \\ 2 & -4 & 2 & 14 \\ 1 & -2 & -1 & 12 \end{pmatrix}$ となる．

（答）$\begin{pmatrix} 1 & -5 & 2 & 3 \\ 2 & -4 & 2 & 14 \\ 1 & -2 & -1 & 12 \end{pmatrix}$

Chapter 7 行列の対角化

▶▶ **出題傾向と学習上のポイント**

線形代数の主要な分野であり，「数学検定」1 級における出題頻度もかなり高い．そのため，与えられた行列より固有方程式を解き，固有値，固有ベクトルを求め，行列を対角化する一連の計算を確実に行えることが重要です．さらに，行列が対角化可能かどうかをどのように判定するか理解しておきましょう．

1 固有値と固有ベクトル

ある 1 次変換（線形変換）A が与えられたとき，
「あるベクトル $\boldsymbol{x}$ $(\neq \boldsymbol{0})$ があり，A は $\boldsymbol{x}$ を $\boldsymbol{x}$ のスカラー倍に変換できるか」
という問題を考えよう．

Memo
ベクトル空間 V からそれ自身への線形写像すなわち $f\colon V \to V$ を線形変換とよぶ．

A を相似変換に限定すれば，上記の問題に当てはまるが，A は相似変換とは限らない場合は，どう解答すればよいだろうか．

Memo
2 次元では
$A = \begin{pmatrix} \lambda & 0 \\ 0 & \lambda \end{pmatrix}$
が相似変換に相当する．

A が $\boldsymbol{x}$ を $\boldsymbol{x}$ のスカラー倍に変換することを，式で表せば，

$$A\boldsymbol{x} = \lambda \boldsymbol{x} \quad (\boldsymbol{x} \neq \boldsymbol{0}) \tag{7.1}$$

となる．これを満たす λ を**固有値**，$\boldsymbol{x}$ を λ に属する**固有ベクトル**という．

また，固有ベクトル $\boldsymbol{x}$ と零ベクトル $\boldsymbol{0}$ の集合はベクトル空間 V の部分空間になり，V を固有値 λ に属する**固有空間**という．2 次元の座標軸で示せば，$\boldsymbol{x}$ と $A\boldsymbol{x}$ $(= \lambda\boldsymbol{x})$ は，図 7.1 のようになる．

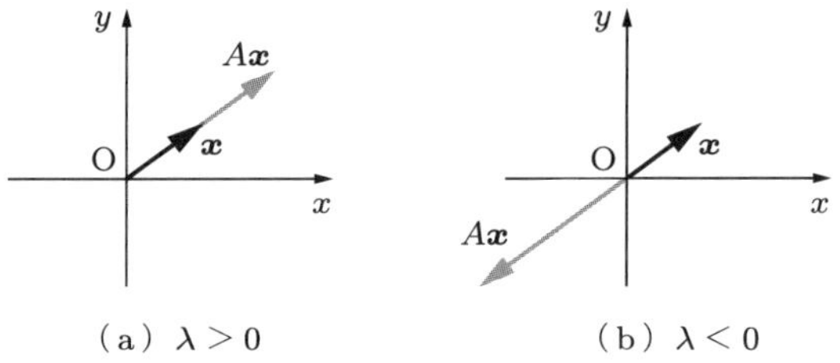

図 7.1

2　固有多項式と固有方程式

(7.1) は，つぎのように変形できる．

$$(A - \lambda E)\boldsymbol{x} = \boldsymbol{0}$$

この連立斉次 1 次方程式が自明な解 ($\boldsymbol{x} = \boldsymbol{0}$) 以外の解をもつための条件は，

$$|A - \lambda E| = 0$$

であった．このように，n 次正方行列 A が与えられたとき，λ が固有値である必要十分条件は

$$|A - \lambda E| = 0$$

である．すなわち，$A = \begin{pmatrix} a_{11} & a_{12} & \cdots & a_{1n} \\ a_{21} & a_{22} & \cdots & a_{2n} \\ \vdots & \vdots & \ddots & \vdots \\ a_{n1} & a_{n2} & \cdots & a_{nn} \end{pmatrix}$ とすれば，

$$\varphi_A(\lambda) = |A - \lambda E| = \begin{vmatrix} a_{11} - \lambda & a_{12} & \cdots & a_{1n} \\ a_{21} & a_{22} - \lambda & \cdots & a_{2n} \\ \vdots & \vdots & \ddots & \vdots \\ a_{n1} & a_{n2} & \cdots & a_{nn} - \lambda \end{vmatrix} = 0$$

と表され，これを行列 A の**固有方程式**，$\varphi_A(\lambda)$ を変数 λ に関する**固有多項式**という．なお，固有方程式の解としての固有値の重複の度合いを**重複度**という．

Check!

固有方程式を解く際，$|\lambda E - A| = 0$ としてもよい．この場合は，$|\lambda E - A|$ を固有多項式と考えてよい．固有多項式 $\varphi_A(\lambda)$ が $|A - \lambda E|$ か $|\lambda E - A|$ かは，n が奇数のときに限り，一方に負号がつくだけなので，本質的にちがいはない．

例 1　固有方程式が $(\lambda-1)^3(\lambda+2)=0$ の場合，固有値 $\lambda=-2$ は重複度 1，固有値 $\lambda=1$ は重複度 3 である．

▶ 例題 1　行列 $\begin{pmatrix}4 & 3\\5 & 2\end{pmatrix}$ の固有値と固有ベクトルを求め，固有ベクトルを座標平面上に図示しなさい．

▶▶ 考え方
固有方程式から固有値を求め，その固有値に属する固有ベクトルを求める．

解答▷　固有方程式は，$\begin{vmatrix}4-\lambda & 3\\5 & 2-\lambda\end{vmatrix}=0$

$\lambda^2-6\lambda-7=0$，$(\lambda+1)(\lambda-7)=0$ から，固有値は $\lambda=-1,7$

(i)　$\lambda=-1$ のとき

$\begin{pmatrix}4 & 3\\5 & 2\end{pmatrix}\begin{pmatrix}x_1\\y_1\end{pmatrix}=-1\begin{pmatrix}x_1\\y_1\end{pmatrix}$ を満たす固有ベクトル $\boldsymbol{x}_1=\begin{pmatrix}x_1\\y_1\end{pmatrix}$ は，$5x_1+3y_1=0$ から，

$\boldsymbol{x}_1=c\begin{pmatrix}3\\-5\end{pmatrix}$　（c は 0 でない任意の定数）

$c=1$ として，$\begin{pmatrix}4 & 3\\5 & 2\end{pmatrix}\begin{pmatrix}3\\-5\end{pmatrix}=-\begin{pmatrix}3\\-5\end{pmatrix}$ となる．

(ii)　$\lambda=7$ のとき

$\begin{pmatrix}4 & 3\\5 & 2\end{pmatrix}\begin{pmatrix}x_2\\y_2\end{pmatrix}=7\begin{pmatrix}x_2\\y_2\end{pmatrix}$ を満たす固有ベクトル

$\boldsymbol{x}_2=\begin{pmatrix}x_2\\y_2\end{pmatrix}$ は，$x_2=y_2$ から，$\boldsymbol{x}_2=c\begin{pmatrix}1\\1\end{pmatrix}$　（c は 0 でない任意の定数）

これも $c=1$ として，$\begin{pmatrix}4 & 3\\5 & 2\end{pmatrix}\begin{pmatrix}1\\1\end{pmatrix}=7\begin{pmatrix}1\\1\end{pmatrix}$ となる．

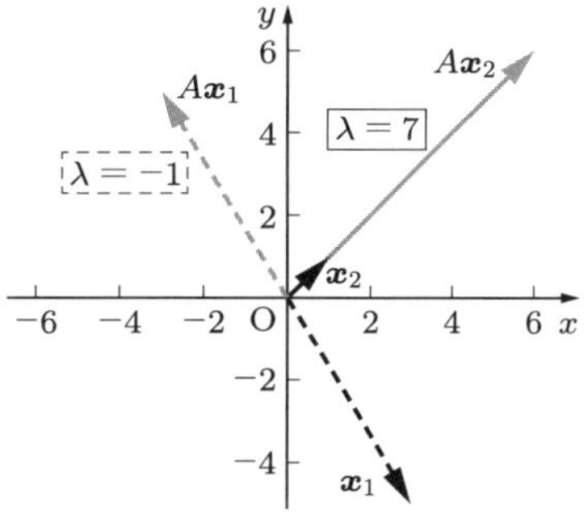

図 7.2

（答）固有値は $\lambda=-1,7$，固有ベクトルは

$\boldsymbol{x}_1=c\begin{pmatrix}3\\-5\end{pmatrix}$，$\boldsymbol{x}_2=c\begin{pmatrix}1\\1\end{pmatrix}$（$c$ は 0 でない任意の定数），$c=1$ として図示した結果を図 7.2 に示す．

▶ 例題 2　行列 $\begin{pmatrix}0 & 1 & 0 & 0\\1 & 0 & 1 & 0\\0 & 1 & 0 & 1\\0 & 0 & 1 & 0\end{pmatrix}$ について，つぎの問いに答えなさい．

(1)　固有多項式を求めなさい．　　(2)　固有値を求めなさい．

▶▶ 考え方
(2)　固有値を固有方程式から求める．固有方程式は「固有多項式 $=0$」である．

解答▷ (1)　固有多項式は $\begin{vmatrix} -\lambda & 1 & 0 & 0 \\ 1 & -\lambda & 1 & 0 \\ 0 & 1 & -\lambda & 1 \\ 0 & 0 & 1 & -\lambda \end{vmatrix}$ である．行列式を展開して，

$$\begin{vmatrix} -\lambda & 1 & 0 & 0 \\ 1 & -\lambda & 1 & 0 \\ 0 & 1 & -\lambda & 1 \\ 0 & 0 & 1 & -\lambda \end{vmatrix} = -\lambda \begin{vmatrix} -\lambda & 1 & 0 \\ 1 & -\lambda & 1 \\ 0 & 1 & -\lambda \end{vmatrix} - \begin{vmatrix} 1 & 0 & 0 \\ 1 & -\lambda & 1 \\ 0 & 1 & -\lambda \end{vmatrix} = -\lambda(-\lambda^3 + 2\lambda) - (\lambda^2 - 1)$$

$$= \lambda^4 - 3\lambda^2 + 1$$

(答) $\lambda^4 - 3\lambda^2 + 1$

(2)　固有方程式 $\lambda^4 - 3\lambda^2 + 1 = 0$ を変形すると，$(\lambda^2 - 1)^2 = \lambda^2$ より，$\lambda^2 - 1 = \lambda$ または $\lambda^2 - 1 = -\lambda$ となる．

$$\lambda^2 - \lambda - 1 = 0 \text{ より，} \lambda = \frac{1 \pm \sqrt{5}}{2} \qquad \lambda^2 + \lambda - 1 = 0 \text{ より，} \lambda = \frac{-1 \pm \sqrt{5}}{2}$$

がそれぞれ得られる．よって，固有値 λ はつぎの四つである．

(答) $\dfrac{\sqrt{5}+1}{2}$，$\dfrac{\sqrt{5}-1}{2}$，$\dfrac{-\sqrt{5}+1}{2}$，$\dfrac{-\sqrt{5}-1}{2}$

▶ 例題 3　行列 $\begin{pmatrix} 2 & -1 & 0 \\ -1 & 2 & -1 \\ 0 & -1 & 2 \end{pmatrix}$ について，つぎの問いに答えなさい．

(1)　行列の固有値を求めなさい．

(2)　(1) で求めた各固有値に対する固有ベクトルを，正規化（大きさを 1 に標準化）して求めなさい．

▶▶ 考え方

(2)　大きさが 1 になるように固有ベクトルを定数倍する．

解答▷ (1)　固有多項式は

$$\begin{vmatrix} 2-\lambda & -1 & 0 \\ -1 & 2-\lambda & -1 \\ 0 & -1 & 2-\lambda \end{vmatrix} = (2-\lambda)^3 - 2(2-\lambda) = (2-\lambda)\left\{(2-\lambda)^2 - 2\right\}$$

$$= (\lambda - 2)(\lambda^2 - 4\lambda + 2)$$

である．固有方程式を解くと，$\lambda = 2, 2+\sqrt{2}, 2-\sqrt{2}$　　(答) 2，$2+\sqrt{2}$，$2-\sqrt{2}$

(2)　固有ベクトルの成分を $\begin{pmatrix} x \\ y \\ z \end{pmatrix}$ とおく．

$$\begin{pmatrix} 2-\lambda & -1 & 0 \\ -1 & 2-\lambda & -1 \\ 0 & -1 & 2-\lambda \end{pmatrix} \begin{pmatrix} x \\ y \\ z \end{pmatrix} = \begin{pmatrix} 0 \\ 0 \\ 0 \end{pmatrix}$$

(i)　$\lambda=2$ のとき $\begin{pmatrix} 0 & -1 & 0 \\ -1 & 0 & -1 \\ 0 & -1 & 0 \end{pmatrix}\begin{pmatrix} x \\ y \\ z \end{pmatrix}=\begin{pmatrix} 0 \\ 0 \\ 0 \end{pmatrix}$

$-y=0$，$-x-z=0$ より，たとえば，$\begin{pmatrix} 1 \\ 0 \\ -1 \end{pmatrix}$ となる．正規化して $\dfrac{1}{\sqrt{2}}\begin{pmatrix} 1 \\ 0 \\ -1 \end{pmatrix}$ を得る．

(ii)　$\lambda=2+\sqrt{2}$ のとき $\begin{pmatrix} -\sqrt{2} & -1 & 0 \\ -1 & -\sqrt{2} & -1 \\ 0 & -1 & -\sqrt{2} \end{pmatrix}\begin{pmatrix} x \\ y \\ z \end{pmatrix}=\begin{pmatrix} 0 \\ 0 \\ 0 \end{pmatrix}$

$-\sqrt{2}\,x-y=0$，$-x-\sqrt{2}\,y-z=0$，$-y-\sqrt{2}\,z=0$ より，たとえば，$\begin{pmatrix} 1 \\ -\sqrt{2} \\ 1 \end{pmatrix}$ となる．

正規化して $\dfrac{1}{2}\begin{pmatrix} 1 \\ -\sqrt{2} \\ 1 \end{pmatrix}$ を得る．

(iii)　$\lambda=2-\sqrt{2}$ のとき $\begin{pmatrix} \sqrt{2} & -1 & 0 \\ -1 & \sqrt{2} & -1 \\ 0 & -1 & \sqrt{2} \end{pmatrix}\begin{pmatrix} x \\ y \\ z \end{pmatrix}=\begin{pmatrix} 0 \\ 0 \\ 0 \end{pmatrix}$

$\sqrt{2}\,x-y=0$，$-x+\sqrt{2}\,y-z=0$，$-y+\sqrt{2}\,z=0$ より，たとえば，$\begin{pmatrix} 1 \\ \sqrt{2} \\ 1 \end{pmatrix}$ となる．正規化して $\dfrac{1}{2}\begin{pmatrix} 1 \\ \sqrt{2} \\ 1 \end{pmatrix}$ を得る．

（答）固有値 2 のとき $\dfrac{1}{\sqrt{2}}\begin{pmatrix} 1 \\ 0 \\ -1 \end{pmatrix}$，固有値 $2+\sqrt{2}$ のとき $\dfrac{1}{2}\begin{pmatrix} 1 \\ -\sqrt{2} \\ 1 \end{pmatrix}$，

固有値 $2-\sqrt{2}$ のとき $\dfrac{1}{2}\begin{pmatrix} 1 \\ \sqrt{2} \\ 1 \end{pmatrix}$

3　行列の対角化

n 次正方行列 A が相異なる n 個の固有値 $\lambda_1,\lambda_2,\dots,\lambda_n$ をもつとき，$\boldsymbol{x}_1,\boldsymbol{x}_2,\dots,\boldsymbol{x}_n$ を固有値 $\lambda_1,\lambda_2,\dots,\lambda_n$ にそれぞれ属する固有ベクトルとする．このとき，これらは 1 次独立であり，$P=\begin{pmatrix}\boldsymbol{x}_1 & \boldsymbol{x}_2 & \cdots & \boldsymbol{x}_n\end{pmatrix}$ として，

$$AP=P\begin{pmatrix} \lambda_1 & 0 & \cdots & 0 \\ 0 & \lambda_2 & \ddots & \vdots \\ \vdots & \ddots & \ddots & 0 \\ 0 & \cdots & 0 & \lambda_n \end{pmatrix} \tag{7.2}$$

が成り立ち，これから

$$P^{-1}AP = \begin{pmatrix} \lambda_1 & 0 & \cdots & 0 \\ 0 & \lambda_2 & \ddots & \vdots \\ \vdots & \ddots & \ddots & 0 \\ 0 & \cdots & 0 & \lambda_n \end{pmatrix} \tag{7.3}$$

と対角化できる．すなわち，正方行列 A が与えられ，$P^{-1}AP$ が対角行列になるような正則行列 P と，対角行列 $P^{-1}AP$ を求めることを**行列 A の対角化**という．

Memo

正方行列 $A = \begin{pmatrix} a_{11} & \cdots & a_{1n} \\ \vdots & \ddots & \vdots \\ a_{n1} & \cdots & a_{nn} \end{pmatrix}$ が対角化可能とは，A が P^{-1} と P のサンドイッチで，$P^{-1}AP = \begin{pmatrix} \lambda_1 & & O \\ & \ddots & \\ O & & \lambda_n \end{pmatrix}$ と対角行列に変身するイメージである．

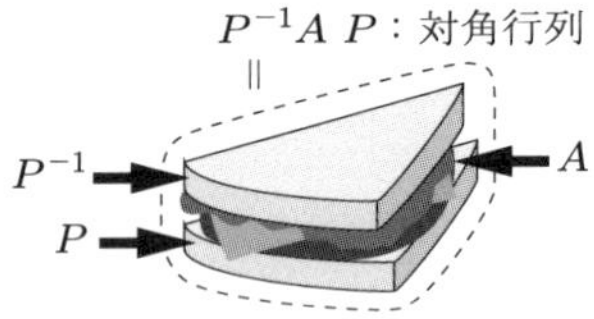

なお，(7.3) が成り立つ場合，両辺を n 乗すると，

$$(P^{-1}AP)^n = \begin{pmatrix} \lambda_1 & 0 & \cdots & 0 \\ 0 & \lambda_2 & \ddots & \vdots \\ \vdots & \ddots & \ddots & 0 \\ 0 & \cdots & 0 & \lambda_n \end{pmatrix}^n \tag{7.4}$$

である．ここで，

$$\begin{aligned} (7.4)\ \text{の左辺} &= (P^{-1}AP)(P^{-1}AP)\cdots(P^{-1}AP) \\ &= P^{-1}APP^{-1}AP\cdots P^{-1}AP = P^{-1}A^nP \end{aligned}$$

$$(7.4)\ \text{の右辺} = \begin{pmatrix} \lambda_1 & 0 & \cdots & 0 \\ 0 & \lambda_2 & \ddots & \vdots \\ \vdots & \ddots & \ddots & 0 \\ 0 & \cdots & 0 & \lambda_n \end{pmatrix}^n = \begin{pmatrix} {\lambda_1}^n & 0 & \cdots & 0 \\ 0 & {\lambda_2}^n & \ddots & \vdots \\ \vdots & \ddots & \ddots & 0 \\ 0 & \cdots & 0 & {\lambda_n}^n \end{pmatrix}$$

よって，

$$P^{-1}A^nP = \begin{pmatrix} {\lambda_1}^n & 0 & \cdots & 0 \\ 0 & {\lambda_2}^n & \ddots & \vdots \\ \vdots & \ddots & \ddots & 0 \\ 0 & \cdots & 0 & {\lambda_n}^n \end{pmatrix} \tag{7.5}$$

が成り立つ．なお，(7.5) の両辺の左側から P，右側から P^{-1} をそれぞれかけると，つぎのように A^n を求めることができる．

$$A^n = P\begin{pmatrix} {\lambda_1}^n & 0 & \cdots & 0 \\ 0 & {\lambda_2}^n & \ddots & \vdots \\ \vdots & \ddots & \ddots & 0 \\ 0 & \cdots & 0 & {\lambda_n}^n \end{pmatrix} P^{-1} \tag{7.6}$$

また，上記 (7.2)，(7.3) が成立することを示す．$A\boldsymbol{x}_i = \lambda_i \boldsymbol{x}_i \quad (i = 1, 2, \ldots, n)$ より，

$$\begin{aligned} AP &= A\begin{pmatrix} \boldsymbol{x}_1 & \boldsymbol{x}_2 & \cdots & \boldsymbol{x}_n \end{pmatrix} = \begin{pmatrix} A\boldsymbol{x}_1 & A\boldsymbol{x}_2 & \cdots & A\boldsymbol{x}_n \end{pmatrix} \\ &= \begin{pmatrix} \lambda_1\boldsymbol{x}_1 & \lambda_2\boldsymbol{x}_2 & \cdots & \lambda_n\boldsymbol{x}_n \end{pmatrix} = \begin{pmatrix} \boldsymbol{x}_1 & \boldsymbol{x}_2 & \cdots & \boldsymbol{x}_n \end{pmatrix}\begin{pmatrix} \lambda_1 & 0 & \cdots & 0 \\ 0 & \lambda_2 & \ddots & \vdots \\ \vdots & \ddots & \ddots & 0 \\ 0 & \cdots & 0 & \lambda_n \end{pmatrix} \\ &= P\begin{pmatrix} \lambda_1 & 0 & \cdots & 0 \\ 0 & \lambda_2 & \ddots & \vdots \\ \vdots & \ddots & \ddots & 0 \\ 0 & \cdots & 0 & \lambda_n \end{pmatrix} \end{aligned}$$

よって，(7.2) が成り立つ．また，(7.2) の両辺に左から P^{-1} をかけると，(7.3) が得られる．

重要 行列の対角化の手法

まず，正方行列の A の固有値 $\lambda_1, \lambda_2, \ldots, \lambda_n$ と，それぞれの固有値に属する固有ベクトル $\boldsymbol{x}_1, \boldsymbol{x}_2, \ldots, \boldsymbol{x}_n$ を求める．

つぎに，固有ベクトル $\boldsymbol{x}_i$ を第 i 列とする正方行列 $P = \begin{pmatrix} \boldsymbol{x}_1 & \boldsymbol{x}_2 & \cdots & \boldsymbol{x}_n \end{pmatrix}$ を求め，A の左から P^{-1}，右から P をかけると，行列 A が対角化できる．

$$P^{-1}AP = \begin{pmatrix} \lambda_1 & 0 & \cdots & 0 \\ 0 & \lambda_2 & \ddots & \vdots \\ \vdots & \ddots & \ddots & 0 \\ 0 & \cdots & 0 & \lambda_n \end{pmatrix}$$

ところで，すべての正方行列 A が対角化可能であるわけではない．正方行列 A が対角化可能な条件をつぎに示す．対角化できない場合については，第 9 章で考察する．

重要 対角化可能な条件

n 次正方行列 A が対角化可能な条件は，以下のとおりである．なお，❶〜❸ は同値である．

❶ A の固有方程式は重複を含めて n 個の解をもち，かつ各固有値の重複度はその固有値に属する固有空間の次元に一致する．

すなわち，$\lambda_1, \lambda_2, \ldots, \lambda_s$ を s 個の異なる固有値として，λ_i に属する固有空間を $V(\lambda_i)$，λ_i の重複度を m_i とすると，

$$m_i = \dim V(\lambda_i) \ \bigl(= n - \mathrm{rank}(A - \lambda_i E)\bigr) \quad (i = 1, 2, \ldots, s)$$

が成り立つ．

❷ A の各固有値に属する固有空間の次元の和は n になる．

$$\sum_{i=1}^{s} \dim V(\lambda_i) = n$$

❸ n 個の 1 次独立な A の固有ベクトルが存在する．

▶ **例題 4**　つぎの行列 A が対角化可能か否かを調べて，可能な場合は対角化しなさい．

(1) $\begin{pmatrix} 1 & 0 & -1 \\ 1 & 2 & 1 \\ 2 & 2 & 3 \end{pmatrix}$　(2) $\begin{pmatrix} 0 & -1 & 1 \\ 2 & -3 & 1 \\ 1 & -1 & -1 \end{pmatrix}$　(3) $\begin{pmatrix} 0 & 1 & 1 \\ 1 & 0 & 1 \\ 1 & 1 & 0 \end{pmatrix}$

▶▶ **考え方**

固有値の重複度と，その固有値に属する固有空間の次元が一致するかどうかを確認して対角化可能か否かを調べる．

解答▷　(1)　固有方程式は $\begin{vmatrix} 1-\lambda & 0 & -1 \\ 1 & 2-\lambda & 1 \\ 2 & 2 & 3-\lambda \end{vmatrix} = 0$．すなわち，$(1-\lambda)(2-\lambda)(3-\lambda) = 0$ より，固有値は，$\lambda = 1, 2, 3$ とすべて重複度 1 となる．$\lambda = 1, 2, 3$ に属する固有空間の次元は

$$\dim V(\lambda) = n - \mathrm{rank}(A - \lambda E) = 3 - 2 = 1$$

とすべて 1 で重複度 1 に等しい．よって，A は対角化可能である．

(i)　$\lambda = 1$ のとき

$(A - \lambda E)\boldsymbol{x} = 0$ から，$\begin{pmatrix} 0 & 0 & -1 \\ 1 & 1 & 1 \\ 2 & 2 & 2 \end{pmatrix}\begin{pmatrix} x \\ y \\ z \end{pmatrix} = \begin{pmatrix} 0 \\ 0 \\ 0 \end{pmatrix}$，すなわち，$z = 0$，$x + y + z = 0$ から

$$\begin{pmatrix} x \\ y \\ z \end{pmatrix} = c\boldsymbol{x}_1 = c\begin{pmatrix} 1 \\ -1 \\ 0 \end{pmatrix} \quad (c \text{ は 0 でない任意の定数})$$

(ii)　$\lambda=2$ のとき

$\begin{pmatrix}-1 & 0 & -1\\ 1 & 0 & 1\\ 2 & 2 & 1\end{pmatrix}\begin{pmatrix}x\\ y\\ z\end{pmatrix}=\begin{pmatrix}0\\ 0\\ 0\end{pmatrix}$，すなわち，$x+z=0$，$2x+2y+z=0$ から

$$\begin{pmatrix}x\\ y\\ z\end{pmatrix}=c\boldsymbol{x}_2=c\begin{pmatrix}-2\\ 1\\ 2\end{pmatrix}\quad (c \text{ は } 0 \text{ でない任意の定数})$$

(iii)　$\lambda=3$ のとき

$\begin{pmatrix}-2 & 0 & -1\\ 1 & -1 & 1\\ 2 & 2 & 0\end{pmatrix}\begin{pmatrix}x\\ y\\ z\end{pmatrix}=\begin{pmatrix}0\\ 0\\ 0\end{pmatrix}$，すなわち，$2x+z=0$，$x-y+z=0$，$x+y=0$ から

$$\begin{pmatrix}x\\ y\\ z\end{pmatrix}=c\boldsymbol{x}_3=c\begin{pmatrix}1\\ -1\\ -2\end{pmatrix}\quad (c \text{ は } 0 \text{ でない任意の定数})$$

よって，$P=(\boldsymbol{x}_1\quad \boldsymbol{x}_2\quad \boldsymbol{x}_3)=\begin{pmatrix}1 & -2 & 1\\ -1 & 1 & -1\\ 0 & 2 & -2\end{pmatrix}$，$P^{-1}=\dfrac{1}{2}\begin{pmatrix}0 & -2 & 1\\ -2 & -2 & 0\\ -2 & -2 & -1\end{pmatrix}$ とおくと，つぎのように対角化できる．

$$\begin{aligned}P^{-1}AP&=\frac{1}{2}\begin{pmatrix}0 & -2 & 1\\ -2 & -2 & 0\\ -2 & -2 & -1\end{pmatrix}\begin{pmatrix}1 & 0 & -1\\ 1 & 2 & 1\\ 2 & 2 & 3\end{pmatrix}\begin{pmatrix}1 & -2 & 1\\ -1 & 1 & -1\\ 0 & 2 & -2\end{pmatrix}\\ &=\frac{1}{2}\begin{pmatrix}0 & -2 & 1\\ -4 & -4 & 0\\ -6 & -6 & -3\end{pmatrix}\begin{pmatrix}1 & -2 & 1\\ -1 & 1 & -1\\ 0 & 2 & -2\end{pmatrix}=\begin{pmatrix}1 & 0 & 0\\ 0 & 2 & 0\\ 0 & 0 & 3\end{pmatrix}\end{aligned}$$

（答）対角化可能．$P^{-1}AP=\begin{pmatrix}1 & 0 & 0\\ 0 & 2 & 0\\ 0 & 0 & 3\end{pmatrix}$

(2)　固有方程式は $\begin{vmatrix}-\lambda & -1 & 1\\ 2 & -3-\lambda & 1\\ 1 & -1 & -1-\lambda\end{vmatrix}=0$．すなわち，$(\lambda+1)^2(\lambda+2)=0$ より，固有値は，$\lambda=-1$（重複度 2），-2 となる．$\lambda=-1$ に属する固有空間の次元は

$$\dim V(-1)=n-\operatorname{rank}(A+E)=3-2=1$$

で，重複度 2 とは一致しない．よって，A は対角化できない．　（答）対角化できない

(3)　固有方程式は $\begin{vmatrix}-\lambda & 1 & 1\\ 1 & -\lambda & 1\\ 1 & 1 & -\lambda\end{vmatrix}=0$．すなわち，$(\lambda+1)^2(\lambda-2)=0$ より，固有値は，$\lambda=-1$（重複度 2），2 となる．$\lambda=-1$ に属する固有空間の次元は

$$\dim V(-1)=n-\operatorname{rank}(A+E)=3-1=2$$

$\lambda=2$ に属する固有空間の次元は

$$\dim V(2)=n-\operatorname{rank}(A-2E)=3-2=1$$

とそれぞれ重複度に等しい．よって，A は対角化可能である．

(i)　$\lambda = -1$（重複度 2）のとき

$\begin{pmatrix} 1 & 1 & 1 \\ 1 & 1 & 1 \\ 1 & 1 & 1 \end{pmatrix}\begin{pmatrix} x \\ y \\ z \end{pmatrix} = \begin{pmatrix} 0 \\ 0 \\ 0 \end{pmatrix}$，すなわち，$x+y+z=0$ より，$y=-c_1$，$z=-c_2$ とすると，$x=c_1+c_2$ となるから，

$$\begin{pmatrix} x \\ y \\ z \end{pmatrix} = c_1\boldsymbol{x}_1 + c_2\boldsymbol{x}_2 = c_1\begin{pmatrix} 1 \\ -1 \\ 0 \end{pmatrix} + c_2\begin{pmatrix} 1 \\ 0 \\ -1 \end{pmatrix} \quad (c_1,\ c_2 \text{ は 0 でない任意の定数})$$

(ii)　$\lambda = 2$ のとき

$\begin{pmatrix} -2 & 1 & 1 \\ 1 & -2 & 1 \\ 1 & 1 & -2 \end{pmatrix}\begin{pmatrix} x \\ y \\ z \end{pmatrix} = \begin{pmatrix} 0 \\ 0 \\ 0 \end{pmatrix}$，すなわち，$-2x+y+z=0$，$x-2y+z=0$，$x+y-2z=0$ より，$x=y=z$ となるから，

$$\begin{pmatrix} x \\ y \\ z \end{pmatrix} = c_3\boldsymbol{x}_3 = c_3\begin{pmatrix} 1 \\ 1 \\ 1 \end{pmatrix} \quad (c_3 \text{ は 0 でない任意の定数})$$

よって，$P = (\boldsymbol{x}_1 \quad \boldsymbol{x}_2 \quad \boldsymbol{x}_3) = \begin{pmatrix} 1 & 1 & 1 \\ -1 & 0 & 1 \\ 0 & -1 & 1 \end{pmatrix}$，$P^{-1} = \dfrac{1}{3}\begin{pmatrix} 1 & -2 & 1 \\ 1 & 1 & -2 \\ 1 & 1 & 1 \end{pmatrix}$ とおくと，つぎのように対角化できる．

$$\begin{aligned} P^{-1}AP &= \frac{1}{3}\begin{pmatrix} 1 & -2 & 1 \\ 1 & 1 & -2 \\ 1 & 1 & 1 \end{pmatrix}\begin{pmatrix} 0 & 1 & 1 \\ 1 & 0 & 1 \\ 1 & 1 & 0 \end{pmatrix}\begin{pmatrix} 1 & 1 & 1 \\ -1 & 0 & 1 \\ 0 & -1 & 1 \end{pmatrix} \\ &= \frac{1}{3}\begin{pmatrix} -1 & 2 & -1 \\ -1 & -1 & 2 \\ 2 & 2 & 2 \end{pmatrix}\begin{pmatrix} 1 & 1 & 1 \\ -1 & 0 & 1 \\ 0 & -1 & 1 \end{pmatrix} = \begin{pmatrix} -1 & 0 & 0 \\ 0 & -1 & 0 \\ 0 & 0 & 2 \end{pmatrix} \end{aligned}$$

（答）対角化可能．$P^{-1}AP = \begin{pmatrix} -1 & 0 & 0 \\ 0 & -1 & 0 \\ 0 & 0 & 2 \end{pmatrix}$

参考▷　解答で求めた固有空間の次元などを補足する．

(2)　$\lambda = -1$（重複度 2）に属する固有空間の次元は

$$A+E = \begin{pmatrix} 1 & -1 & 1 \\ 2 & -2 & 1 \\ 1 & -1 & 0 \end{pmatrix} \to \begin{pmatrix} 1 & -1 & 1 \\ 0 & 0 & -1 \\ 0 & 0 & -1 \end{pmatrix} \to \begin{pmatrix} 1 & -1 & 1 \\ 0 & 0 & -1 \\ 0 & 0 & 0 \end{pmatrix}$$

より，$\mathrm{rank}(A+E) = 2$ となって，$\dim V(-1) = n - \mathrm{rank}(A+E) = 3-2 = 1$ である．

実際，$\lambda = -1$ に属する固有ベクトルを求めると，$(A+E)\boldsymbol{x} = \boldsymbol{0}$ は $\begin{pmatrix} 1 & -1 & 1 \\ 2 & -2 & 1 \\ 1 & -1 & 0 \end{pmatrix}\begin{pmatrix} x \\ y \\ z \end{pmatrix} = \begin{pmatrix} 0 \\ 0 \\ 0 \end{pmatrix}$，すなわち，$x-y+z=0$，$2x-2y+z=0$，$x-y=0$ より $x=y$，$z=0$ となるから，

$$\begin{pmatrix} x \\ y \\ z \end{pmatrix} = c\begin{pmatrix} 1 \\ 1 \\ 0 \end{pmatrix} \quad (c \text{ は 0 でない任意の定数})$$

と固有ベクトルが 1 個となって，固有空間の次元は 1 であることが確認できる．
(3)　$\lambda=-1$（重複度 2）に属する固有空間の次元は

$$A+E=\begin{pmatrix}1&1&1\\1&1&1\\1&1&1\end{pmatrix}\to\begin{pmatrix}1&1&1\\0&0&0\\0&0&0\end{pmatrix}$$

より，$\mathrm{rank}(A+E)=1$ となって，$\dim V(-1)=n-\mathrm{rank}(A+E)=3-1=2$ である．

また，解答で求めた $\lambda=-1$ に属する 1 次独立な固有ベクトルは 2 個であることからも，固有空間の次元は 2 となることが確認できる．

▶例題 5　つぎの行列 A を対角化することによって，A^n　$(n=1,2,3,\ldots)$ を求めなさい．

(1)　$A=\begin{pmatrix}a&1-a\\1-b&b\end{pmatrix}$　$(0<a<1,\ 0<b<1)$　　(2)　$A=\begin{pmatrix}1&0&-1\\1&2&1\\2&2&3\end{pmatrix}$

▶▶考え方

A を対角化して，$P^{-1}AP$ を求めて，(7.6) を使うとよい．

解答▷　(1)　固有方程式は $\begin{vmatrix}a-\lambda&1-a\\1-b&b-\lambda\end{vmatrix}=0$ より，$\lambda^2-(a+b)\lambda+a+b-1=0$

これを解くと，$(\lambda-1)\bigl\{\lambda-(a+b-1)\bigr\}=0$ から，$\lambda=1,a+b-1$ である．また，$-1<a+b-1<1$ より，$a+b-1\neq1$，すなわち，二つの固有値は相異なる（それぞれ重複度 1）．

(i)　$\lambda=1$ のとき　固有ベクトルは $c\begin{pmatrix}1\\1\end{pmatrix}$　（c は 0 でない任意の定数）である．

(ii)　$\lambda=a+b-1$ のとき　固有ベクトルは $c\begin{pmatrix}a-1\\1-b\end{pmatrix}$　（c は 0 でない任意の定数）である．

正則行列 $P=\begin{pmatrix}1&a-1\\1&1-b\end{pmatrix}$，$P^{-1}=\dfrac{1}{2-a-b}\begin{pmatrix}1-b&1-a\\-1&1\end{pmatrix}$ から

$$P^{-1}AP=\frac{1}{2-a-b}\begin{pmatrix}1-b&1-a\\1&1\end{pmatrix}\begin{pmatrix}a&1-a\\1-b&b\end{pmatrix}\begin{pmatrix}1&a-1\\1&1-b\end{pmatrix}=\begin{pmatrix}1&0\\0&a+b-1\end{pmatrix}$$

よって，

$$\begin{aligned}A^n&=P\begin{pmatrix}1&0\\0&(a+b-1)^n\end{pmatrix}P^{-1}\\&=\frac{1}{2-a-b}\begin{pmatrix}1&a-1\\1&1-b\end{pmatrix}\begin{pmatrix}1&0\\0&(a+b-1)^n\end{pmatrix}\begin{pmatrix}1-b&1-a\\-1&1\end{pmatrix}\\&=\frac{1}{2-a-b}\begin{pmatrix}1-b+(1-a)(a+b-1)^n&1-a-(1-a)(a+b-1)^n\\1-b-(1-b)(a+b-1)^n&1-a+(1-b)(a+b-1)^n\end{pmatrix}\end{aligned}$$

（答）$\dfrac{1}{2-a-b}\begin{pmatrix}1-b+(1-a)(a+b-1)^n&1-a-(1-a)(a+b-1)^n\\1-b-(1-b)(a+b-1)^n&1-a+(1-b)(a+b-1)^n\end{pmatrix}$

(2)　例題 4 (1) で対角化を行っているので，結果を利用する．$P^{-1}AP = \begin{pmatrix} 1 & 0 & 0 \\ 0 & 2 & 0 \\ 0 & 0 & 3 \end{pmatrix}$ より，

$$A^n = P\begin{pmatrix} 1 & 0 & 0 \\ 0 & 2^n & 0 \\ 0 & 0 & 3^n \end{pmatrix}P^{-1} = \frac{1}{2}\begin{pmatrix} 1 & -2 & 1 \\ -1 & 1 & -1 \\ 0 & 2 & -2 \end{pmatrix}\begin{pmatrix} 1 & 0 & 0 \\ 0 & 2^n & 0 \\ 0 & 0 & 3^n \end{pmatrix}\begin{pmatrix} 0 & -2 & 1 \\ -2 & -2 & 0 \\ -2 & -2 & -1 \end{pmatrix}$$

$$= \frac{1}{2}\begin{pmatrix} 2^{n+2} - 2\cdot 3^n & -2 + 2^{n+2} - 2\cdot 3^n & 1 - 3^n \\ -2^{n+1} + 2\cdot 3^n & 2 - 2^{n+1} + 2\cdot 3^n & -1 + 3^n \\ -2^{n+2} + 4\cdot 3^n & -2^{n+2} + 4\cdot 3^n & 2\cdot 3^n \end{pmatrix}$$

(答) $\frac{1}{2}\begin{pmatrix} 2^{n+2} - 2\cdot 3^n & -2 + 2^{n+2} - 2\cdot 3^n & 1 - 3^n \\ -2^{n+1} + 2\cdot 3^n & 2 - 2^{n+1} + 2\cdot 3^n & -1 + 3^n \\ -2^{n+2} + 4\cdot 3^n & -2^{n+2} + 4\cdot 3^n & 2\cdot 3^n \end{pmatrix}$

参考▷　(1)　$-1 < a + b - 1 < 1$ より，$\lim_{n\to\infty}(a + b - 1)^n = 0$

すなわち，$\lim_{n\to\infty} A^n = \frac{1}{2 - a - b}\begin{pmatrix} 1 - b & 1 - a \\ 1 - b & 1 - a \end{pmatrix}$ となる．

4　正規行列の対角化

ここでは，正規行列の対角化を考える．正規行列とは，$A^*A = AA^*$ を満たす n 次正方行列 A である（第 2 章参照）．エルミート行列，ユニタリー行列などは正規行列である．

ここで，正規行列の対角化に関する重要な定理をまとめる．

重要　n 次複素正方行列 A が正規行列の場合

❶　A は適当なユニタリー行列によって対角化できる．

❷　正規行列の相異なる固有値に属する固有ベクトルは直交する．

上記は具体的には，以下のことを意味する．

n 次正方行列 A がエルミート行列の場合

❶　A がエルミート行列ならば，適当なユニタリー行列 U によって，対角成分が実数からなる行列に対角化できる．

$$U^{-1}AU = \begin{pmatrix} \lambda_1 & 0 & \cdots & 0 \\ 0 & \lambda_2 & \ddots & \vdots \\ \vdots & \ddots & \ddots & 0 \\ 0 & \cdots & 0 & \lambda_n \end{pmatrix} \quad \text{（固有値 } \lambda_1, \lambda_2, \ldots, \lambda_n \text{ はすべて実数）}$$

❷　エルミート行列の相異なる固有値に属する固有ベクトルは直交する．

n 次正方行列 A が実対称行列の場合

❶ A が実対称行列ならば，適当な直交行列 P によって，対角成分が実数からなる行列に対角化できる．

$$P^{-1}AP=\begin{pmatrix}\lambda_1 & 0 & \cdots & 0\\ 0 & \lambda_2 & \ddots & \vdots\\ \vdots & \ddots & \ddots & 0\\ 0 & \cdots & 0 & \lambda_n\end{pmatrix}\quad (\text{固有値 } \lambda_1,\lambda_2,\ldots,\lambda_n \text{ はすべて実数})$$

❷ 実対称行列の相異なる固有値に属する固有ベクトルは直交する．

Memo　正規直交基底

ベクトル $\boldsymbol{a}_1,\boldsymbol{a}_2,\ldots,\boldsymbol{a}_n$ が，内積 $\boldsymbol{a}_i\cdot\boldsymbol{a}_j=\delta_{ij}$ すなわち，$\boldsymbol{a}_i\cdot\boldsymbol{a}_j=\begin{cases}1 & (i=j)\\ 0 & (i\neq j)\end{cases}$ を満たすとき，正規直交系といい，正規直交系である基底のことを正規直交基底という．直交行列やユニタリー行列の列ベクトル全体や行ベクトル全体は，それぞれ $\mathbb{R}^n$，$\mathbb{C}^n$ の正規直交基底である．なお，正規直交基底の具体的な生成については，補章を参照のこと．

例題 6　つぎの実対称行列 A を直交行列によって対角化しなさい．

(1) $\begin{pmatrix}1 & 0 & -1\\ 0 & 1 & -1\\ -1 & -1 & 0\end{pmatrix}$　　(2) $\begin{pmatrix}2 & -1 & 0\\ -1 & 2 & -1\\ 0 & -1 & 2\end{pmatrix}$

(3) $\begin{pmatrix}3 & -\sqrt{3} & -2\\ -\sqrt{3} & 1 & -2\sqrt{3}\\ -2 & -2\sqrt{3} & 0\end{pmatrix}$

▶▶ 考え方

実対称行列の場合は，固有方程式より固有値を求め，それぞれの固有値に属する固有ベクトルからつくられる直交行列 P によって対角化できる．直交行列の各列ベクトルは正規直交基底であることに注意する．

解答▷ (1)　固有方程式は $\begin{vmatrix}1-\lambda & 0 & -1\\ 0 & 1-\lambda & -1\\ -1 & -1 & -\lambda\end{vmatrix}=0$．すなわち，$(\lambda-1)(\lambda+1)(\lambda-2)=0$ であるから，固有値は $\lambda=-1,1,2$ である．

つぎに，それぞれの固有値に属する固有ベクトルを求める．

(i)　$\lambda=-1$ のとき

$$\begin{pmatrix}2 & 0 & -1\\ 0 & 2 & -1\\ -1 & -1 & 1\end{pmatrix}\begin{pmatrix}x\\ y\\ z\end{pmatrix}=\begin{pmatrix}0\\ 0\\ 0\end{pmatrix}$$

$z = 2x = 2y$ から $\begin{pmatrix}1\\1\\2\end{pmatrix}$，正規化した固有ベクトルは $\boldsymbol{x}_1 = \dfrac{1}{\sqrt{6}}\begin{pmatrix}1\\1\\2\end{pmatrix}$

(ii)　$\lambda = 1$ のとき

$$\begin{pmatrix}0 & 0 & -1\\0 & 0 & -1\\-1 & -1 & -1\end{pmatrix}\begin{pmatrix}x\\y\\z\end{pmatrix} = \begin{pmatrix}0\\0\\0\end{pmatrix}$$

$z = 0$，$x + y = 0$ から $\begin{pmatrix}1\\-1\\0\end{pmatrix}$，正規化した固有ベクトルは $\boldsymbol{x}_2 = \dfrac{1}{\sqrt{2}}\begin{pmatrix}1\\-1\\0\end{pmatrix}$

(iii)　$\lambda = 2$ のとき

$$\begin{pmatrix}-1 & 0 & -1\\0 & -1 & -1\\-1 & -1 & -2\end{pmatrix}\begin{pmatrix}x\\y\\z\end{pmatrix} = \begin{pmatrix}0\\0\\0\end{pmatrix}$$

$x = y = -z$ から $\begin{pmatrix}1\\1\\-1\end{pmatrix}$，正規化した固有ベクトルは $\boldsymbol{x}_3 = \dfrac{1}{\sqrt{3}}\begin{pmatrix}1\\1\\-1\end{pmatrix}$

固有ベクトル $\boldsymbol{x}_1$，$\boldsymbol{x}_2$，$\boldsymbol{x}_3$ は直交していることが容易に確認できる．

よって，直交行列 $P = (\boldsymbol{x}_1 \quad \boldsymbol{x}_2 \quad \boldsymbol{x}_3) = \begin{pmatrix}1/\sqrt{6} & 1/\sqrt{2} & 1/\sqrt{3}\\1/\sqrt{6} & -1/\sqrt{2} & 1/\sqrt{3}\\2/\sqrt{6} & 0 & -1/\sqrt{3}\end{pmatrix}$ が得られ，

$$P^{-1}\ (= {}^tP) = \begin{pmatrix}1/\sqrt{6} & 1/\sqrt{6} & 2/\sqrt{6}\\1/\sqrt{2} & -1/\sqrt{2} & 0\\1/\sqrt{3} & 1/\sqrt{3} & -1/\sqrt{3}\end{pmatrix}$$

より，

$$\begin{aligned}P^{-1}AP &= \begin{pmatrix}1/\sqrt{6} & 1/\sqrt{6} & 2/\sqrt{6}\\1/\sqrt{2} & -1/\sqrt{2} & 0\\1/\sqrt{3} & 1/\sqrt{3} & -1/\sqrt{3}\end{pmatrix}\begin{pmatrix}1 & 0 & -1\\0 & 1 & -1\\-1 & -1 & 0\end{pmatrix}\begin{pmatrix}1/\sqrt{6} & 1/\sqrt{2} & 1/\sqrt{3}\\1/\sqrt{6} & -1/\sqrt{2} & 1/\sqrt{3}\\2/\sqrt{6} & 0 & -1/\sqrt{3}\end{pmatrix}\\&= \begin{pmatrix}-1 & 0 & 0\\0 & 1 & 0\\0 & 0 & 2\end{pmatrix}\end{aligned}$$

と対角化できる．　　　　（答）$P^{-1}AP = \begin{pmatrix}-1 & 0 & 0\\0 & 1 & 0\\0 & 0 & 2\end{pmatrix}$

(2)　固有方程式は $\begin{vmatrix}2-\lambda & -1 & 0\\-1 & 2-\lambda & -1\\0 & -1 & 2-\lambda\end{vmatrix} = 0$．すなわち，$(2-\lambda)^3 - 2(2-\lambda) = 0$ であるから，固有値は $\lambda = 2-\sqrt{2}, 2, 2+\sqrt{2}$ である．

(i)　$\lambda = 2-\sqrt{2}$ のとき　正規化した固有ベクトルは $\boldsymbol{x}_1 = \dfrac{1}{2}\begin{pmatrix}1\\\sqrt{2}\\1\end{pmatrix}$

(ii)　$\lambda = 2$ のとき　正規化した固有ベクトルは $\boldsymbol{x}_2 = \dfrac{1}{2}\begin{pmatrix} \sqrt{2} \\ 0 \\ -\sqrt{2} \end{pmatrix}$

(iii)　$\lambda = 2+\sqrt{2}$ のとき　正規化した固有ベクトルは $\boldsymbol{x}_3 = \dfrac{1}{2}\begin{pmatrix} 1 \\ -\sqrt{2} \\ 1 \end{pmatrix}$

よって，直交行列 $P = (\boldsymbol{x}_1 \quad \boldsymbol{x}_2 \quad \boldsymbol{x}_3) = \dfrac{1}{2}\begin{pmatrix} 1 & \sqrt{2} & 1 \\ \sqrt{2} & 0 & -\sqrt{2} \\ 1 & -\sqrt{2} & 1 \end{pmatrix}$ が得られ，$P^{-1}\ (= {}^tP) =$ $\dfrac{1}{2}\begin{pmatrix} 1 & \sqrt{2} & 1 \\ \sqrt{2} & 0 & -\sqrt{2} \\ 1 & \sqrt{2} & 1 \end{pmatrix}$ より，$P^{-1}AP = \begin{pmatrix} 2-\sqrt{2} & 0 & 0 \\ 0 & 2 & 0 \\ 0 & 0 & 2+\sqrt{2} \end{pmatrix}$ と対角化できる．

（答）$P^{-1}AP = \begin{pmatrix} 2-\sqrt{2} & 0 & 0 \\ 0 & 2 & 0 \\ 0 & 0 & 2+\sqrt{2} \end{pmatrix}$

(3)　固有方程式は $\begin{vmatrix} 3-\lambda & -\sqrt{3} & -2 \\ -\sqrt{3} & 1-\lambda & -2\sqrt{3} \\ -2 & -2\sqrt{3} & -\lambda \end{vmatrix} = 0$．すなわち，$(\lambda-4)^2(\lambda+4) = 0$ であるから，固有値は $\lambda = -4,\ 4$（重複度 2）

(i)　$\lambda = -4$ のとき

$\begin{pmatrix} 7 & -\sqrt{3} & -2 \\ -\sqrt{3} & 5 & -2\sqrt{3} \\ -2 & -2\sqrt{3} & 4 \end{pmatrix}\begin{pmatrix} x \\ y \\ z \end{pmatrix} = \begin{pmatrix} 0 \\ 0 \\ 0 \end{pmatrix}$ から $\sqrt{3}x - y = 0,\ z = 2x$ が得られる．

たとえば，$x = 1,\ y = \sqrt{3},\ z = 2$ とすると，正規化した固有ベクトルは $\boldsymbol{x}_1 = \dfrac{1}{2\sqrt{2}}\begin{pmatrix} 1 \\ \sqrt{3} \\ 2 \end{pmatrix}$

(ii)　$\lambda = 4$（重複度 2）のとき

$\begin{pmatrix} -1 & -\sqrt{3} & -2 \\ -\sqrt{3} & -3 & -2\sqrt{3} \\ -2 & 2\sqrt{3} & -4 \end{pmatrix}\begin{pmatrix} x \\ y \\ z \end{pmatrix} = \begin{pmatrix} 0 \\ 0 \\ 0 \end{pmatrix}$ から $x + \sqrt{3}y + 2z = 0$ が得られる．

たとえば，$x = \sqrt{3},\ y = -1,\ z = 0$ として，$(\sqrt{3}, -1, 0)$．これと直交して（内積 $= 0$），$x + \sqrt{3}y + 2z = 0$ を満たすのは，$(1, \sqrt{3}, -2)$ である．したがって，正規化した固有ベクトルは $\boldsymbol{x}_2 = \dfrac{1}{2}\begin{pmatrix} \sqrt{3} \\ -1 \\ 0 \end{pmatrix}$，$\boldsymbol{x}_3 = \dfrac{1}{2\sqrt{2}}\begin{pmatrix} 1 \\ \sqrt{3} \\ -2 \end{pmatrix}$

よって，直交行列 $P = (\boldsymbol{x}_1 \quad \boldsymbol{x}_2 \quad \boldsymbol{x}_3) = \begin{pmatrix} 1/2\sqrt{2} & \sqrt{3}/2 & 1/2\sqrt{2} \\ \sqrt{3}/2\sqrt{2} & -1/2 & \sqrt{3}/2\sqrt{2} \\ 1/\sqrt{2} & 0 & -1/\sqrt{2} \end{pmatrix}$ が得られ，

$P^{-1}\ (= {}^tP) = \begin{pmatrix} 1/2\sqrt{2} & \sqrt{3}/2\sqrt{2} & 1/\sqrt{2} \\ \sqrt{3}/2 & -1/2 & 0 \\ 1/2\sqrt{2} & \sqrt{3}/2\sqrt{2} & -1/\sqrt{2} \end{pmatrix}$ より，$P^{-1}AP = \begin{pmatrix} -4 & 0 & 0 \\ 0 & 4 & 0 \\ 0 & 0 & 4 \end{pmatrix}$ と対角化できる．

（答）$P^{-1}AP = \begin{pmatrix} -4 & 0 & 0 \\ 0 & 4 & 0 \\ 0 & 0 & 4 \end{pmatrix}$

例題 7★　行列 $A=\begin{pmatrix}1 & 2i & 2\\ -2i & -3 & 2i\\ 2 & -2i & 1\end{pmatrix}$ について，つぎの問いに答えなさい．ただし，i は虚数単位を表します．

(1)　A の固有値はすべて実数です（このことは証明しなくてもかまいません）．これらをすべて求めなさい．

(2)　成分が複素数である n 次正方行列 M に対して，その転置行列の複素共役行列を M^* とします．ここで，$M^*M=MM^*=E$（E は n 次単位行列）が成り立つとき，M をユニタリー行列といいます．(1) で求めた A の固有値を，それぞれ λ_1，λ_2，λ_3　$(\lambda_1 \leqq \lambda_2 \leqq \lambda_3)$ とするとき，

$$P^{-1}AP=\begin{pmatrix}\lambda_1 & 0 & 0\\ 0 & \lambda_2 & 0\\ 0 & 0 & \lambda_3\end{pmatrix}$$

を満たすユニタリー行列 P は存在しますか．存在するならば，その行列 P を求めなさい．存在しないならば，そのことを証明しなさい．

考え方

与えられた行列はエルミート行列で，エルミート行列 A は，適当なユニタリー行列 U によって対角化できる．

解答▷ (1)　固有多項式は，

$$|\lambda E_3-A|=\begin{vmatrix}\lambda-1 & -2i & -2\\ 2i & \lambda+3 & -2i\\ -2 & 2i & \lambda-1\end{vmatrix}$$
$$=(\lambda-1)^2(\lambda+3)+8+8-4(\lambda+3)-4(\lambda-1)-4(\lambda-1)$$
$$=\lambda^3+\lambda^2-17\lambda+15=(\lambda-1)(\lambda-3)(\lambda+5)$$

Memo
A はエルミート行列で，その固有値はすべて実数になる．

より，固有値は -5，1，3 である．　　　　(答) -5，1，3

(2)　条件より，$\lambda_1=-5$，$\lambda_2=1$，$\lambda_3=3$ である．

(i)　$\lambda_1=-5$ のとき

$(\lambda_1E_3-A)\boldsymbol{v}_1=\begin{pmatrix}-6 & -2i & -2\\ 2i & -2 & -2i\\ -2 & 2i & -6\end{pmatrix}\begin{pmatrix}x_1\\ y_1\\ z_1\end{pmatrix}=\begin{pmatrix}0\\0\\0\end{pmatrix}$ の解は $y_1=2ix_1$，$z_1=-x_1$

よって，$\boldsymbol{v}_1=c\begin{pmatrix}1\\ 2i\\ -1\end{pmatrix}=c\boldsymbol{w}_1$　（c は 0 でない任意の定数）

(ii)　$\lambda_2=1$ のとき

$(\lambda_2E_3-A)\boldsymbol{v}_2=\begin{pmatrix}0 & -2i & -2\\ 2i & 4 & -2i\\ -2 & 2i & 0\end{pmatrix}\begin{pmatrix}x_2\\ y_2\\ z_2\end{pmatrix}=\begin{pmatrix}0\\0\\0\end{pmatrix}$ の解は $y_2=-ix_2$，$z_2=-x_2$

よって，$\boldsymbol{v}_2 = c\begin{pmatrix} 1 \\ -i \\ -1 \end{pmatrix} = c\boldsymbol{w}_2$　（c は 0 でない任意の定数）

(iii)　$\lambda_3 = 3$ のとき

$(\lambda_3 E_3 - A)\boldsymbol{v}_3 = \begin{pmatrix} 2 & -2i & -2 \\ 2i & 6 & -2i \\ -2 & 2i & 2 \end{pmatrix}\begin{pmatrix} x_3 \\ y_3 \\ z_3 \end{pmatrix} = \begin{pmatrix} 0 \\ 0 \\ 0 \end{pmatrix}$ の解は $y_3 = 0$，$z_3 = x_3$

よって，$\boldsymbol{v}_3 = c\begin{pmatrix} 1 \\ 0 \\ 1 \end{pmatrix} = c\boldsymbol{w}_3$　（c は 0 でない任意の定数）

$\boldsymbol{v}_1$，$\boldsymbol{v}_2$，$\boldsymbol{v}_3$ はたがいに直交するので，正規化して並べて，

$$P = \begin{pmatrix} 1/\sqrt{6} & 1/\sqrt{3} & 1/\sqrt{2} \\ 2i/\sqrt{6} & -i/\sqrt{3} & 0 \\ -1/\sqrt{6} & -1/\sqrt{3} & 1/\sqrt{2} \end{pmatrix} \quad \cdots(*)$$

とおけば，$P^*P = PP^* = E_3$ が成り立つ．さらに，$AP = P\begin{pmatrix} -5 & 0 & 0 \\ 0 & 1 & 0 \\ 0 & 0 & 3 \end{pmatrix}$，すなわち，

$P^{-1}AP = \begin{pmatrix} -5 & 0 & 0 \\ 0 & 1 & 0 \\ 0 & 0 & 3 \end{pmatrix}$ が成り立つので，ユニタリー行列 P は存在し，$(*)$ が求める解である．

（答）ユニタリー行列 P は存在する．$P = \begin{pmatrix} 1/\sqrt{6} & 1/\sqrt{3} & 1/\sqrt{2} \\ 2i/\sqrt{6} & -i/\sqrt{3} & 0 \\ -1/\sqrt{6} & -1/\sqrt{3} & 1/\sqrt{2} \end{pmatrix}$

5　固有値に関する諸性質

(1) 固有値と行列の関係

n 次正方行列 A の固有値を $\lambda_1, \lambda_2, \ldots, \lambda_n$ とするとき，固有多項式 $\varphi_A(\lambda)$ は

$$\begin{aligned} \varphi_A(\lambda) = |A - \lambda E| &= \begin{vmatrix} a_{11} - \lambda & a_{12} & \cdots & a_{1n} \\ a_{21} & a_{22} - \lambda & \cdots & a_{2n} \\ \vdots & \vdots & \ddots & \vdots \\ a_{n1} & a_{n2} & \cdots & a_{nn} - \lambda \end{vmatrix} \\ &= (-1)^n \lambda^n + (-1)^{n-1}(\operatorname{tr} A)\lambda^{n-1} + \cdots + |A| \end{aligned} \tag{7.7}$$

である．また，固有値が $\lambda_1, \lambda_2, \ldots, \lambda_n$ であることからつぎのようにも書ける．

$$\begin{aligned} \varphi_A(\lambda) &= (-1)^n(\lambda - \lambda_1)(\lambda - \lambda_2)\cdots(\lambda - \lambda_n) \\ &= (-1)^n\left\{\lambda^n - (\lambda_1 + \lambda_2 + \cdots + \lambda_n)\lambda^{n-1} + \cdots + (-1)^n\lambda_1\lambda_2\cdots\lambda_n\right\} \\ &= (-1)^n\lambda^n + (-1)^{n-1}(\lambda_1 + \lambda_2 + \cdots + \lambda_n)\lambda + \cdots + \lambda_1\lambda_2\cdots\lambda_n \end{aligned}$$

重要　固有値と行列の関係

n 次正方行列 A の固有値を $\lambda_1, \lambda_2, \ldots, \lambda_n$ とするとき，つぎが成り立つ．

❶　$\lambda_1 + \lambda_2 + \cdots + \lambda_n = \mathrm{tr}\, A \ (= a_{11} + a_{22} + \cdots + a_{nn})$

❷　$\lambda_1 \lambda_2 \cdots \lambda_n = |A|$

Memo
❶ より，固有値の総和は，行列 A のトレース（対角成分の総和）に等しい．
❷ より，固有値の総乗は，行列 A の行列式に等しい．

例 2　$n = 2$ のとき (7.7) が成り立つことを示す．
行列 $A = \begin{pmatrix} a_{11} & a_{12} \\ a_{21} & a_{22} \end{pmatrix}$ とすると，

$$\begin{aligned}\varphi_A(\lambda) &= \begin{vmatrix} a_{11} - \lambda & a_{12} \\ a_{21} & a_{22} - \lambda \end{vmatrix} = \lambda^2 - (a_{11} + a_{22})\lambda + (a_{11}a_{22} - a_{12}a_{21}) \\ &= \lambda^2 - (\mathrm{tr}\, A)\lambda + |A|\end{aligned}$$

---

(2) 固有値とトレースの関係

重要　固有値とトレースの関係

n 次正方行列 A の固有値を $\lambda_1, \lambda_2, \ldots, \lambda_n$ とするとき，つぎが成り立つ．

$$\mathrm{tr}\, A^m = {\lambda_1}^m + {\lambda_2}^m + \cdots + {\lambda_n}^m \quad (m \geqq 1)$$

例 3　行列 $A = \begin{pmatrix} 4 & 3 \\ 5 & 2 \end{pmatrix}$ に対して，固有値とトレースの関係を確認する．例題 1 より固有値は，-1 と 7 である．

$\mathrm{tr}\, A = 4 + 2 = 6$，　$\lambda_1 + \lambda_2 = -1 + 7 = 6$ より，

$$\mathrm{tr}\, A = \lambda_1 + \lambda_2 = 6$$

となる．また，

$$A^2 = \begin{pmatrix} 4 & 3 \\ 5 & 2 \end{pmatrix}\begin{pmatrix} 4 & 3 \\ 5 & 2 \end{pmatrix} = \begin{pmatrix} 31 & 18 \\ 30 & 19 \end{pmatrix},\ A^3 = \begin{pmatrix} 31 & 18 \\ 30 & 19 \end{pmatrix}\begin{pmatrix} 4 & 3 \\ 5 & 2 \end{pmatrix} = \begin{pmatrix} 214 & 129 \\ 215 & 128 \end{pmatrix}$$

で，$\mathrm{tr}\, A^2 = 31 + 19 = 50$，$\ {\lambda_1}^2 + {\lambda_2}^2 = (-1)^2 + 7^2 = 50$ より，

$$\mathrm{tr}\, A^2 = {\lambda_1}^2 + {\lambda_2}^2$$

$\mathrm{tr}\, A^3 = 214 + 128 = 342$，$\ {\lambda_1}^3 + {\lambda_2}^3 = (-1)^3 + 7^3 = 342$ より，

$$\mathrm{tr}\, A^3 = {\lambda_1}^3 + {\lambda_2}^3$$

Memo
$|A| = 8 - 15 = -7$，$\lambda_1\lambda_2 = (-1) \times 7 = -7$ より，$\lambda_1\lambda_2 = |A|$ と固有値と行列の関係 ❷ も確認できる．

---

(3) ケーリー・ハミルトンの定理

重要 **ケーリー・ハミルトン（Cayley–Hamilton）の定理**

正方行列 A の固有多項式を $\varphi_A(\lambda)$ とするとき，$\varphi_A(A) = O$ が成り立つ．

例 4　行列 $A = \begin{pmatrix} a_{11} & a_{12} \\ a_{21} & a_{22} \end{pmatrix}$ の場合にケーリー・ハミルトンの定理が成り立つことを確認する．

$$\varphi_A(\lambda) = \begin{vmatrix} a_{11} - \lambda & a_{12} \\ a_{21} & a_{22} - \lambda \end{vmatrix} = \lambda^2 - (a_{11} + a_{22})\lambda + a_{11}a_{22} - a_{21}a_{12}$$

$$A^2 - (a_{11} + a_{22})A + a_{11}a_{22}E = (A - a_{11}E)(A - a_{22}E)$$

$$= \begin{pmatrix} 0 & a_{12} \\ a_{21} & a_{22} - a_{11} \end{pmatrix}\begin{pmatrix} a_{11} - a_{22} & a_{12} \\ a_{21} & 0 \end{pmatrix} = \begin{pmatrix} a_{12}a_{21} & 0 \\ 0 & a_{21}a_{12} \end{pmatrix} = a_{12}a_{21}E$$

よって，$\varphi_A(A) = A^2 - (a_{11} + a_{22})A + (a_{11}a_{22} - a_{12}a_{21})E = O$ が成り立つことがわかる．

▶ **例題 8**　行列 $A = \begin{pmatrix} 1 & 0 & -1 \\ 1 & -2 & 1 \\ 1 & -1 & 0 \end{pmatrix}$ について，つぎの問いに答えなさい．

(1)　A の固有値をすべて求めよ．

(2)　n を 2 以上の整数とするとき，A^n を求めよ．

▶▶ **考え方**
(2) ではケーリー・ハミルトンの定理を活用する．

解答▷　(1)　$\begin{vmatrix} 1 - \lambda & 0 & -1 \\ 1 & -2 - \lambda & 1 \\ 1 & -1 & -\lambda \end{vmatrix} = 0$ より，$\lambda^3 + \lambda^2 = \lambda^2(\lambda + 1) = 0$

よって，$\lambda = 0$（重複度 2），-1　　　　（答）0（重複度 2），-1

(2)　ケーリー・ハミルトンの定理より，$A^3 + A^2 = O$ が得られる．これより

$$A^3 = -A^2, \quad A^4 = A^3A = (-A^2)A = -A^3 = A^2$$

$$A^5 = A^4A = A^2A = A^3 = -A^2, \quad A^6 = A^5A = (-A^2)A = -A^3 = A^2, \cdots,$$

$$A^n = (-1)^n A^2$$

と推測できる．$n=2,3$ では成り立つことは明らかである．また，$n=k$ で成り立つと仮定する．$n=k+1$ とすると，

$$A^{k+1}=A^kA=(-1)^kA^2A=(-1)^kA^3=(-1)^k(-A^2)=(-1)^{k+1}A^2$$

より数学的帰納法から n を 2 以上の整数とするとき，$A^n=(-1)^nA^2$ が成り立つ．

$A^2=\begin{pmatrix}0&1&-1\\0&3&-3\\0&2&-2\end{pmatrix}$ から

$$A^n=(-1)^nA^2=(-1)^n\begin{pmatrix}0&1&-1\\0&3&-3\\0&2&-2\end{pmatrix}$$

（答）$(-1)^n\begin{pmatrix}0&1&-1\\0&3&-3\\0&2&-2\end{pmatrix}$

参考▷　例題 5 のように，A の固有値から固有ベクトルを求めて，A を対角化した結果から A^n を求めるのが一般的な手法であるが，この行列では対角化できないので，ケーリー・ハミルトンの定理を用いた．A が対角化できない場合はジョルダン標準形を用いることになるが，これは第 9 章で説明する．

▶例題 9　行列 $A=\begin{pmatrix}1&0&0\\2&1&3\\0&0&-1\end{pmatrix}$ について，つぎの問いに答えなさい．

(1)　$A^n=A^{n-2}+A^2-E\quad(n\geqq 3)$ を示しなさい．

(2)　(1) を用いて A^{100} を求めなさい．

▶▶考え方

ケーリー・ハミルトンの定理を用いることに気付くことが大切である．

解答▷　(1)　$\begin{vmatrix}1-\lambda&0&0\\2&1-\lambda&3\\0&0&-1-\lambda\end{vmatrix}=-(\lambda-1)^2(\lambda+1)=-(\lambda^3-\lambda^2-\lambda+1)$

ケーリー・ハミルトンの定理より

$$A^3-A^2-A+E=O$$

よって，$A^3=A+A^2-E$ となって，$n=3$ のとき成り立つことがわかる．

$n=k$ のとき，$A^k=A^{k-2}+A^2-E$ が成り立つと仮定する．$n=k+1$ とすると，

$$\begin{aligned}A^{k+1}&=AA^k=A(A^{k-2}+A^2-E)=A^{k-1}+A^3-A\\&=A^{k-1}+A+A^2-E-A=A^{k-1}+A^2-E\end{aligned}$$

よって，$A^n=A^{n-2}+A^2-E\quad(n\geqq 3)$ が成り立つ．

(2)　$A^n-A^{n-2}=A^2-E$ より，階差数列と同じように考えて，

$$\begin{cases} A^{100} - \cancel{A^{98}} = A^2 - E \\ \cancel{A^{98}} - \cancel{A^{96}} = A^2 - E \\ \qquad\vdots \\ \cancel{A^4} - A^2 = A^2 - E \end{cases}$$

上式の左辺，右辺どうしをすべて足して，$A^{100} - A^2 = 49(A^2 - E)$
よって，

$$A^{100} = 50A^2 - 49E = 50\begin{pmatrix} 1 & 0 & 0 \\ 4 & 1 & 0 \\ 0 & 0 & 1 \end{pmatrix} - 49\begin{pmatrix} 1 & 0 & 0 \\ 0 & 1 & 0 \\ 0 & 0 & 1 \end{pmatrix} = \begin{pmatrix} 1 & 0 & 0 \\ 200 & 1 & 0 \\ 0 & 0 & 1 \end{pmatrix}$$

（答）$\begin{pmatrix} 1 & 0 & 0 \\ 200 & 1 & 0 \\ 0 & 0 & 1 \end{pmatrix}$

▶▶▶ 演習問題 7

1 行列 $A = \begin{pmatrix} 0 & 0 & a & b \\ 0 & 0 & b & a \\ a & b & 0 & 0 \\ b & a & 0 & 0 \end{pmatrix}$ を考えます．ただし，a，b は実数で $a \neq 0$，$b \neq 0$，$|a| \neq |b|$ とします．このとき，A の固有値，および正規化した固有ベクトルを求めなさい．

2 $A = \begin{pmatrix} 1 & -1 \\ 2 & 5 \end{pmatrix}$ と $B = 2A^4 - 12A^3 + 19A^2 - 29A + 37E$ という二つの行列に対して，B の逆行列 B^{-1} を A と E を用いて表しなさい．

3★ A を n 次実正方行列として，A の転置行列を ${}^tA$ で表します．

$$S = \frac{1}{2}(A + {}^tA),\quad T = \frac{1}{2}(A - {}^tA)$$

とおき，$2n$ 次正方行列 $B = \begin{pmatrix} S & T \\ -T & -S \end{pmatrix}$ をつくるとき，つぎの問いに答えなさい．

(1) B が対称行列であることを示しなさい．

(2) λ が B の固有値であるとき，$-\lambda$ も B の固有値であることを示しなさい．

(3) λ が B の固有値であるとき，λ^2 が対称行列 $A\,{}^tA$ の固有値であることを示しなさい．

4★★ 行列 $A = \begin{pmatrix} 0 & 1 & 0 & 1 \\ 1 & 0 & 1 & 0 \\ 0 & 1 & 0 & 1 \\ 1 & 0 & 1 & 0 \end{pmatrix}$ について，つぎの問いに答えなさい．

(1) A の固有方程式を求めなさい．

(2) 整数 $n \geqq 1$ に対して，$A^{2n+1} = 4^n A$ となることを証明しなさい．また，A^{2n} はどのような行列になるかを説明しなさい．

5★ A，B，C をある三角形の三つの内角の大きさとして，以下のような行列 P を考えるとき，つぎの問いに答えなさい．

$$P = \begin{pmatrix} 0 & \cos C & \cos B \\ \cos C & 0 & \cos A \\ \cos B & \cos A & 0 \end{pmatrix}$$

(1)　1 が固有値の一つであることを証明しなさい．

(2)　ほかの二つの固有値を求めなさい．

(3)　固有値 1 に対する固有ベクトルを求めなさい．ただし，正規化する必要はないものとします．

▶▶▶ 演習問題 7　解答

1 ▶▶ **考え方**

固有方程式を計算する際，行列の形から第 3 章の次式を用いるほうが速く計算できる．

$$\begin{vmatrix} X & Y \\ Y & X \end{vmatrix} = |X+Y| \cdot |X-Y| \quad (X,\ Y \text{ は同じ次数の正方行列})$$

解答▷　固有方程式 $|A-\lambda E| = \begin{vmatrix} -\lambda & 0 & a & b \\ 0 & -\lambda & b & a \\ a & b & -\lambda & 0 \\ b & a & 0 & -\lambda \end{vmatrix} = 0$ より，$X = \begin{pmatrix} -\lambda & 0 \\ 0 & -\lambda \end{pmatrix}$，$Y = \begin{pmatrix} a & b \\ b & a \end{pmatrix}$ とおくと

$$\begin{aligned} |A-\lambda E| &= |X+Y| \cdot |X-Y| = \begin{vmatrix} -\lambda+a & b \\ b & -\lambda+a \end{vmatrix} \begin{vmatrix} -\lambda-a & -b \\ -b & -\lambda-a \end{vmatrix} \\ &= \left\{(\lambda-a)^2 - b^2\right\}\left\{(\lambda+a)^2 - b^2\right\} \\ &= (\lambda-a+b)(\lambda-a-b)(\lambda+a+b)(\lambda+a-b) \end{aligned}$$

より，固有値は $\lambda = a+b,\ a-b,\ -a+b,\ -a-b$ である．

(i)　$\lambda = a+b$ のとき

$$\begin{pmatrix} -a-b & 0 & a & b \\ 0 & -a-b & b & a \\ a & b & -a-b & 0 \\ b & a & 0 & -a-b \end{pmatrix} \begin{pmatrix} x_1 \\ x_2 \\ x_3 \\ x_4 \end{pmatrix} = \mathbf{0}$$

$$(a+b)x_1 - ax_3 - bx_4 = 0, \quad (a+b)x_2 - bx_3 - ax_4 = 0$$

$$ax_1 + bx_2 - (a+b)x_3 = 0, \quad bx_1 + ax_2 - (a+b)x_4 = 0$$

より，$x_1 = x_2 = x_3 = x_4$ となる．大きさが 1 より，正規化した固有ベクトルは ${}^t(x_1, x_2, x_3, x_4) = \dfrac{1}{2}\,{}^t(1,1,1,1)$

$\lambda = a-b,\ -a+b,\ -a-b$ のときも同様に求める．

(ii)　$\lambda = a-b$ のとき正規化した固有ベクトルは，${}^t(x_1, x_2, x_3, x_4) = \dfrac{1}{2}\,{}^t(1,-1,1,-1)$

(iii)　$\lambda=-a+b$ のとき正規化した固有ベクトルは，${}^t(x_1,x_2,x_3,x_4)=\dfrac{1}{2}\,{}^t(1,-1,-1,1)$

(iv)　$\lambda=-a-b$ のとき正規化した固有ベクトルは，${}^t(x_1,x_2,x_3,x_4)=\dfrac{1}{2}\,{}^t(1,1,-1,-1)$

（答）固有値 $a+b$ のとき $\dfrac{1}{2}\begin{pmatrix}1\\1\\1\\1\end{pmatrix}$，固有値 $a-b$ のとき $\dfrac{1}{2}\begin{pmatrix}1\\-1\\1\\-1\end{pmatrix}$

固有値 $-a+b$ のとき $\dfrac{1}{2}\begin{pmatrix}1\\-1\\-1\\1\end{pmatrix}$，固有値 $-a-b$ のとき $\dfrac{1}{2}\begin{pmatrix}1\\1\\-1\\-1\end{pmatrix}$

Memo

A は実対称行列であるため，これらに属する固有ベクトルは直交することがわかる．

2　**▶▶考え方**

A に対して，ケーリー・ハミルトンの定理を活用すると，B はどう表されるかを調べる．

解答▷　A の固有多項式 $\varphi_A(\lambda)$ は

$$\varphi_A(\lambda)=|A-\lambda E|=\begin{vmatrix}1-\lambda & -1\\ 2 & 5-\lambda\end{vmatrix}=\lambda^2-6\lambda+7$$

ケーリー・ハミルトンの定理より

$$\varphi_A(A)=A^2-6A+7E=O$$

である．これを用いると，

$$B=(A^2-6A+7E)(2A^2+5E)+A+2E=A+2E=\begin{pmatrix}3 & -1\\ 2 & 7\end{pmatrix}$$

これより，$B^{-1}=\dfrac{1}{23}\begin{pmatrix}7 & 1\\ -2 & 3\end{pmatrix}$ である．

$B^{-1}=pA+qE$ とおき，各成分を比較すると，$p=-\dfrac{1}{23}$，$q=\dfrac{8}{23}$ である．

（答）$B^{-1}=-\dfrac{1}{23}A+\dfrac{8}{23}E$

3　**▶▶考え方**

S は対称行列，T は交代行列である．

解答▷　(1)　S は対称行列より ${}^tS=S$，T は交代行列より ${}^tT=-T$ である．

$${}^tB={}^t\begin{pmatrix}S & T\\ -T & -S\end{pmatrix}=\begin{pmatrix}{}^tS & {}^t(-T)\\ {}^tT & {}^t(-S)\end{pmatrix}=\begin{pmatrix}S & T\\ -T & -S\end{pmatrix}=B$$

よって，B は対称行列であることが示される．

(2) λ に属する固有ベクトルを n 次元ずつに分けて $\boldsymbol{u}$, $\boldsymbol{v}$ （$\boldsymbol{u}$, $\boldsymbol{v}$ は $\boldsymbol{0}$ でなく，$\boldsymbol{u} \neq \boldsymbol{v}$）と記すと，

$$B\begin{pmatrix}\boldsymbol{u}\\ \boldsymbol{v}\end{pmatrix} = \begin{pmatrix}S & T\\ -T & -S\end{pmatrix}\begin{pmatrix}\boldsymbol{u}\\ \boldsymbol{v}\end{pmatrix} = \lambda\begin{pmatrix}\boldsymbol{u}\\ \boldsymbol{v}\end{pmatrix}$$

すなわち，$S\boldsymbol{u}+T\boldsymbol{v} = \lambda\boldsymbol{u}$，$-T\boldsymbol{u}-S\boldsymbol{v} = \lambda\boldsymbol{v}$ である．これらを書きかえると，$S\boldsymbol{v}+T\boldsymbol{u} = -\lambda\boldsymbol{v}$，$-T\boldsymbol{v} - S\boldsymbol{u} = -\lambda\boldsymbol{u}$ となり，

$$\begin{pmatrix}S & T\\ -T & -S\end{pmatrix}\begin{pmatrix}\boldsymbol{v}\\ \boldsymbol{u}\end{pmatrix} = -\lambda\begin{pmatrix}\boldsymbol{v}\\ \boldsymbol{u}\end{pmatrix}$$

と表せる．これは，$-\lambda$ も B の固有値であることを表す．

(3) $A = S + T$，${}^tA = S - T$ より，

$$\begin{aligned}{}^tA(\boldsymbol{u}-\boldsymbol{v}) &= (S-T)(\boldsymbol{u}-\boldsymbol{v}) = S\boldsymbol{u}+T\boldsymbol{v}-S\boldsymbol{v}-T\boldsymbol{u} = \lambda\boldsymbol{u}+\lambda\boldsymbol{v} = \lambda(\boldsymbol{u}+\boldsymbol{v})\\ A(\boldsymbol{u}+\boldsymbol{v}) &= (S+T)(\boldsymbol{u}+\boldsymbol{v}) = S\boldsymbol{u}+T\boldsymbol{v}+S\boldsymbol{v}+T\boldsymbol{u} = \lambda\boldsymbol{u}-\lambda\boldsymbol{v} = \lambda(\boldsymbol{u}-\boldsymbol{v})\end{aligned}$$

よって，

$$A\,{}^tA(\boldsymbol{u}-\boldsymbol{v}) = (S+T)(S-T)(\boldsymbol{u}-\boldsymbol{v}) = (S+T)\lambda(\boldsymbol{u}+\boldsymbol{v}) = \lambda^2(\boldsymbol{u}-\boldsymbol{v})$$

ここで，$\boldsymbol{u} \neq \boldsymbol{v}$ ならば，$\boldsymbol{u}-\boldsymbol{v} \neq \boldsymbol{0}$ であり，λ^2 は $A\,{}^tA$ の固有値である．

4 **▶▶ 考え方**

(2) では (1) で求めた固有方程式からケーリー・ハミルトンの定理を適用する．

解答▷ (1) 固有値を λ とすると，

$$\begin{aligned}|A-\lambda E| &= \begin{vmatrix}-\lambda & 1 & 0 & 1\\ 1 & -\lambda & 1 & 0\\ 0 & 1 & -\lambda & 1\\ 1 & 0 & 1 & -\lambda\end{vmatrix} = \begin{vmatrix}0 & 1 & \lambda & 1-\lambda^2\\ 0 & -\lambda & 0 & \lambda\\ 0 & 1 & -\lambda & 1\\ 1 & 0 & 1 & -\lambda\end{vmatrix}\\ &= -\begin{vmatrix}1 & \lambda & 1-\lambda^2\\ -\lambda & 0 & \lambda\\ 1 & -\lambda & 1\end{vmatrix} = -\begin{vmatrix}0 & 2\lambda & -\lambda^2\\ 0 & -\lambda^2 & 2\lambda\\ 1 & -\lambda & 1\end{vmatrix} = -\begin{vmatrix}2\lambda & -\lambda^2\\ -\lambda^2 & 2\lambda\end{vmatrix}\\ &= \lambda^4 - 4\lambda^2\end{aligned}$$

（答）$\lambda^4 - 4\lambda^2 = 0$

(2) (1) で求めた固有方程式に対して，ケーリー・ハミルトンの定理を用いることにより，

$$A^4 - 4A^2 = O$$

が成り立つ．また，

$$A^2 = \begin{pmatrix}0 & 1 & 0 & 1\\ 1 & 0 & 1 & 0\\ 0 & 1 & 0 & 1\\ 1 & 0 & 1 & 0\end{pmatrix}\begin{pmatrix}0 & 1 & 0 & 1\\ 1 & 0 & 1 & 0\\ 0 & 1 & 0 & 1\\ 1 & 0 & 1 & 0\end{pmatrix} = \begin{pmatrix}2 & 0 & 2 & 0\\ 0 & 2 & 0 & 2\\ 2 & 0 & 2 & 0\\ 0 & 2 & 0 & 2\end{pmatrix}$$

より，$B=\begin{pmatrix}1&0&1&0\\0&1&0&1\\1&0&1&0\\0&1&0&1\end{pmatrix}$ とおくと，

$$A^2=2B$$

が成り立つ．また，

$$AB=\begin{pmatrix}0&1&0&1\\1&0&1&0\\0&1&0&1\\1&0&1&0\end{pmatrix}\begin{pmatrix}1&0&1&0\\0&1&0&1\\1&0&1&0\\0&1&0&1\end{pmatrix}=\begin{pmatrix}0&2&0&2\\2&0&2&0\\0&2&0&2\\2&0&2&0\end{pmatrix}=2A$$

も成り立つ．これらより，

$$A^3=AA^2=2AB=4A,\quad A^4=4A^2=8B$$

よって，

$$A^{2n}=2^{2n-1}B,\quad A^{2n+1}=2^{2n}A\quad (n\geqq 1)\qquad\cdots①$$

と推測できる．以下では，このことを数学的帰納法で証明する．
$n=1$ のとき，① が成り立つことがすでに明らかである．$n=k$ で ① が成り立つことを仮定すると，$n=k+1$ では

$$A^{2(k+1)}=A^{2k+1}A=2^{2k}A^2=2^{2k+1}B=2^{2(k+1)-1}B$$
$$A^{2(k+1)+1}=AA^{2(k+1)}=2^{2(k+1)-1}AB=2^{2(k+1)}A$$

となって，① が成り立つことがわかる．すなわち，$n\geqq 1$ でつぎのようになる．

$$A^{2n+1}=2^{2n}A=4^nA,\qquad A^{2n}=2^{2n-1}\begin{pmatrix}1&0&1&0\\0&1&0&1\\1&0&1&0\\0&1&0&1\end{pmatrix}$$

5 **▶▶考え方**

固有方程式より固有値や固有ベクトルを求めていくが，三角関数の計算が加わるので注意する．(1) では $A+B+C=180^\circ$ を用いて A，B，C の関係式を見つける．

解答▷　(1)　P の固有方程式は $\begin{vmatrix}-\lambda&\cos C&\cos B\\\cos C&-\lambda&\cos A\\\cos B&\cos A&-\lambda\end{vmatrix}=0$

左辺を展開すると，

$$-\lambda^3+(\cos^2A+\cos^2B+\cos^2C)\lambda+2\cos A\cos B\cos C=0\qquad\cdots①$$

よって，$\lambda=1$ が ① を満たすことを示せばよい．
$A+B+C=180^\circ$ より

$$\cos C=-\cos(A+B)=\sin A\sin B-\cos A\cos B$$

よって，

$$\cos C + \cos A \cos B = \sin A \sin B \qquad \cdots ②$$

両辺を 2 乗して整理すると，

$$\begin{aligned}&\cos^2 C + 2\cos A\cos B\cos C + \cos^2 A\cos^2 B = \sin^2 A\sin^2 B\\&= (1-\cos^2 A)(1-\cos^2 B)\\&= 1-\cos^2 A-\cos^2 B+\cos^2 A\cos^2 B\end{aligned}$$

より，つぎのようになる．

$$-1+\cos^2 A+\cos^2 B+\cos^2 C+2\cos A\cos B\cos C=0 \qquad \cdots ③$$

よって，① の左辺に $\lambda=1$ を代入した値は 0 であり，$\lambda=1$ は ① を満たす．
すなわち，P の固有値の一つは 1 である．

(2)　③ に注意して，① の左辺を $1-\lambda$ で割ると，

$$\lambda^2+\lambda+2\cos A\cos B\cos C=0$$

となるから，ほかの二つの固有値は

$$\lambda=\frac{1}{2}\left(-1\pm\sqrt{1-8\cos A\cos B\cos C}\right)$$

（答）$\frac{1}{2}\left(-1\pm\sqrt{1-8\cos A\cos B\cos C}\right)$

(3)　$\lambda=1$ に対する固有ベクトルの各成分を x，y，z とすると，

$$\begin{pmatrix}-1 & \cos C & \cos B\\ \cos C & -1 & \cos A\\ \cos B & \cos A & -1\end{pmatrix}\begin{pmatrix}x\\y\\z\end{pmatrix}=\begin{pmatrix}0\\0\\0\end{pmatrix}$$

すなわち，連立方程式

$$\begin{cases}-x+y\cos C+z\cos B=0\\ x\cos C-y+z\cos A=0\\ x\cos B+y\cos A-z=0\end{cases}$$

を得る．第 1 式に $\cos C$ をかけて第 2 式を加えると

$$-y(1-\cos^2 C)+z(\cos C\cos B+\cos A)=0$$

② を導いたのと同様の計算より，$\cos C\cos B+\cos A=\sin B\sin C$ がわかるので

$$y\sin^2 C=z\sin B\sin C$$

$\sin C>0$ より，$y:z=\sin B:\sin C$ である．固有ベクトルは定数 $(\neq 0)$ 倍しても固有ベクトルであるから，$y=\sin B$，$z=\sin C$ としてもよい．このとき第 1 式より

$$x = \sin B \cos C + \sin C \cos B = \sin(B + C) = \sin A$$

よって，$\lambda = 1$ に対する固有ベクトルは $k\begin{pmatrix} \sin A \\ \sin B \\ \sin C \end{pmatrix}$ （k は 0 でない任意の定数）

（答）$k\begin{pmatrix} \sin A \\ \sin B \\ \sin C \end{pmatrix}$ （k は 0 でない任意の定数）

参考▷ (3) で求めた固有ベクトル ${}^t(k\sin A, k\sin B, k\sin C)$ が固有値 1 に属することは，つぎの計算からも確認できる．

$$\begin{pmatrix} 0 & \cos C & \cos B \\ \cos C & 0 & \cos A \\ \cos B & \cos A & 0 \end{pmatrix}\begin{pmatrix} k\sin A \\ k\sin B \\ k\sin C \end{pmatrix} = k\begin{pmatrix} \sin B\cos C + \cos B\sin C \\ \sin A\cos C + \cos A\sin C \\ \sin A\cos B + \cos A\sin C \end{pmatrix}$$

$$= \begin{pmatrix} k\sin(B + C) \\ k\sin(A + C) \\ k\sin(A + B) \end{pmatrix} = \begin{pmatrix} k\sin A \\ k\sin B \\ k\sin C \end{pmatrix} = 1 \cdot \begin{pmatrix} k\sin A \\ k\sin B \\ k\sin C \end{pmatrix}$$

Chapter

8 行列の対角化の応用

▶▶ **出題傾向と学習上のポイント**

第 **7** 章で学んだ行列の対角化の応用である **2** 次形式や，**2** 次曲線の標準形を求められるように，学習を積みましょう．

1 2次形式の標準形

n 次実対称行列 $A=\begin{pmatrix} a_{11} & a_{12} & \cdots & a_{1n} \\ a_{12} & a_{22} & \cdots & a_{2n} \\ \vdots & \vdots & \ddots & \vdots \\ a_{1n} & a_{2n} & \cdots & a_{nn} \end{pmatrix}$，$\boldsymbol{x}={}^t\begin{pmatrix} x_1 & x_2 & \cdots & x_n \end{pmatrix}$ について，

$$Q={}^t\boldsymbol{x}\,A\boldsymbol{x}=\begin{pmatrix} x_1 & x_2 & \cdots & x_n \end{pmatrix}\begin{pmatrix} a_{11} & a_{12} & \cdots & a_{1n} \\ a_{12} & a_{22} & \cdots & a_{2n} \\ \vdots & \vdots & \ddots & \vdots \\ a_{1n} & a_{2n} & \cdots & a_{nn} \end{pmatrix}\begin{pmatrix} x_1 \\ x_2 \\ \vdots \\ x_n \end{pmatrix}$$

$$=\sum_{i,j=1}^{n} a_{ij}x_ix_j$$

$$=\sum_{i=1}^{n} a_{ii}{x_i}^2+2\sum_{i<j}^{n} a_{ij}x_ix_j$$

Memo
A は対称行列で $a_{ij}=a_{ji}$ である．

と表すとき，Q を **2 次形式**といい，A を**係数行列**という．

ある直交行列 P によって A が対角化されるとき（固有値を $\lambda_1,\lambda_2,\ldots,\lambda_n$ とする），$\boldsymbol{x}=P\boldsymbol{y}$，すなわち，${}^t\begin{pmatrix} x_1 & x_2 & \cdots & x_n \end{pmatrix}=P\,{}^t\begin{pmatrix} y_1 & y_2 & \cdots & y_n \end{pmatrix}$ とおくと，

$$Q={}^t\boldsymbol{x}\,A\boldsymbol{x}={}^t(P\boldsymbol{y})\,A(P\boldsymbol{y})=({}^t\boldsymbol{y}\,{}^tP)A(P\boldsymbol{y})={}^t\boldsymbol{y}({}^tP\,AP)\boldsymbol{y}$$

$$={}^t\boldsymbol{y}(P^{-1}AP)\boldsymbol{y}=\begin{pmatrix} y_1 & y_2 & \cdots & y_n \end{pmatrix}\begin{pmatrix} \lambda_1 & 0 & \cdots & 0 \\ 0 & \lambda_2 & \ddots & \vdots \\ \vdots & \ddots & \ddots & 0 \\ 0 & \cdots & 0 & \lambda_n \end{pmatrix}\begin{pmatrix} y_1 \\ y_2 \\ \vdots \\ y_n \end{pmatrix}$$

$$= \lambda_1 {y_1}^2 + \lambda_2 {y_2}^2 + \cdots + \lambda_n {y_n}^2$$

と $\boldsymbol{y}$ の成分の 2 乗の項だけで表され，これを 2 次形式の標準形という．

例題 1　2 次形式 $x^2 + y^2 + z^2 + 2\sqrt{2}\,xy + 2\sqrt{2}\,yz$ を標準形で表しなさい．

考え方
2 次形式より係数行列の固有値を求める．

解答▷　$x^2 + y^2 + z^2 + 2\sqrt{2}\,xy + 2\sqrt{2}\,yz = (x \quad y \quad z)\begin{pmatrix} 1 & \sqrt{2} & 0 \\ \sqrt{2} & 1 & \sqrt{2} \\ 0 & \sqrt{2} & 1 \end{pmatrix}\begin{pmatrix} x \\ y \\ z \end{pmatrix}$ より，係数行列 $A = \begin{pmatrix} 1 & \sqrt{2} & 0 \\ \sqrt{2} & 1 & \sqrt{2} \\ 0 & \sqrt{2} & 1 \end{pmatrix}$ の固有値を求める．

$\begin{vmatrix} 1-\lambda & \sqrt{2} & 0 \\ \sqrt{2} & 1-\lambda & \sqrt{2} \\ 0 & \sqrt{2} & 1-\lambda \end{vmatrix} = 0$ より，$(1-\lambda)^3 - 2(1-\lambda) - 2(1-\lambda) = 0$

すなわち，$(1-\lambda)(\lambda+1)(\lambda-3) = 0$ となり，固有値は $\lambda = -1, 1, 3$ である．したがって，標準形は，

$$(X \quad Y \quad Z)\begin{pmatrix} -1 & 0 & 0 \\ 0 & 1 & 0 \\ 0 & 0 & 3 \end{pmatrix}\begin{pmatrix} X \\ Y \\ Z \end{pmatrix} = -X^2 + Y^2 + 3Z^2$$

Check!
固有値の並べ方を変えて
$X^2 + 3Y^2 - Z^2$
などとしてもよい．

(答) $-X^2 + Y^2 + 3Z^2$

参考▷　$\lambda = -1, 1, 3$ のそれぞれに属する正規化された固有ベクトルは，

$$\frac{1}{2}\begin{pmatrix} 1 \\ -\sqrt{2} \\ 1 \end{pmatrix},\quad \frac{1}{2}\begin{pmatrix} \sqrt{2} \\ 0 \\ -\sqrt{2} \end{pmatrix},\quad \frac{1}{2}\begin{pmatrix} 1 \\ \sqrt{2} \\ 1 \end{pmatrix}$$

である．よって，直交行列 $P = \frac{1}{2}\begin{pmatrix} 1 & \sqrt{2} & 1 \\ -\sqrt{2} & 0 & \sqrt{2} \\ 1 & -\sqrt{2} & 1 \end{pmatrix}$ で，

$P^{-1}AP = {}^t\!P\,AP = \begin{pmatrix} -1 & 0 & 0 \\ 0 & 1 & 0 \\ 0 & 0 & 3 \end{pmatrix}$ が確認できる．

Memo
直交行列 P の各列ベクトルと各行ベクトルは，正規直交基底になっている．

2　2 次曲線の標準形

2 次曲線 $ax^2 + bxy + cy^2 + dx + ey + g = 0$ は，適当に平行移動することにより，x，y の係数を 0 にすることができる．このようにした方程式 $ax^2 + bxy + cy^2 + g = 0$ を 2 次曲線の標準形という．

例題 2　つぎの 2 次曲線の標準形を求め，曲線の概形をかきなさい．

(1)　$5x^2 - 4xy + 8y^2 = 36$　　　(2)　$x^2 - 4xy - 2y^2 = -6$

考え方

基本的には 2 次形式の標準形と同じように求めることができる．

解答▷　(1)　方程式は，$^t\boldsymbol{x}\,A\boldsymbol{x} = (x \quad y)\begin{pmatrix} 5 & -2 \\ -2 & 8 \end{pmatrix}\begin{pmatrix} x \\ y \end{pmatrix} = 36$ と表される．

固有方程式 $\begin{vmatrix} 5-\lambda & -2 \\ -2 & 8-\lambda \end{vmatrix} = 0$ より $(\lambda - 4)(\lambda - 9) = 0$

よって，固有値は $\lambda = 4, 9$ と求められる．

(i)　$\lambda = 4$ のとき　正規化した固有ベクトルは $\dfrac{1}{\sqrt{5}}\begin{pmatrix} 2 \\ 1 \end{pmatrix}$

(ii)　$\lambda = 9$ のとき　正規化した固有ベクトルは $\dfrac{1}{\sqrt{5}}\begin{pmatrix} -1 \\ 2 \end{pmatrix}$

直交行列 $P = \dfrac{1}{\sqrt{5}}\begin{pmatrix} 2 & -1 \\ 1 & 2 \end{pmatrix}$ として，$\boldsymbol{x} = P\boldsymbol{y}$，すなわち，$\begin{pmatrix} x \\ y \end{pmatrix} = P\begin{pmatrix} X \\ Y \end{pmatrix}$ とおくと，

$$^t\boldsymbol{x}\,A\boldsymbol{x} = {}^t\boldsymbol{y}({}^tP\,AP)\boldsymbol{y} = (X \quad Y)\begin{pmatrix} 4 & 0 \\ 0 & 9 \end{pmatrix}\begin{pmatrix} X \\ Y \end{pmatrix} = 4X^2 + 9Y^2 = 36$$

となる．よって，図 8.1 のような $\dfrac{X^2}{3^2} + \dfrac{Y^2}{2^2} = 1$（楕円）となる．

（答）$\dfrac{X^2}{3^2} + \dfrac{Y^2}{2^2} = 1$，図示した結果を図 8.1 に示す．

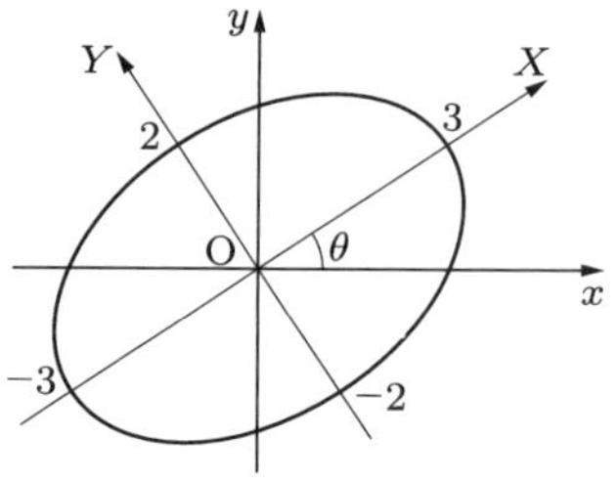

図 8.1

Memo

$P = \dfrac{1}{\sqrt{5}}\begin{pmatrix} 2 & -1 \\ 1 & 2 \end{pmatrix} = \begin{pmatrix} \cos\theta & -\sin\theta \\ \sin\theta & \cos\theta \end{pmatrix}$

は原点まわりに $\theta = 26.6°$ 程度の回転を表す行列．

(2)　方程式は，$^t\boldsymbol{x}\,A\boldsymbol{x} = (x \quad y)\begin{pmatrix} 1 & -2 \\ -2 & -2 \end{pmatrix}\begin{pmatrix} x \\ y \end{pmatrix} = -6$ と表される．

固有方程式 $\begin{vmatrix} 1-\lambda & -2 \\ -2 & -2-\lambda \end{vmatrix} = 0$ より $(\lambda - 2)(\lambda + 3) = 0$

よって，固有値は $\lambda = -3, 2$ と求められる．

(i)　$\lambda = -3$ のとき　正規化した固有ベクトルは $\dfrac{1}{\sqrt{5}}\begin{pmatrix} 1 \\ 2 \end{pmatrix}$

(ii)　$\lambda = 2$ のとき　正規化した固有ベクトルは $\dfrac{1}{\sqrt{5}}\begin{pmatrix} -2 \\ 1 \end{pmatrix}$

直交行列 $P = \dfrac{1}{\sqrt{5}}\begin{pmatrix} 1 & -2 \\ 2 & 1 \end{pmatrix}$ として，$\boldsymbol{x} = P\boldsymbol{y}$，すなわち，$\begin{pmatrix} x \\ y \end{pmatrix} = P\begin{pmatrix} X \\ Y \end{pmatrix}$ とおくと，

$$ {}^t\boldsymbol{x}\,A\boldsymbol{x} = {}^t\boldsymbol{y}({}^tP\,AP)\boldsymbol{y} = (X \quad Y)\begin{pmatrix} -3 & 0 \\ 0 & 2 \end{pmatrix}\begin{pmatrix} X \\ Y \end{pmatrix} = -3X^2 + 2Y^2 = -6 $$

となる．よって，図 8.2 のような $\dfrac{X^2}{(\sqrt{2})^2} - \dfrac{Y^2}{(\sqrt{3})^2} = 1$（双曲線）となる．

（答）$\dfrac{X^2}{(\sqrt{2})^2} - \dfrac{Y^2}{(\sqrt{3})^2} = 1$，図示した結果を図 8.2 に示す．

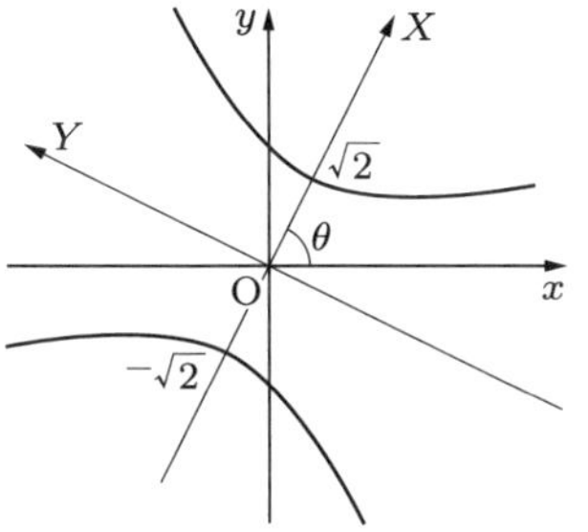

図 8.2

Memo

$P = \dfrac{1}{\sqrt{5}}\begin{pmatrix} 1 & -2 \\ 2 & 1 \end{pmatrix}$
$= \begin{pmatrix} \cos\theta & -\sin\theta \\ \sin\theta & \cos\theta \end{pmatrix}$

は原点まわりに $\theta = 63.4^\circ$ 程度の回転を表す行列．

▶ **例題 3★★**　xy 平面において，$13x^2 - 6\sqrt{3}\,xy + 7y^2 - 16 = 0$ の表す曲線 C は原点を中心（長軸と短軸との交点）とする楕円になる．この楕円の長軸を含む直線を l として，xyz 空間において，l のまわりに C を 1 回転して得られる楕円面を S とする．この楕円面 S の囲む立体の体積 V が，l に垂直な 2 平面によって，5 : 22 : 5 に分割されるとき，この 2 平面の方程式を求めなさい．

▶▶ 考え方

本例題は前半が線形代数（2 次形式の標準化），後半は定積分（回転体の体積計算）が融合された問題である．前半は，原点まわりに回転した座標系から楕円の方程式を求める．

解答▷　対称行列 $A = \begin{pmatrix} 13 & -3\sqrt{3} \\ -3\sqrt{3} & 7 \end{pmatrix}$，$\boldsymbol{x} = \begin{pmatrix} x \\ y \end{pmatrix}$ とすると，

曲線 C の方程式：$13x^2 - 6\sqrt{3}\,xy + 7y^2 - 16 = 0$ はつぎのように表される．

$$ {}^t\boldsymbol{x}\,A\boldsymbol{x} = 16 $$

左辺の 2 次形式を A の固有ベクトルを用いて標準化する．A の固有多項式は

$$ |A - \lambda E| = \begin{vmatrix} 13-\lambda & -3\sqrt{3} \\ -3\sqrt{3} & 7-\lambda \end{vmatrix} = \lambda^2 - 20\lambda + 64 = (\lambda - 4)(\lambda - 16) $$

である．よって，A の固有値は $\lambda = 4, 16$ と求められる．

(i)　$\lambda = 4$ に対応する固有ベクトル

$$\begin{pmatrix} 0 \\ 0 \end{pmatrix} = (A - 4E)\boldsymbol{x} = \begin{pmatrix} 9 & -3\sqrt{3} \\ -3\sqrt{3} & 3 \end{pmatrix}\begin{pmatrix} x \\ y \end{pmatrix} = \begin{pmatrix} 9x - 3\sqrt{3}\,y \\ -3\sqrt{3}x + 3y \end{pmatrix}$$

$\sqrt{3}\,x = y$ より，$\begin{pmatrix} x \\ y \end{pmatrix} = \alpha\begin{pmatrix} 1 \\ \sqrt{3} \end{pmatrix}$　(α は 0 でない任意の定数)

(ii)　$\lambda = 16$ に対応する固有ベクトル

$$\begin{pmatrix} 0 \\ 0 \end{pmatrix} = (A - 16E)\boldsymbol{x} = \begin{pmatrix} -3 & -3\sqrt{3} \\ -3\sqrt{3} & -9 \end{pmatrix}\begin{pmatrix} x \\ y \end{pmatrix} = \begin{pmatrix} -3x - 3\sqrt{3}\,y \\ -3\sqrt{3}x - 9y \end{pmatrix}$$

$x = -\sqrt{3}\,y$ より，$\begin{pmatrix} x \\ y \end{pmatrix} = \beta\begin{pmatrix} -\sqrt{3} \\ 1 \end{pmatrix}$　(β は 0 でない任意の定数)

これらの固有ベクトルを正規化して並べると，直交行列 $P = \dfrac{1}{2}\begin{pmatrix} 1 & -\sqrt{3} \\ \sqrt{3} & 1 \end{pmatrix}$ となり，

$$^{t}P\,AP = \begin{pmatrix} 4 & 0 \\ 0 & 16 \end{pmatrix},\quad P\,{}^{t}P = {}^{t}P\,P = E$$

である．ここで，直交座標 (X, Y) を $\boldsymbol{X} = \begin{pmatrix} X \\ Y \end{pmatrix}$ とおくと，$\boldsymbol{x} = P\boldsymbol{X}$，すなわち $\begin{pmatrix} x \\ y \end{pmatrix} = P\begin{pmatrix} X \\ Y \end{pmatrix}$ である．

曲線 C の方程式：$13x^2 - 6\sqrt{3}\,xy + 7y^2 - 16 = 0$ は，

$$\begin{aligned} 16 &= {}^{t}\boldsymbol{x}\,A\boldsymbol{x} = {}^{t}(P\boldsymbol{X})\,A(P\boldsymbol{X}) = {}^{t}\boldsymbol{X}({}^{t}P\,AP)\boldsymbol{X} \\ &= (X \quad Y)\begin{pmatrix} 4 & 0 \\ 0 & 16 \end{pmatrix}\begin{pmatrix} X \\ Y \end{pmatrix} = 4X^2 + 16Y^2 \end{aligned}$$

すなわち，楕円の方程式 $\dfrac{X^2}{2^2} + Y^2 = 1$ と表される．

直交行列 $P = \dfrac{1}{2}\begin{pmatrix} 1 & -\sqrt{3} \\ \sqrt{3} & 1 \end{pmatrix} = \begin{pmatrix} \cos 60^\circ & -\sin 60^\circ \\ \sin 60^\circ & \cos 60^\circ \end{pmatrix}$ は，原点まわりに 60° 回転を表す行列であるので，X 軸，Y 軸は x 軸，y 軸を原点まわりに 60° 回転させたものである．

曲線 C は楕円であり，長軸を含む直線 l は X 軸に一致する．回転体の体積 V は，XY 座標で考えて，

$$V = \pi\int_{-2}^{2} Y^2\,dX = \pi\int_{-2}^{2}\left(1 - \frac{X^2}{4}\right)dX = 2\pi\left[X - \frac{X^3}{12}\right]_0^2 = \frac{8}{3}\pi$$

また，l に垂直な平面は，X 軸に垂直な直線 $X = a$ を X 軸のまわりに回転して得られる．$-2 \leqq X \leqq a$　$(-2 < a < 2)$ の範囲の回転体の体積を $W(a)$ とすると，

$$W(a) = \pi\int_{-2}^{a}\left(1 - \frac{X^2}{4}\right)dX = \pi\left[X - \frac{X^3}{12}\right]_{-2}^{a} = \pi\left(-\frac{a^3}{12} + a + \frac{4}{3}\right)$$

$W(a)$ が V の $\dfrac{5}{5 + 22 + 5}\left(= \dfrac{5}{32}\right)$ 倍になるとき，

$$\pi\left(-\frac{a^3}{12}+a+\frac{4}{3}\right)=\frac{8}{3}\pi\times\frac{5}{32}$$

これを整理して，$a^3-12a-11=(a+1)(a^2-a-11)=0$ すなわち，$a=-1,\ \dfrac{1\pm3\sqrt{5}}{2}$

$-2<a<2$ より $a=-1$ と求められる．

また，楕円の対称性から，$a=1$ のときは $W(a)$ は V の $\dfrac{5+22}{5+22+5}\left(=\dfrac{27}{32}\right)$ 倍となる．

XY 座標で $(-1,0)$，$(1,0)$ の点は，xy 座標で $\boldsymbol{x}=P\boldsymbol{X}$ から，それぞれ

$$\frac{1}{2}\begin{pmatrix}1 & -\sqrt{3}\\ \sqrt{3} & 1\end{pmatrix}\begin{pmatrix}-1\\0\end{pmatrix}=\begin{pmatrix}-1/2\\-\sqrt{3}/2\end{pmatrix},\quad \frac{1}{2}\begin{pmatrix}1 & -\sqrt{3}\\ \sqrt{3} & 1\end{pmatrix}\begin{pmatrix}1\\0\end{pmatrix}=\begin{pmatrix}1/2\\\sqrt{3}/2\end{pmatrix}$$

となることがわかる．また，直線 l の方程式は，方向ベクトルとして (x,y) 成分が $(1,\sqrt{3})$ のベクトルをとる．

以上より，求める平面は，$(1,\sqrt{3},0)$ を法線ベクトルとして，点 $\left(-\dfrac{1}{2},-\dfrac{\sqrt{3}}{2},0\right)$ または点 $\left(\dfrac{1}{2},\dfrac{\sqrt{3}}{2},0\right)$ を通る平面であり，その方程式は，以下の二つである．

$$1\cdot\left(x+\frac{1}{2}\right)+\sqrt{3}\cdot\left(y+\frac{\sqrt{3}}{2}\right)+0\cdot(z-0)=0 \text{ より}$$

$$x+\sqrt{3}y+2=0$$

$$1\cdot\left(x-\frac{1}{2}\right)+\sqrt{3}\cdot\left(y-\frac{\sqrt{3}}{2}\right)+0\cdot(z-0)=0 \text{ より}$$

$$x+\sqrt{3}y-2=0$$

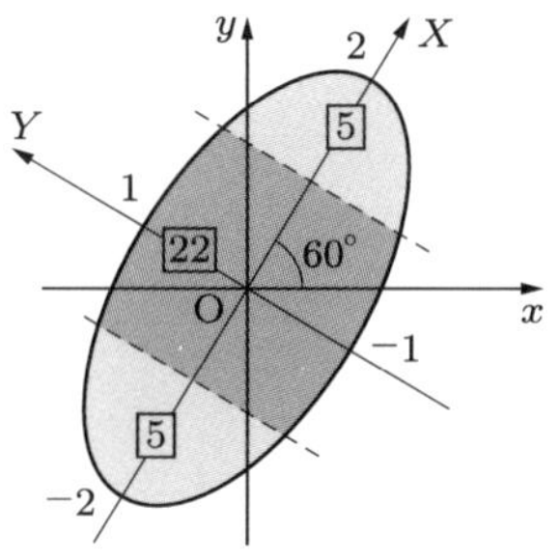

図 8.3

（答）$x+\sqrt{3}y+2=0$，$x+\sqrt{3}y-2=0$

Memo　行列の対角化の応用例

例題 2，3 のように，2 次形式である 2 次曲線や 2 次曲面を，ほかの直交座標系に変換して標準形という簡単な形を導いている．これらの操作を主軸変換といい，行列の対角化の典型的な応用例である．

行列の対角化のほかの応用例として，連立微分方程式の解法，システムの安定性の評価やシステム制御における数学的手法（たとえば，リアプノフ関数など），統計学における主成分分析が挙げられる．

▶▶▶ 演習問題 8

1　2 次曲線 $x^2+10xy+y^2-12x-12y+4=0$ に対して，つぎの問いに答えなさい．

(1)　曲線を平行移動することにより，x，y の 1 次の項を 0 にするには，x 軸方向，y 軸方向にそれぞれどれだけ平行移動すればよいでしょうか．

(2)　(1) で平行移動した 2 次曲線を標準形にしなさい．

2　xyz 空間において，点 $(0,0,1)$ からの距離と，平面 $x+y+z-1=0$ からの距離が等しい点 P の軌跡の方程式が，ベクトルと行列を用いて

$$\begin{pmatrix} x & y & z & 1 \end{pmatrix} A \begin{pmatrix} x \\ y \\ z \\ 1 \end{pmatrix} = 0 \quad (A \text{ は 4 次の対称行列})$$

と表されるとき，行列 A を求めなさい．ただし，A の $(1,1)$ 成分（第 1 行第 1 列成分）は 2 であるとします．

3★　つぎの問いに答えなさい．

(1)　行列 $M = \begin{pmatrix} 0.7 & 0.1 & 0.1 \\ 0.2 & 0.6 & 0.1 \\ 0.1 & 0.3 & 0.8 \end{pmatrix}$ の固有値を求めなさい．

(2)　ある町では，A 新聞，B 新聞，C 新聞の 3 種類しかないとします．さらに，どの家でもどれか 1 種類の新聞のみを購読しており，この町の購読状況において，つぎの傾向が見られるものとします．

- A 新聞を購読し，その翌年において引き続き A 新聞を購読する家の割合が 70%，B 新聞，C 新聞に切り替える家の割合がそれぞれ 20%，10%
- B 新聞を購読し，その翌年において引き続き B 新聞を購読する家の割合が 60%，A 新聞，C 新聞に切り替える家の割合がそれぞれ 10%，30%
- C 新聞を購読し，その翌年において引き続き C 新聞を購読する家の割合が 80%，A 新聞，B 新聞に切り替える家の割合がそれぞれ 10%，10%

この傾向が毎年変わらないと仮定したとき，この町の A 新聞，B 新聞，C 新聞の購読の割合は，それぞれどのような状態に近づくと考えられますか．

▶▶▶ 演習問題 8　解答

1　**▶▶ 考え方**

(1) では 2 次曲線を x 軸方向に a，y 軸方向に b だけ平行移動するとき，x，y の 1 次の項が 0 になるような a，b の値を求める．

解答▷　(1)　2 次曲線を x 軸方向に a，y 軸方向に b だけ平行移動すると

$$(x-a)^2 + 10(x-a)(y-b) + (y-b)^2 - 12(x-a) - 12(y-b) + 4 = 0$$

展開して整理すると，

$$\begin{aligned} &x^2 + 10xy + y^2 - (2a+10b+12)x - (10a+2b+12)y \\ &\quad + a^2 + 10ab + b^2 + 12a + 12b + 4 = 0 \end{aligned} \qquad \cdots①$$

x，y の 1 次の項が 0 になるには，

$$2a + 10b + 12 = 0, \quad 10a + 2b + 12 = 0 \qquad \cdots②$$

② を解くと，$a = b = -1$ が得られる．すなわち，x 軸方向に -1，y 軸方向に -1 だけ平行移動すれば，① の定数項は -8 となり

$$x^2 + 10xy + y^2 - 8 = 0$$

となる．　　　　　　　　　　　　　(答) x 軸方向に -1，y 軸方向に -1 だけ平行移動

(2)　(1) で求めた 2 次曲線は，

$${}^t\boldsymbol{x}\,A\boldsymbol{x} = (x \quad y)\begin{pmatrix} 1 & 5 \\ 5 & 1 \end{pmatrix}\begin{pmatrix} x \\ y \end{pmatrix} = 8$$

と表される．固有方程式 $\begin{vmatrix} 1-\lambda & 5 \\ 5 & 1-\lambda \end{vmatrix} = 0$ より，$(\lambda+4)(\lambda-6) = 0$

よって，固有値は $\lambda = -4, 6$ と求められる．

(i)　$\lambda = -4$ のとき　正規化された固有ベクトルは，$\dfrac{1}{\sqrt{2}}\begin{pmatrix} 1 \\ -1 \end{pmatrix}$

(ii)　$\lambda = 6$ のとき　正規化された固有ベクトルは，$\dfrac{1}{\sqrt{2}}\begin{pmatrix} 1 \\ 1 \end{pmatrix}$

直交行列 $P = \dfrac{1}{\sqrt{2}}\begin{pmatrix} 1 & 1 \\ -1 & 1 \end{pmatrix}$ として，$\boldsymbol{x} = P\boldsymbol{y}$，すなわち $\begin{pmatrix} x \\ y \end{pmatrix} = P\begin{pmatrix} X \\ Y \end{pmatrix}$ とおくと，

$$\begin{aligned} {}^t\boldsymbol{x}\,A\boldsymbol{x} &= {}^t(P\boldsymbol{y})\,A(P\boldsymbol{y}) = {}^t\boldsymbol{y}({}^tP\,AP)\boldsymbol{y} = (X \quad Y)\begin{pmatrix} -4 & 0 \\ 0 & 6 \end{pmatrix}\begin{pmatrix} X \\ Y \end{pmatrix} \\ &= -4X^2 + 6Y^2 = 8 \end{aligned}$$

となる．よって，$-4X^2 + 6Y^2 - 8 = 0$，すなわち，$\dfrac{X^2}{(\sqrt{2})^2} - \dfrac{Y^2}{(2/\sqrt{3})^2} = -1$ の双曲線になる．

(答) $\dfrac{X^2}{(\sqrt{2})^2} - \dfrac{Y^2}{\left(\dfrac{2}{\sqrt{3}}\right)^2} = -1$

参考▷　平行移動の様子を解図 8.1 に示す．なお，直交行列 $P = \dfrac{1}{\sqrt{2}}\begin{pmatrix} 1 & 1 \\ -1 & 1 \end{pmatrix}$ は，原点まわりに $-45°$ 回転を表す行列である．

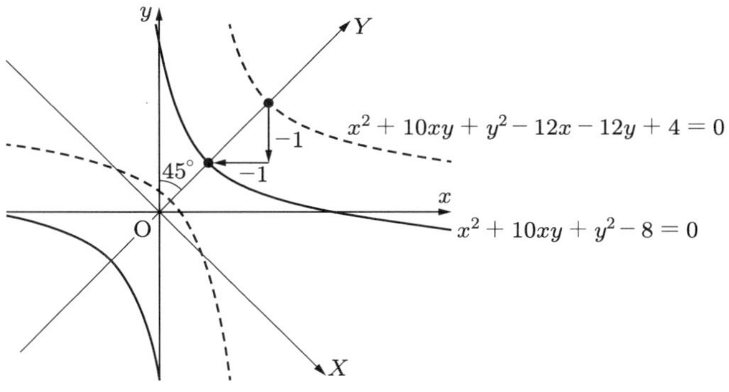

解図 8.1

2 ▶▶ **考え方**

$(x \quad y \quad z \quad 1)A\,{}^t(x \quad y \quad z \quad 1)$ は 2 次形式となる.

解答▷ 点 $\mathrm{P}(x,y,z)$ の，点 $(0,0,1)$ からの距離と平面 $x+y+z-1=0$ からの距離が等しいという条件より，

$$\sqrt{x^2+y^2+(z-1)^2}=\frac{|x+y+z-1|}{\sqrt{1^2+1^2+1^2}}$$

両辺を 2 乗して，

$$3\left\{x^2+y^2+(z-1)^2\right\}=(x+y+z-1)^2$$
$$3x^2+3y^2+3z^2-6z+3=(x+y+z)^2-2(x+y+z)+1$$
$$2x^2+2y^2+2z^2-2xy-2yz-2zx+2x+2y-4z+2=0 \qquad \cdots①$$
$$x^2+y^2+z^2-xy-yz-zx+x+y-2z+1=0$$

さて，4 次の対称行列 $A=\begin{pmatrix} a_{11} & a_{12} & a_{13} & a_{14} \\ a_{12} & a_{22} & a_{23} & a_{24} \\ a_{13} & a_{23} & a_{33} & a_{34} \\ a_{14} & a_{24} & a_{34} & a_{44} \end{pmatrix}=\begin{pmatrix} a & b & c & d \\ b & e & f & g \\ c & f & h & i \\ d & g & i & j \end{pmatrix}$ として，

$$(x \quad y \quad z \quad 1)\begin{pmatrix} a & b & c & d \\ b & e & f & g \\ c & f & h & i \\ d & g & i & j \end{pmatrix}\begin{pmatrix} x \\ y \\ z \\ 1 \end{pmatrix}=(x \quad y \quad z \quad 1)\begin{pmatrix} ax+by+cz+d \\ bx+ey+fz+g \\ cx+fy+hz+i \\ dx+gy+iz+j \end{pmatrix}$$
$$=x(ax+by+cz+d)+y(bx+ey+fz+g)+z(cx+fy+hz+i)$$
$$\quad +dx+gy+iz+j$$
$$=ax^2+ey^2+hz^2+2bxy+2fyz+2czx+2dx+2gy+2iz+j \qquad \cdots②$$

A の $(1,1)$ 成分は 2 より，$a=2$ として ① と ② の係数の比較を行う.
結果として，$a=e=h=2$，$b=f=c=-1$，$d=g=1$，$i=-2$，$j=2$ が得られ，

$A=\begin{pmatrix} 2 & -1 & -1 & 1 \\ -1 & 2 & -1 & 1 \\ -1 & -1 & 2 & -2 \\ 1 & 1 & -2 & 2 \end{pmatrix}$ が解となる.　　（答）$\begin{pmatrix} 2 & -1 & -1 & 1 \\ -1 & 2 & -1 & 1 \\ -1 & -1 & 2 & -2 \\ 1 & 1 & -2 & 2 \end{pmatrix}$

参考▷ ① を変形して，

$$(x-y)^2+(y-z+1)^2+(z-1-x)^2=0$$

これより，$x-y=0$，$y-z+1=0$，$z-1-x=0$ となる.

よって，点 P の軌跡は $x=y=z-1$ という直線を描く. すなわち，点 $(0,0,1)$ を通り，ベクトル $(1,1,1)$ に平行な直線であり，点 $(0,0,1)$ からの距離と平面 $x+y+z-1=0$ からの距離が等しいことがわかる.

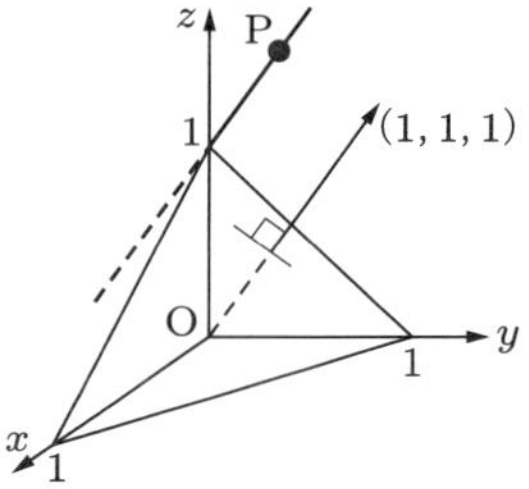

解図 8.2

3 ▶▶考え方

行列の対角化の応用が具体化された設問である．(2) では，(1) で求めた行列 M の固有値，固有ベクトルより行列 M の対角化を行えばよい．n 年後に A 新聞，B 新聞，C 新聞を購読している家の割合を a_n，b_n，c_n とすると，$\boldsymbol{v}_n = {}^t(a_n \quad b_n \quad c_n)$ は M^n を使って表せる．

解答▷ (1)　固有方程式 $\begin{vmatrix} 0.7-\lambda & 0.1 & 0.1 \\ 0.2 & 0.6-\lambda & 0.1 \\ 0.1 & 0.3 & 0.8-\lambda \end{vmatrix} = 0$ を解けばよい．

$$\begin{vmatrix} 0.7-\lambda & 0.1 & 0.1 \\ 0.2 & 0.6-\lambda & 0.1 \\ 0.1 & 0.3 & 0.8-\lambda \end{vmatrix} = \begin{vmatrix} 1-\lambda & 1-\lambda & 1-\lambda \\ 0.2 & 0.6-\lambda & 0.1 \\ 0.1 & 0.3 & 0.8-\lambda \end{vmatrix}$$
$$= (1-\lambda)\begin{vmatrix} 1 & 1 & 1 \\ 0.2 & 0.6-\lambda & 0.1 \\ 0.1 & 0.3 & 0.8-\lambda \end{vmatrix}$$
$$= (1-\lambda)\begin{vmatrix} 1 & 0 & 0 \\ 0.2 & 0.4-\lambda & -0.1 \\ 0.1 & 0.2 & 0.7-\lambda \end{vmatrix} = (1-\lambda)\Big\{(\lambda-0.4)(\lambda-0.7)+0.02\Big\}$$
$$= (1-\lambda)(\lambda^2-1.1\lambda+0.3) = -(\lambda-1)(\lambda-0.5)(\lambda-0.6)$$

より，固有値は $\lambda = 1, 0.5, 0.6$　　　(答) 0.5，0.6，1

(2)　ある年に A 新聞，B 新聞，C 新聞を購読している家の割合をそれぞれ a_0，b_0，c_0（a_0，b_0，c_0 はすべて正の実数かつ $a_0+b_0+c_0=1$）とする．そこから n 年後（n は正の整数）に A 新聞，B 新聞，C 新聞を購読している家の割合をそれぞれ a_n，b_n，c_n として，$\boldsymbol{v}_n = {}^t(a_n \quad b_n \quad c_n)$ とおくと，

$$\boldsymbol{v}_n = M\boldsymbol{v}_{n-1}$$

すなわち，$\boldsymbol{v}_n = M\boldsymbol{v}_{n-1} = \cdots = M^n\boldsymbol{v}_0$ が成り立つ．このとき，すべての正の整数 n において，$a_n+b_n+c_n=1$ が成り立つことに注意する．

M^n を求めるために，M を対角化する．まず，M の固有値 0.5，0.6，1 に属する固有ベクトルの一つとして，それぞれ $\begin{pmatrix} 0 \\ 1 \\ -1 \end{pmatrix}$，$\begin{pmatrix} 1 \\ 1 \\ -2 \end{pmatrix}$，$\begin{pmatrix} 1 \\ 1 \\ 2 \end{pmatrix}$ が挙げられる．

そこで，$P = \begin{pmatrix} 0 & 1 & 1 \\ 1 & 1 & 1 \\ -1 & -2 & 2 \end{pmatrix}$ とおくと，$P^{-1} = -\dfrac{1}{4}\begin{pmatrix} 4 & -4 & 0 \\ -3 & 1 & 1 \\ -1 & -1 & -1 \end{pmatrix}$ であり，

$$P^{-1}MP = \begin{pmatrix} 0.5 & 0 & 0 \\ 0 & 0.6 & 0 \\ 0 & 0 & 1 \end{pmatrix} \qquad \cdots①$$

と対角化できる．① の両辺を n 乗すると，$P^{-1}M^nP = \begin{pmatrix} 0.5^n & 0 & 0 \\ 0 & 0.6^n & 0 \\ 0 & 0 & 1 \end{pmatrix}$ より，

$$M^n = P\begin{pmatrix} 0.5^n & 0 & 0 \\ 0 & 0.6^n & 0 \\ 0 & 0 & 1 \end{pmatrix}P^{-1}$$

$$= -\frac{1}{4}\begin{pmatrix} 0 & 1 & 1 \\ 1 & 1 & 1 \\ -1 & -2 & 2 \end{pmatrix}\begin{pmatrix} 0.5^n & 0 & 0 \\ 0 & 0.6^n & 0 \\ 0 & 0 & 1 \end{pmatrix}\begin{pmatrix} 4 & -4 & 0 \\ -3 & 1 & 1 \\ -1 & -1 & -1 \end{pmatrix} \qquad \cdots ②$$

$$= \frac{1}{4}\begin{pmatrix} 1+3\cdot 0.6^n & 1-0.6^n & 1-0.6^n \\ 1-4\cdot 0.5^n+3\cdot 0.6^n & 1+4\cdot 0.5^n-0.6^n & 1-0.6^n \\ 2+4\cdot 0.5^n-6\cdot 0.6^n & 2-4\cdot 0.5^n+2\cdot 0.6^n & 2+2\cdot 0.6^n \end{pmatrix}$$

$\boldsymbol{v}_n = M^n \boldsymbol{v}_0$ より，

$$\begin{pmatrix} a_n \\ b_n \\ c_n \end{pmatrix} = \frac{1}{4}\begin{pmatrix} 1+3\cdot 0.6^n & 1-0.6^n & 1-0.6^n \\ 1-4\cdot 0.5^n+3\cdot 0.6^n & 1+4\cdot 0.5^n-0.6^n & 1-0.6^n \\ 2+4\cdot 0.5^n-6\cdot 0.6^n & 2-4\cdot 0.5^n+2\cdot 0.6^n & 2+2\cdot 0.6^n \end{pmatrix}\begin{pmatrix} a_0 \\ b_0 \\ c_0 \end{pmatrix}$$

$\displaystyle\lim_{n\to\infty} M^n = \frac{1}{4}\begin{pmatrix} 1 & 1 & 1 \\ 1 & 1 & 1 \\ 2 & 2 & 2 \end{pmatrix}$ より

$$\left.\begin{aligned} \lim_{n\to\infty} a_n &= \frac{1}{4}a_0 + \frac{1}{4}b_0 + \frac{1}{4}c_0 = \frac{1}{4}(a_0+b_0+c_0) = \frac{1}{4} \\ \lim_{n\to\infty} b_n &= \frac{1}{4}a_0 + \frac{1}{4}b_0 + \frac{1}{4}c_0 = \frac{1}{4}(a_0+b_0+c_0) = \frac{1}{4} \\ \lim_{n\to\infty} c_n &= \frac{1}{2}a_0 + \frac{1}{2}b_0 + \frac{1}{2}c_0 = \frac{1}{2}(a_0+b_0+c_0) = \frac{1}{2} \end{aligned}\right\} \qquad \cdots ③$$

が成り立つ．したがって，A 新聞，B 新聞，C 新聞の購読の割合は，$\frac{1}{4}$ (= 25%)，$\frac{1}{4}$ (= 25%)，$\frac{1}{2}$ (= 50%) にそれぞれ近づくと考えられる．

（答）A 新聞：$\frac{1}{4}$，B 新聞：$\frac{1}{4}$，C 新聞：$\frac{1}{2}$

Check!

② はつぎのように計算してもよい．

$$\lim_{n\to\infty} M^n = -\frac{1}{4}\begin{pmatrix} 0 & 1 & 1 \\ 1 & 1 & 1 \\ -1 & -2 & 2 \end{pmatrix}\begin{pmatrix} 0 & 0 & 0 \\ 0 & 0 & 0 \\ 0 & 0 & 1 \end{pmatrix}\begin{pmatrix} 4 & -4 & 0 \\ -3 & 1 & 1 \\ -1 & -1 & -1 \end{pmatrix} = \frac{1}{4}\begin{pmatrix} 1 & 1 & 1 \\ 1 & 1 & 1 \\ 2 & 2 & 2 \end{pmatrix}$$

また，$a_0 + b_0 + c_0 = 1$ を満たす限り，a_0，b_0，c_0 がどのような値をとっても，すなわち，どのような初期状態から出発しようと，$\displaystyle\lim_{n\to\infty} a_n$，$\displaystyle\lim_{n\to\infty} b_n$，$\displaystyle\lim_{n\to\infty} c_n$ はそれぞれ一定値（定常値）をもつことを，③ は示している．

参考▷　マルコフ連鎖

問題より，A 新聞，B 新聞，C 新聞購読の状態遷移は，

$$\boldsymbol{v}_n = M\boldsymbol{v}_{n-1} \iff \begin{pmatrix} a_n \\ b_n \\ c_n \end{pmatrix} = \begin{pmatrix} 0.7 & 0.1 & 0.1 \\ 0.2 & 0.6 & 0.1 \\ 0.1 & 0.3 & 0.8 \end{pmatrix}\begin{pmatrix} a_{n-1} \\ b_{n-1} \\ c_{n-1} \end{pmatrix}$$

で表せる．ここで，$M = \begin{pmatrix} 0.7 & 0.1 & 0.1 \\ 0.2 & 0.6 & 0.1 \\ 0.1 & 0.3 & 0.8 \end{pmatrix}$ は状態遷移確率である．

v_n, v_{n-1} を，それぞれ未来，現在の状態とすれば，$v_n = Mv_{n-1}$ は，新聞の未来の購読状態が，現在の購読状態だけで決定され，過去の購読状態と無関係であることを示し，これは，とくに単純マルコフ連鎖という．新聞購読の状態が遷移していく様子を，解図 8.3 で示す．これは，情報理論にでてくるシャノン線図とよばれる．

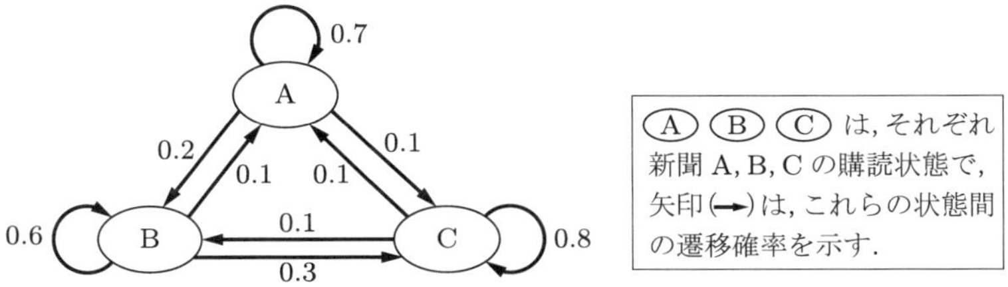

解図 8.3

Ⓐ Ⓑ Ⓒ は，それぞれ新聞 A, B, C の購読状態で，矢印（→）は，これらの状態間の遷移確率を示す．

上記の解答では，$v_n = Mv_{n-1}$ より，$v_n = M^n v_0$ となるので，M の対角化を行って，M^n を求め，つぎに $\lim_{n \to \infty} M^n$ として極限値をとり，

$$\lim_{n \to \infty} v_n = \lim_{n \to \infty} \begin{pmatrix} a_n \\ b_n \\ c_n \end{pmatrix} = \lim_{n \to \infty} M^n v_0$$

を求めている．ところで，分解不可能で非周期的なマルコフ連鎖では，$\lim_{n \to \infty} M^n$ が存在し，これは同一の列ベクトルよりなる．すなわち，

$$\lim_{n \to \infty} M^n = (\boldsymbol{m} \quad \boldsymbol{m} \quad \cdots \quad \boldsymbol{m}), \quad \boldsymbol{m} = {}^t(m_1 \quad m_2 \quad m_3) \qquad \cdots ④$$

ここで，$\boldsymbol{m}$ は，

$$M\boldsymbol{m} = \boldsymbol{m} \qquad \cdots ⑤$$

を満たすベクトルで，$\sum_{i=1}^{3} m_i = 1$ $(m_i \geqq 0, \ i = 1, 2, 3)$ であり，⑤ より一意的に定まる．

④ に関して，本問では，$m_1 = \lim_{n \to \infty} a_n$, $m_2 = \lim_{n \to \infty} b_n$, $m_3 = \lim_{n \to \infty} c_n$ であり，$\lim_{n \to \infty} M^n = \dfrac{1}{4}\begin{pmatrix} 1 & 1 & 1 \\ 1 & 1 & 1 \\ 2 & 2 & 2 \end{pmatrix}$ より，同一の列ベクトル $\boldsymbol{m} = \begin{pmatrix} 1/4 \\ 1/4 \\ 1/2 \end{pmatrix}$ に収束する．これは，初めにどの状態から出発しようと，時間が十分たてば，各状態（A 新聞，B 新聞，C 新聞の購読状態）の確率分布が同じになり，それは $\boldsymbol{m}$ であることを意味する．

⑤ に関しては，$M\boldsymbol{m} = \boldsymbol{m}$, $\boldsymbol{m} = {}^t(m_1 \quad m_2 \quad m_3)$ より，

$$\begin{pmatrix} 0.7 & 0.1 & 0.1 \\ 0.2 & 0.6 & 0.1 \\ 0.1 & 0.3 & 0.8 \end{pmatrix} \begin{pmatrix} m_1 \\ m_2 \\ m_3 \end{pmatrix} = \begin{pmatrix} m_1 \\ m_2 \\ m_3 \end{pmatrix}$$

すなわち,

$$\begin{cases} 0.7m_1 + 0.1m_2 + 0.1m_3 = m_1 \\ 0.2m_1 + 0.6m_2 + 0.1m_3 = m_2 \\ 0.1m_1 + 0.3m_2 + 0.8m_3 = m_3 \end{cases}$$

これらより，$m_1 = m_2$，$m_3 = 2m_1$ で，$m_1 + m_2 + m_3 = 1$　($m_1 \geqq 0$, $m_2 \geqq 0$, $m_3 \geqq 0$) より $m_1 = m_2 = \dfrac{1}{4}$，$m_3 = \dfrac{1}{2}$ と定まる.

したがって，④，⑤ で定められた m_1，m_2，m_3 は，A 新聞，B 新聞，C 新聞購読の割合の極限値 $\lim_{n\to\infty} a_n$，$\lim_{n\to\infty} b_n$，$\lim_{n\to\infty} c_n$ に一致する.

Chapter 9

ジョルダン標準形

▶▶ 出題傾向と学習上のポイント

行列が対角化できない場合は，ジョルダン標準形を求める必要があります．やや高度な内容ですが，近年出題されるケースも多く，固有方程式や最小多項式の概念，それらとジョルダン標準形の関係を確実に理解しましょう．

1 ジョルダン細胞

つぎのように，対角成分がすべて α（ある一定の値）で，その上または右隣りの成分が 1，ほかはすべて 0 の k 次正方行列を $J(\alpha, k)$ と表記し，k 次**ジョルダン細胞**という．

$$J(\alpha, k) = \underbrace{\begin{pmatrix} \alpha & 1 & 0 & \cdots & \cdots & 0 \\ 0 & \alpha & 1 & 0 & \cdots & 0 \\ \vdots & 0 & \alpha & 1 & \ddots & \vdots \\ \vdots & & 0 & \alpha & \ddots & 0 \\ \vdots & & & \ddots & \ddots & 1 \\ 0 & \cdots & \cdots & \cdots & 0 & \alpha \end{pmatrix}}_{k\text{ 列}} \quad k\text{ 行}$$

Memo
1 になっている成分がすべて 0 であれば，ジョルダン細胞は対角行列になる．

例 1 $J(3,1) = 3$,　$J(5,2) = \begin{pmatrix} 5 & 1 \\ 0 & 5 \end{pmatrix}$,

$$J(2,3) = \begin{pmatrix} 2 & 1 & 0 \\ 0 & 2 & 1 \\ 0 & 0 & 2 \end{pmatrix},$$

$$J(-3,4) = \begin{pmatrix} -3 & 1 & 0 & 0 \\ 0 & -3 & 1 & 0 \\ 0 & 0 & -3 & 1 \\ 0 & 0 & 0 & -3 \end{pmatrix}$$

Memo
1 次ジョルダン細胞 $J(\alpha, 1) = \alpha$ であることに注意する．

つぎのように，行列 A の対角ブロック（対角線上にそって並んだ行列のブロック）がすべてジョルダン細胞からなり，その他のブロックがすべて零行列 O であるとき，A を**ジョルダン標準形**という．このとき

$$
\begin{aligned}
A &= \begin{pmatrix} J(\alpha_1,k_1) & & & O \\ & J(\alpha_2,k_2) & & \\ & & \ddots & \\ O & & & J(\alpha_r,k_r) \end{pmatrix} \\
&= J(\alpha_1,k_1) \oplus J(\alpha_2,k_2) \oplus \cdots \oplus J(\alpha_r,k_r)
\end{aligned}
$$

> **Memo**
> 直和とは，ジョルダン細胞がジグソーパズルのピースのように，重なることなくぴったり貼り合わせできるイメージである．

とジョルダン細胞の直和で表すことができる．

例 2　$A = \begin{pmatrix} a & 0 & 0 \\ 0 & b & 0 \\ 0 & 0 & c \end{pmatrix} = J(a,1) \oplus J(b,1) \oplus J(c,1)$

すなわち，対角行列は 1 次のジョルダン細胞の直和で表せる．

例 3

$$
\begin{aligned}
&\begin{pmatrix} J(7,4) & & & & O \\ & J(5,3) & & & \\ & & J(2,1) & & \\ & & & J(3,1) & \\ O & & & & J(4,1) \end{pmatrix} \\
&= \begin{pmatrix}
7 & 1 & 0 & 0 & \cdots & \cdots & \cdots & \cdots & \cdots & 0 \\
0 & 7 & 1 & 0 & & & & & & \vdots \\
0 & 0 & 7 & 1 & 0 & & & & & \vdots \\
0 & 0 & 0 & 7 & 0 & 0 & & & & \vdots \\
\vdots & & & 0 & 5 & 1 & 0 & & & \vdots \\
\vdots & & & & 0 & 5 & 1 & 0 & & \vdots \\
\vdots & & & & 0 & 0 & 5 & 0 & 0 & \vdots \\
\vdots & & & & & & 0 & 2 & 0 & 0 \\
\vdots & & & & & & & 0 & 3 & 0 \\
0 & \cdots & \cdots & \cdots & \cdots & \cdots & \cdots & \cdots & 0 & 4
\end{pmatrix} \\
&= J(7,4) \oplus J(5,3) \oplus J(2,1) \oplus J(3,1) \oplus J(4,1)
\end{aligned}
$$

> **Memo**
> ⬚ はジョルダン細胞を示す．本書では，対角化できない行列に対して，理解しやすくする意味で適宜 ⬚ を挿入する．

---

2 ジョルダン標準形

n 次正方行列 A のもつ各固有値 $(\lambda_1, \lambda_2, \ldots, \lambda_s)$ の重複度 $(m_1, m_2, \ldots, m_s)$ が，その固有値に属する固有空間の次元に一致する場合，すなわち，

$$m_i = \dim V(\lambda_i) \ \bigl(= n - \mathrm{rank}(A - \lambda_i E)\bigr) \quad (i = 1, 2, \ldots, s)$$

の場合，適当な正則行列 P を用いて，正方行列 A はつぎのように対角化できることを第 7 章で学んだ．

$$P^{-1}AP = \begin{pmatrix} \overbrace{\lambda_1 \ \ddots \ \lambda_1}^{m_1 \text{個}} & & & O \\ & \overbrace{\lambda_2 \ \ddots \ \lambda_2}^{m_2 \text{個}} & & \\ & & \ddots & \\ O & & & \overbrace{\lambda_s \ \ddots \ \lambda_s}^{m_s \text{個}} \end{pmatrix}$$

ところが，すべての正方行列 A は対角化可能というわけではない．行列 A のもつ各固有値 $(\lambda_1, \lambda_2, \ldots, \lambda_s)$ の重複度 $(m_1, m_2, \ldots, m_s)$ が，その固有値に属する固有空間の次元に一致しない場合，すなわち，

$$m_i \neq \dim V(\lambda_i) \quad (i = 1, 2, \ldots, s)$$

の場合は対角化できない．しかし，**対角化できない n 次正方行列 A でも，適当な正則行列（変換行列）P を用いてジョルダン標準形にできる**．すなわち，

$$P^{-1}AP = \begin{pmatrix} J(\lambda_1, k_1) & & & O \\ & J(\lambda_2, k_2) & & \\ & & \ddots & \\ O & & & J(\lambda_s, k_s) \end{pmatrix}, \quad n = \sum_{i=1}^{s} k_i$$

となる．なお，ジョルダン標準形は，ジョルダン細胞の並ぶ順序を除いて一意的に定まる．

また，ジョルダン細胞の個数は，つぎのように求めることができる．

重要 ジョルダン細胞の個数

$\begin{pmatrix} J(\lambda_1, k_1) & & O \\ & \ddots & \\ O & & J(\lambda_s, k_s) \end{pmatrix}$ の**固有値 λ_i に対するジョルダン細胞の個数**は

$$\dim V(\lambda_i) = n - \mathrm{rank}(A - \lambda_i E) \quad (i = 1, \ldots, s)$$

すなわち，**固有値 λ_i に属する固有空間の次元に等しい**．

▶ 例題 1　行列 $A = \begin{pmatrix} 1 & -1 & 1 \\ 1 & 0 & 1 \\ 1 & -1 & 2 \end{pmatrix}$ に対するジョルダン標準形 J と，そのための変換行列 P を求めなさい．

▶▶ 考え方

まずは，行列 A が対角化できないことから確認して，ジョルダン標準形 J を求める．つぎに，変換行列 P を $P^{-1}AP = J$ の関係より求める．

解答▷　A の固有方程式は $\begin{vmatrix} 1-\lambda & -1 & 1 \\ 1 & -\lambda & 1 \\ 1 & -1 & 2-\lambda \end{vmatrix} = 0$ より，$(\lambda - 1)^3 = 0$ であり，固有値は 1（重複度 3）である．

また，E を単位行列とすると，$A - E = \begin{pmatrix} 0 & -1 & 1 \\ 1 & -1 & 1 \\ 1 & -1 & 1 \end{pmatrix}$ の階数は 2 である．

よって，固有値 1 に属する固有空間の次元は $\dim V(1) = 3 - \mathrm{rank}(A - E) = 1$ となって，重複度 3 に等しくないので，行列 A は対角化できないことがわかる．

一方，固有値 1 に対するジョルダン細胞の個数は $\dim V(1) = 1$ から，行列 A のジョルダン標準形は $J = \begin{pmatrix} 1 & 1 & 0 \\ 0 & 1 & 1 \\ 0 & 0 & 1 \end{pmatrix}$ $\bigl(= J(1,3)\bigr)$ である．

つぎに，変換行列 P を求める．$P^{-1}AP = J$ から

$$AP = PJ \qquad \cdots①$$

となる．$P = (\boldsymbol{u} \quad \boldsymbol{v} \quad \boldsymbol{w})$ として，① は

$$(A\boldsymbol{u} \quad A\boldsymbol{v} \quad A\boldsymbol{w}) = (\boldsymbol{u} \quad \boldsymbol{v} \quad \boldsymbol{w}) \begin{pmatrix} 1 & 1 & 0 \\ 0 & 1 & 1 \\ 0 & 0 & 1 \end{pmatrix} = (\boldsymbol{u} \quad \boldsymbol{u}+\boldsymbol{v} \quad \boldsymbol{v}+\boldsymbol{w})$$

よって，

$$A\boldsymbol{u} = \boldsymbol{u} \text{ から } (A - E)\boldsymbol{u} = \boldsymbol{0} \qquad \cdots②$$

$$A\boldsymbol{v} = \boldsymbol{u} + \boldsymbol{v} \text{ から } (A - E)\boldsymbol{v} = \boldsymbol{u} \qquad \cdots③$$

$$A\boldsymbol{w} = \boldsymbol{v} + \boldsymbol{w} \text{ から } (A - E)\boldsymbol{w} = \boldsymbol{v} \qquad \cdots④$$

を満たす変換行列 $P = (\boldsymbol{u} \quad \boldsymbol{v} \quad \boldsymbol{w})$ を求める．

② から，$\boldsymbol{u}$ を求める．

$$(A - E)\begin{pmatrix} x \\ y \\ z \end{pmatrix} = \begin{pmatrix} 0 & -1 & 1 \\ 1 & -1 & 1 \\ 1 & -1 & 1 \end{pmatrix}\begin{pmatrix} x \\ y \\ z \end{pmatrix} = \begin{pmatrix} -y+z \\ x-y+z \\ x-y+z \end{pmatrix} = \begin{pmatrix} 0 \\ 0 \\ 0 \end{pmatrix}$$

より $x=0$，$y=z$ である．よって，$\boldsymbol{u}=\begin{pmatrix}0\\1\\1\end{pmatrix}$ をとる．

③ から，$\boldsymbol{v}$ を求める．

$$(A-E)\begin{pmatrix}x\\y\\z\end{pmatrix}=\begin{pmatrix}0&-1&1\\1&-1&1\\1&-1&1\end{pmatrix}\begin{pmatrix}x\\y\\z\end{pmatrix}=\begin{pmatrix}-y+z\\x-y+z\\x-y+z\end{pmatrix}=\begin{pmatrix}0\\1\\1\end{pmatrix}$$

より $x=1$，$y=z$ である．よって，$\boldsymbol{v}=\begin{pmatrix}1\\0\\0\end{pmatrix}$ をとる．

④ から，$\boldsymbol{w}$ を求める．

$$(A-E)\begin{pmatrix}x\\y\\z\end{pmatrix}=\begin{pmatrix}-y+z\\x-y+z\\x-y+z\end{pmatrix}=\begin{pmatrix}1\\0\\0\end{pmatrix}$$

より $x=-1$，$-y+z=1$ である．よって，$\boldsymbol{w}=\begin{pmatrix}-1\\-1/2\\1/2\end{pmatrix}$ をとる．

以上より，変換行列として $P=(\boldsymbol{u}\quad\boldsymbol{v}\quad\boldsymbol{w})=\begin{pmatrix}0&1&-1\\1&0&-1/2\\1&0&1/2\end{pmatrix}$ を選ぶことができる．

（答）$J=\begin{pmatrix}1&1&0\\0&1&1\\0&0&1\end{pmatrix}$，$P=\begin{pmatrix}0&1&-1\\1&0&-\dfrac{1}{2}\\1&0&\dfrac{1}{2}\end{pmatrix}$

参考 1▷　$\boldsymbol{u}$ を求めた後，つぎのように $\boldsymbol{v}$，$\boldsymbol{w}$ を求めてもよい．

②，③ から，$(A-E)^2\boldsymbol{v}=(A-E)\boldsymbol{u}=\boldsymbol{0}$ となって，固有値 1 に属する一般固有ベクトル $\boldsymbol{v}$ を求める．

②，③，④ から，$(A-E)^3\boldsymbol{w}=(A-E)^2\boldsymbol{v}=\boldsymbol{0}$ となって，固有値 1 に属する一般固有ベクトル $\boldsymbol{w}$ を求める．

Memo　**固有空間と一般固有空間**

$\boldsymbol{u}$ が $(A-\lambda E)^N\boldsymbol{u}=\boldsymbol{0}$（$N$ は重複度）を満たすとき，$\boldsymbol{u}$ を**一般固有ベクトル**という．とくに，$N=1$ のとき，すなわち，$(A-\lambda E)\boldsymbol{u}=\boldsymbol{0}$ では，$\boldsymbol{u}$ は**固有ベクトル**である．固有ベクトルが生成するベクトル空間を**固有空間**といったように，一般固有ベクトルが生成するベクトル空間を**一般固有空間**という．なお，固有値 λ に属する固有空間の次元は $\dim V(\lambda)=n-\mathrm{rank}(A-\lambda E)$ で求められるが，固有値 λ（重複度 N）に属する一般固有空間の次元は，$\dim W(\lambda)=n-\mathrm{rank}(A-\lambda E)^N$ $(=N)$ となる．

参考 2▷　$P=\begin{pmatrix}0&1&-1\\1&0&-1/2\\1&0&1/2\end{pmatrix}$ から，逆行列 $P^{-1}=\begin{pmatrix}0&1/2&1/2\\1&-1&1\\0&-1&1\end{pmatrix}$ となって，

$$P^{-1}AP=\begin{pmatrix}0&1/2&1/2\\1&-1&1\\0&-1&1\end{pmatrix}\begin{pmatrix}1&-1&1\\1&0&1\\1&-1&2\end{pmatrix}\begin{pmatrix}0&1&-1\\1&0&-1/2\\1&0&1/2\end{pmatrix}$$

$$= \begin{pmatrix} 1 & -1/2 & 3/2 \\ 1 & -2 & 2 \\ 0 & -1 & 1 \end{pmatrix} \begin{pmatrix} 0 & 1 & -1 \\ 1 & 0 & -1/2 \\ 1 & 0 & 1/2 \end{pmatrix} = \begin{pmatrix} 1 & 1 & 0 \\ 0 & 1 & 1 \\ 0 & 0 & 1 \end{pmatrix} = J(1,3)$$

を確認することができる.

Memo

行列が対角化できない場合，その固有値に属する固有空間の次元は，その固有値の重複度よりも一般的に小さい．ところが，一般固有空間の次元では重複度に等しくなる．例題 1 では，固有値 1 の重複度は 3 であるが，固有空間の次元は $\dim V(1) = 3 - \mathrm{rank}(A - E) = 1$ と重複度 3 よりも小さい．しかし，一般固有空間の次元では $\dim W(1) = 3 - \mathrm{rank}(A - E)^3 = 3$ となって，重複度 3 に等しくなる．

例題 2　正方行列 $A = \begin{pmatrix} 0 & -1 & 1 \\ 2 & -3 & 1 \\ 1 & -1 & -1 \end{pmatrix}$ のジョルダン標準形 J と，変換行列 P を求めなさい.

考え方

例題 1 と同じアプローチで解答する．なお，この行列は第 7 章例題 4 (2) に登場した行列である．そのときは「対角化できない」で終わっていたが，ここではジョルダン標準形を実際に求めてみる.

解答▷　固有方程式は $\begin{vmatrix} -\lambda & -1 & 1 \\ 2 & -3-\lambda & 1 \\ 1 & -1 & -1-\lambda \end{vmatrix} = 0$ から，$(\lambda+1)^2(\lambda+2) = 0$

固有値は，$\lambda = -1$（重複度 2), -2 となる.

(i)　$\lambda = -1$ のとき

$A + E = \begin{pmatrix} 1 & -1 & 1 \\ 2 & -2 & 1 \\ 1 & -1 & 0 \end{pmatrix}$ の階数は 2 である.

$\dim V(-1) = 3 - \mathrm{rank}(A + E) = 1$ から，重複度と一致しないので，対角化できない．また，固有値 -1 に対するジョルダン細胞は $\dim V(-1) = 1$ より 1 個である.

(ii)　$\lambda = -2$ のとき

$A + 2E = \begin{pmatrix} 2 & -1 & 1 \\ 2 & -1 & 1 \\ 1 & -1 & 1 \end{pmatrix}$ の階数は 2 である.

$\dim V(-2) = 3 - \mathrm{rank}(A - 2E) = 1$ より，重複度に一致する．したがって，$\lambda = -2$ のジョルダン細胞は 1 個である.

よって，行列 A のジョルダン標準形は

$$J = \begin{pmatrix} -1 & 1 & 0 \\ 0 & -1 & 0 \\ 0 & 0 & -2 \end{pmatrix} = J(-1,2) \oplus J(-2,1)$$

Check!
$J = \begin{pmatrix} -2 & 0 & 0 \\ 0 & -1 & 1 \\ 0 & 0 & -1 \end{pmatrix}$ でもよい

である．つぎに，変換行列 P を求める．$P^{-1}AP = J$ から

$$AP = PJ \qquad \cdots①$$

となる．$P = (\boldsymbol{u} \quad \boldsymbol{v} \quad \boldsymbol{w})$ として，① は

$$(A\boldsymbol{u} \quad A\boldsymbol{v} \quad A\boldsymbol{w}) = (\boldsymbol{u} \quad \boldsymbol{v} \quad \boldsymbol{w})\begin{pmatrix} -1 & 1 & 0 \\ 0 & -1 & 0 \\ 0 & 0 & -2 \end{pmatrix} = (-\boldsymbol{u} \quad \boldsymbol{u}-\boldsymbol{v} \quad -2\boldsymbol{w})$$

よって，

$A\boldsymbol{u} = -\boldsymbol{u}$ から $(A+E)\boldsymbol{u} = \boldsymbol{0}$　…②

$A\boldsymbol{v} = \boldsymbol{u}-\boldsymbol{v}$ から $(A+E)\boldsymbol{v} = \boldsymbol{u}$　…③

$A\boldsymbol{w} = -2\boldsymbol{w}$ から $(A+2E)\boldsymbol{w} = \boldsymbol{0}$　…④

を満たす $P = (\boldsymbol{u} \quad \boldsymbol{v} \quad \boldsymbol{w})$ を求める．

② から $\boldsymbol{u}$ を求める．

$(A+E)\begin{pmatrix} x \\ y \\ z \end{pmatrix} = \begin{pmatrix} x-y+z \\ 2x-2y+z \\ x-y \end{pmatrix} = \begin{pmatrix} 0 \\ 0 \\ 0 \end{pmatrix}$ より $x=y$，$z=0$ となって，$\boldsymbol{u} = \begin{pmatrix} 1 \\ 1 \\ 0 \end{pmatrix}$ をとる．

③ から $\boldsymbol{v}$ を求める．

$(A+E)\begin{pmatrix} x \\ y \\ z \end{pmatrix} = \begin{pmatrix} x-y+z \\ 2x-2y+z \\ x-y \end{pmatrix} = \begin{pmatrix} 1 \\ 1 \\ 0 \end{pmatrix}$ より $x=y$，$z=1$ となって，$\boldsymbol{v} = \begin{pmatrix} 0 \\ 0 \\ 1 \end{pmatrix}$ をとる．

④ から $\boldsymbol{w}$ を求める．

$(A+2E)\begin{pmatrix} x \\ y \\ z \end{pmatrix} = \begin{pmatrix} 2x-y+z \\ 2x-y+z \\ x-y+z \end{pmatrix} = \begin{pmatrix} 0 \\ 0 \\ 0 \end{pmatrix}$ より $x=0$，$y=z$ となって，$\boldsymbol{w} = \begin{pmatrix} 0 \\ 1 \\ 1 \end{pmatrix}$ をとる．

以上より，変換行列として $P = \begin{pmatrix} 1 & 0 & 0 \\ 1 & 0 & 1 \\ 0 & 1 & 1 \end{pmatrix}$ を選ぶことができる．

（答）$J = \begin{pmatrix} -1 & 1 & 0 \\ 0 & -1 & 0 \\ 0 & 0 & -2 \end{pmatrix}$，$P = \begin{pmatrix} 1 & 0 & 0 \\ 1 & 0 & 1 \\ 0 & 1 & 1 \end{pmatrix}$

例題 3★　行列 $A = \begin{pmatrix} 1 & 0 & -1 \\ 1 & -2 & 1 \\ 1 & -1 & 0 \end{pmatrix}$ について，n を 2 以上の整数とするとき，ジョルダン標準形を用いて A^n を求めなさい．

▶▶ 考え方

第 7 章例題 8 ではケーリー・ハミルトンの定理で解いたが，ここではジョルダン標準形より A^n を求めてみる．

解答▷　固有方程式 $\begin{vmatrix} 1-\lambda & 0 & -1 \\ 1 & -2-\lambda & 1 \\ 1 & -1 & -\lambda \end{vmatrix} = 0$ より，$\lambda^2(\lambda+1) = 0$

よって，$\lambda = 0$（重複度 2），-1

(i) $\lambda = -1$ のとき

$$A-(-1)E = A+E = \begin{pmatrix} 2 & 0 & -1 \\ 1 & -1 & 1 \\ 1 & -1 & 1 \end{pmatrix}$$

$\mathrm{rank}(A+E)=2$ より，$n-\mathrm{rank}(A+E)=3-2=1$ となり，ジョルダン細胞は 1 個となる．

(ii) $\lambda=0$（重複度 2）のとき

$$A-0E=A=\begin{pmatrix}1&0&-1\\1&-2&1\\1&-1&0\end{pmatrix}$$

$\mathrm{rank}(A)=2$ より，$n-\mathrm{rank}(A)=3-2=1$ となり，重複度 2 に一致しないので，対角化できない．なお，固有値 $\lambda=0$ に対して，ジョルダン細胞は 1 個になる．

よって，ジョルダン標準形 J は

$$J=\begin{pmatrix}-1&0&0\\0&0&1\\0&0&0\end{pmatrix}=J(-1,1)\oplus J(0,2)$$

となる．

Check!
ジョルダン標準形は $\begin{pmatrix}0&1&0\\0&0&0\\0&0&-1\end{pmatrix}$ でもよい．

つぎに，$\lambda=-1$ に属する固有ベクトルを $\boldsymbol{u}$，$\lambda=0$ に属する一般固有ベクトルを $\boldsymbol{v}$，$\boldsymbol{w}$ として，変換行列 $P=(\boldsymbol{u}\quad\boldsymbol{v}\quad\boldsymbol{w})$ を求める．$AP=PJ$ より

$$A(\boldsymbol{u}\quad\boldsymbol{v}\quad\boldsymbol{w})=(\boldsymbol{u}\quad\boldsymbol{v}\quad\boldsymbol{w})\begin{pmatrix}-1&0&0\\0&0&1\\0&0&0\end{pmatrix}$$

すなわち，$(A\boldsymbol{u}\quad A\boldsymbol{v}\quad A\boldsymbol{w})=(-\boldsymbol{u}\quad\boldsymbol{0}\quad\boldsymbol{v})$

- $A\boldsymbol{u}=-\boldsymbol{u}\iff(A+E)\boldsymbol{u}=\boldsymbol{0}$ すなわち，$\begin{pmatrix}2&0&-1\\1&-1&1\\1&-1&1\end{pmatrix}\begin{pmatrix}x\\y\\z\end{pmatrix}=\begin{pmatrix}0\\0\\0\end{pmatrix}$

  $2x-z=0$，$x-y+z=0$ となって，$\boldsymbol{u}=\begin{pmatrix}1\\3\\2\end{pmatrix}$

- $A\boldsymbol{v}=\boldsymbol{0}$ すなわち，$\begin{pmatrix}1&0&-1\\1&-2&1\\1&-1&0\end{pmatrix}\begin{pmatrix}x\\y\\z\end{pmatrix}=\begin{pmatrix}0\\0\\0\end{pmatrix}$

  $x-z=0$，$x-2y+z=0$，$x-y=0$ から，$x=y=z$ となって，$\boldsymbol{v}=\begin{pmatrix}1\\1\\1\end{pmatrix}$

- $A\boldsymbol{w}=\boldsymbol{v}$ すなわち，$\begin{pmatrix}1&0&-1\\1&-2&1\\1&-1&0\end{pmatrix}\begin{pmatrix}x\\y\\z\end{pmatrix}=\begin{pmatrix}1\\1\\1\end{pmatrix}$

  $x-z=1$，$x-2y+z=1$，$x-y=1$ から，$x=y+1$，$z=y$ となって，$\boldsymbol{w}=\begin{pmatrix}1\\0\\0\end{pmatrix}$

よって，変換行列 $P=\begin{pmatrix}1&1&1\\3&1&0\\2&1&0\end{pmatrix}$，$P^{-1}=\begin{pmatrix}0&1&-1\\0&-2&3\\1&1&-2\end{pmatrix}$ が得られる．

さて，$P^{-1}AP=\begin{pmatrix}-1&0&0\\0&0&1\\0&0&0\end{pmatrix}$ より，

$$(P^{-1}AP)^2=\begin{pmatrix}-1&0&0\\0&0&1\\0&0&0\end{pmatrix}^2=\begin{pmatrix}1&0&0\\0&0&0\\0&0&0\end{pmatrix}$$

$$(P^{-1}AP)^3 = \begin{pmatrix} -1 & 0 & 0 \\ 0 & 0 & 1 \\ 0 & 0 & 0 \end{pmatrix}^3 = \begin{pmatrix} 1 & 0 & 0 \\ 0 & 0 & 0 \\ 0 & 0 & 0 \end{pmatrix}\begin{pmatrix} -1 & 0 & 0 \\ 0 & 0 & 1 \\ 0 & 0 & 0 \end{pmatrix} = \begin{pmatrix} -1 & 0 & 0 \\ 0 & 0 & 0 \\ 0 & 0 & 0 \end{pmatrix}$$

$$\vdots$$

$$(P^{-1}AP)^n = (-1)^n \begin{pmatrix} 1 & 0 & 0 \\ 0 & 0 & 0 \\ 0 & 0 & 0 \end{pmatrix} \quad (n \geqq 2) \qquad \cdots①$$

が成り立つと推測できる．これを数学的帰納法で証明する．$n=2$ のとき，① は明らかに成り立つ．$n=k$ のとき，① が成り立つと仮定して，$n=k+1$ では

$$(P^{-1}AP)^{k+1} = (P^{-1}AP)^k(P^{-1}AP) = (-1)^k \begin{pmatrix} 1 & 0 & 0 \\ 0 & 0 & 0 \\ 0 & 0 & 0 \end{pmatrix}\begin{pmatrix} -1 & 0 & 0 \\ 0 & 0 & 1 \\ 0 & 0 & 0 \end{pmatrix}$$

$$= (-1)^k \begin{pmatrix} -1 & 0 & 0 \\ 0 & 0 & 0 \\ 0 & 0 & 0 \end{pmatrix} = (-1)^{k+1} \begin{pmatrix} 1 & 0 & 0 \\ 0 & 0 & 0 \\ 0 & 0 & 0 \end{pmatrix}$$

よって，$n \geqq 2$ で ① が成り立つ．

$(P^{-1}AP)^n = P^{-1}A^nP$ より，$P^{-1}A^nP = (-1)^n \begin{pmatrix} 1 & 0 & 0 \\ 0 & 0 & 0 \\ 0 & 0 & 0 \end{pmatrix}$ となる．よって，

$$A^n = (-1)^n P \begin{pmatrix} 1 & 0 & 0 \\ 0 & 0 & 0 \\ 0 & 0 & 0 \end{pmatrix} P^{-1} = (-1)^n \begin{pmatrix} 1 & 1 & 1 \\ 3 & 1 & 0 \\ 2 & 1 & 0 \end{pmatrix}\begin{pmatrix} 1 & 0 & 0 \\ 0 & 0 & 0 \\ 0 & 0 & 0 \end{pmatrix}\begin{pmatrix} 0 & 1 & -1 \\ 0 & -2 & 3 \\ 1 & 1 & -2 \end{pmatrix}$$

$$= (-1)^n \begin{pmatrix} 1 & 0 & 0 \\ 3 & 0 & 0 \\ 2 & 0 & 0 \end{pmatrix}\begin{pmatrix} 0 & 1 & -1 \\ 0 & -2 & 3 \\ 1 & 1 & -2 \end{pmatrix} = (-1)^n \begin{pmatrix} 0 & 1 & -1 \\ 0 & 3 & -3 \\ 0 & 2 & -2 \end{pmatrix} \quad (n \geqq 2)$$

（答）$A^n = (-1)^n \begin{pmatrix} 0 & 1 & -1 \\ 0 & 3 & -3 \\ 0 & 2 & -2 \end{pmatrix} \quad (n \geqq 2)$

3　最小多項式

正方行列 A の固有多項式を $\varphi_A(\lambda)$，これに対する最小多項式を $\psi_A(\lambda)$ とする．
最小多項式とは，$f(\lambda)=0$（$f(A)=O$）となる λ の多項式 $f(\lambda)$ のうち，次数がもっとも小さく，最高次の係数が 1 である多項式のことである．

$\varphi_A(\lambda) = (\lambda-\lambda_1)^{m_1}(\lambda-\lambda_2)^{m_2}\cdots(\lambda-\lambda_s)^{m_s}$ のとき，すなわち，A の相異なる固有値が，$\lambda_1, \lambda_2, \ldots, \lambda_s$ で，その重複度がそれぞれ $m_1, m_2, \ldots, m_s$ のとき，最小多項式は

$$\psi_A(\lambda) = (\lambda-\lambda_1)^{l_1}(\lambda-\lambda_2)^{l_2}\cdots(\lambda-\lambda_s)^{l_s}$$
$$(1 \leqq l_1 \leqq m_1,\ 1 \leqq l_2 \leqq m_2,\ \ldots,\ 1 \leqq l_s \leqq m_s)$$

となる．すなわち，$\varphi_A(\lambda)$ は $\psi_A(\lambda)$ で割り切れる．また，最小多項式と対角化にはつ

ぎのような関係が成り立つ.

重要　最小多項式に関する対角化可能な条件

正方行列 A が対角化可能

$\iff$ A の最小多項式 $\psi_A(\lambda)$ は重解をもたない　$(l_1 = l_2 = \cdots = l_s = 1)$

▶ 例題 4　つぎの行列 A の最小多項式を求めなさい.

(1) $\begin{pmatrix} 1 & 1 & 2 \\ 0 & 2 & 1 \\ 0 & 0 & 3 \end{pmatrix}$　　(2) $\begin{pmatrix} 1 & 0 & 2 \\ 0 & 1 & 1 \\ 0 & 0 & 2 \end{pmatrix}$　　(3) $\begin{pmatrix} 1 & 1 & 0 \\ 0 & 1 & 0 \\ 0 & 0 & 1 \end{pmatrix}$

▶▶ 考え方

固有多項式 $\varphi_A(\lambda) = |\lambda E - A|$ の因子に着目する.

解答▷　(1)　固有多項式 $\varphi_A(\lambda) = \begin{vmatrix} \lambda-1 & -1 & -2 \\ 0 & \lambda-2 & -1 \\ 0 & 0 & \lambda-3 \end{vmatrix} = (\lambda-1)(\lambda-2)(\lambda-3)$ と重解をもたないので, これは最小多項式でもある.　　（答）$(\lambda-1)(\lambda-2)(\lambda-3)$

(2)　固有多項式 $\varphi_A(\lambda) = \begin{vmatrix} \lambda-1 & 0 & -2 \\ 0 & \lambda-1 & -1 \\ 0 & 0 & \lambda-2 \end{vmatrix} = (\lambda-1)^2(\lambda-2)$ から $(A-E)^2(A-2E) = O$ であるが,

$$(A-E)(A-2E) = \begin{pmatrix} 0 & 0 & 2 \\ 0 & 0 & 1 \\ 0 & 0 & 1 \end{pmatrix}\begin{pmatrix} -1 & 0 & 2 \\ 0 & -1 & 1 \\ 0 & 0 & 0 \end{pmatrix} = O$$

より, 最小多項式 $\psi_A(\lambda) = (\lambda-1)(\lambda-2)$　　（答）$(\lambda-1)(\lambda-2)$

(3)　固有多項式 $\varphi_A(\lambda) = \begin{vmatrix} \lambda-1 & -1 & 0 \\ 0 & \lambda-1 & 0 \\ 0 & 0 & \lambda-1 \end{vmatrix} = (\lambda-1)^3$ から $(A-E)^3 = O$

$$(A-E)^2 = \begin{pmatrix} 0 & 1 & 0 \\ 0 & 0 & 0 \\ 0 & 0 & 0 \end{pmatrix}\begin{pmatrix} 0 & 1 & 0 \\ 0 & 0 & 0 \\ 0 & 0 & 0 \end{pmatrix} = O, \quad A-E = \begin{pmatrix} 0 & 1 & 0 \\ 0 & 0 & 0 \\ 0 & 0 & 0 \end{pmatrix} \neq O$$

より, 最小多項式 $\psi_A(\lambda) = (\lambda-1)^2$　　（答）$(\lambda-1)^2$

Memo

求めた最小多項式の重解の有無より, (1), (2) の A は対角化可能であり, (3) の A は対角化できないことがわかる.

▶ 例題 5　行列 $A = \begin{pmatrix} 2 & 3 & 1 & 1 \\ 3 & 2 & 1 & 1 \\ 1 & 1 & 2 & 3 \\ 1 & 1 & 3 & 2 \end{pmatrix}$ の最小多項式を求めなさい.

▶▶ **考え方**

固有多項式を求める．$\begin{vmatrix} A & B \\ B & A \end{vmatrix} = |A+B| \cdot |A-B|$ （A, B は同じ次数の正方行列）を活用する．

解答▷　固有多項式は $\varphi_A(\lambda) = \begin{vmatrix} 2-\lambda & 3 & 1 & 1 \\ 3 & 2-\lambda & 1 & 1 \\ 1 & 1 & 2-\lambda & 3 \\ 1 & 1 & 3 & 2-\lambda \end{vmatrix}$ で，$A_1 = \begin{pmatrix} 2-\lambda & 3 \\ 3 & 2-\lambda \end{pmatrix}$,

$A_2 = \begin{pmatrix} 1 & 1 \\ 1 & 1 \end{pmatrix}$ とおくと，

$$\begin{aligned} \varphi_A(\lambda) = \begin{vmatrix} A_1 & A_2 \\ A_2 & A_1 \end{vmatrix} &= |A_1 + A_2| \cdot |A_1 - A_2| = \begin{vmatrix} 3-\lambda & 4 \\ 4 & 3-\lambda \end{vmatrix} \cdot \begin{vmatrix} 1-\lambda & 2 \\ 2 & 1-\lambda \end{vmatrix} \\ &= (\lambda^2 - 6\lambda - 7)(\lambda^2 - 2\lambda - 3) \\ &= (\lambda+1)^2(\lambda-3)(\lambda-7) \end{aligned}$$

と求められる．

$$\begin{aligned} &(A+E)(A-3E)(A-7E) \\ &= \begin{pmatrix} 3 & 3 & 1 & 1 \\ 3 & 3 & 1 & 1 \\ 1 & 1 & 3 & 3 \\ 1 & 1 & 3 & 3 \end{pmatrix} \begin{pmatrix} -1 & 3 & 1 & 1 \\ 3 & -1 & 1 & 1 \\ 1 & 1 & -1 & 3 \\ 1 & 1 & 3 & -1 \end{pmatrix} \begin{pmatrix} -5 & 3 & 1 & 1 \\ 3 & -5 & 1 & 1 \\ 1 & 1 & -5 & 3 \\ 1 & 1 & 3 & -5 \end{pmatrix} = O \end{aligned}$$

より，最小多項式 $\psi_A(\lambda) = (\lambda+1)(\lambda-3)(\lambda-7)$　　　（答）$(\lambda+1)(\lambda-3)(\lambda-7)$

4　2次・3次正方行列のジョルダン標準形

ここでは，2次と3次正方行列 A のジョルダン標準形についてまとめる．ただし，A の固有多項式を $\varphi_A(\lambda)$，最小多項式を $\psi_A(\lambda)$ とする．

(1) 2次正方行列

固有値を α, β とするとき，固有多項式 $\varphi_A(\lambda)$ はつぎの二つに分類できる．

(i)　$\varphi_A(\lambda) = (\lambda-\alpha)(\lambda-\beta)$　$(\alpha \neq \beta)$

$$P^{-1}AP = \begin{pmatrix} \alpha & 0 \\ 0 & \beta \end{pmatrix}$$ **対角化可能** $\psi_A(\lambda) = (\lambda-\alpha)(\lambda-\beta) = \varphi_A(\lambda)$

(ii)　$\varphi_A(\lambda) = (\lambda-\alpha)^2$　$(\alpha = \beta)$

(a)　$\dim V(\alpha) = 2 - \operatorname{rank}(A - \alpha E) = 2$ の場合

$$P^{-1}AP = \begin{pmatrix} \alpha & 0 \\ 0 & \alpha \end{pmatrix}$$ **対角化可能** $\psi_A(\lambda) = \lambda - \alpha$

(b)　$\dim V(\alpha) = 2 - \mathrm{rank}(A - \alpha E) = 1$ の場合

$$P^{-1}AP = \begin{pmatrix} \alpha & 1 \\ 0 & \alpha \end{pmatrix} \quad \bigl(= J(\alpha, 2)\bigr)$$ **対角化できない** $\psi_A(\lambda) = (\lambda - \alpha)^2 = \varphi_A(\lambda)$

(2) 3 次正方行列

固有値を α，β，γ とするとき，固有多項式 $\varphi_A(\lambda)$ はつぎの三つに分類できる．

(i)　$\varphi_A(\lambda) = (\lambda - \alpha)(\lambda - \beta)(\lambda - \gamma)$　$(\alpha \neq \beta,\ \beta \neq \gamma,\ \gamma \neq \alpha)$

$$P^{-1}AP = \begin{pmatrix} \alpha & 0 & 0 \\ 0 & \beta & 0 \\ 0 & 0 & \gamma \end{pmatrix}$$ **対角化可能** $\psi_A(\lambda) = (\lambda - \alpha)(\lambda - \beta)(\lambda - \gamma) = \varphi_A(\lambda)$

(ii)　$\varphi_A(\lambda) = (\lambda - \alpha)^2(\lambda - \beta)$　$(\alpha = \gamma \neq \beta)$

(a)　$\dim V(\alpha) = 3 - \mathrm{rank}(A - \alpha E) = 2$ の場合

$$P^{-1}AP = \begin{pmatrix} \alpha & 0 & 0 \\ 0 & \alpha & 0 \\ 0 & 0 & \beta \end{pmatrix}$$ **対角化可能** $\psi_A(\lambda) = (\lambda - \alpha)(\lambda - \beta)$

(b)　$\dim V(\alpha) = 3 - \mathrm{rank}(A - \alpha E) = 1$ の場合

> **Memo**
> (ii) (b) のケースは例題 2，例題 3 に該当する．

$$P^{-1}AP = \begin{pmatrix} \alpha & 1 & 0 \\ 0 & \alpha & 0 \\ 0 & 0 & \beta \end{pmatrix} \quad \bigl(= J(\alpha, 2) \oplus J(\beta, 1)\bigr)$$ **対角化できない**

$\psi_A(\lambda) = (\lambda - \alpha)^2(\lambda - \beta) = \varphi_A(\lambda)$

(iii)　$\varphi_A(\lambda) = (\lambda - \alpha)^3$　$(\alpha = \beta = \gamma)$

(a)　$\dim V(\alpha) = 3 - \mathrm{rank}(A - \alpha E) = 3$ の場合

$$P^{-1}AP = \begin{pmatrix} \alpha & 0 & 0 \\ 0 & \alpha & 0 \\ 0 & 0 & \alpha \end{pmatrix}$$ **対角化可能** $\psi_A(\lambda) = \lambda - \alpha$

(b)　$\dim V(\alpha) = 3 - \mathrm{rank}(A - \alpha E) = 2$ の場合

$$P^{-1}AP = \begin{pmatrix} \alpha & 1 & 0 \\ 0 & \alpha & 0 \\ 0 & 0 & \alpha \end{pmatrix} \quad \bigl(= J(\alpha, 2) \oplus J(\alpha, 1)\bigr)$$ **対角化できない**

$\psi_A(\lambda) = (\lambda - \alpha)^2$

(c)　$\dim V(\alpha) = 3 - \mathrm{rank}(A - \alpha E) = 1$ の場合

> **Memo**
> (iii) (c) のケースは例題 1 に該当する．

$$P^{-1}AP = \begin{pmatrix} \alpha & 1 & 0 \\ 0 & \alpha & 1 \\ 0 & 0 & \alpha \end{pmatrix} (= J(\alpha, 3))$$ **対角化できない**

$$\psi_A(\lambda) = (\lambda - \alpha)^3 = \varphi_A(\lambda)$$

▶▶▶ 演習問題 9

1　つぎの行列 A の最小多項式を求めなさい．

(1) $\begin{pmatrix} 1 & 0 & -1 \\ 1 & 2 & 1 \\ 2 & 2 & 3 \end{pmatrix}$　(2) $\begin{pmatrix} 0 & -1 & 1 \\ 2 & -3 & 1 \\ 1 & -1 & -1 \end{pmatrix}$

(3) $\begin{pmatrix} 0 & 1 & 1 \\ 1 & 0 & 1 \\ 1 & 1 & 0 \end{pmatrix}$　(4★) $\begin{pmatrix} 1 & \cdots & 1 \\ \vdots & \ddots & \vdots \\ 1 & \cdots & 1 \end{pmatrix}$（ただし，$n$ 次正方行列）

2　行列 $A = \begin{pmatrix} 0 & -2 & 1 \\ 0 & -1 & 1 \\ 2 & 0 & 1 \end{pmatrix}$ は対角化できません．すなわち，D を対角行列とするとき，$D = P^{-1}AP$ を満たす 3 次正方行列 P は存在しません（このことは証明しなくてもかまいません）．ところが，

$$J = \begin{pmatrix} c_1 & 1 & 0 \\ 0 & c_1 & 0 \\ 0 & 0 & c_2 \end{pmatrix} \quad (c_1,\ c_2 \text{ は定数})$$

とすると，$J = P^{-1}AP$ を満たす 3 次正方行列 P が存在します．この P の一例と，そのときの J をそれぞれ求めなさい．

3★　行列 $A = \begin{pmatrix} 5 & -1 & 1 \\ 8 & -1 & 2 \\ -6 & 1 & -1 \end{pmatrix}$ について，A^n（n は自然数）を求めなさい．

▶▶▶ 演習問題 9　解答

1　**▶▶ 考え方**

固有方程式をまず求める．(1)〜(3) は，第 7 章例題 4 で既出である．

解答▷　(1)　固有方程式は $(\lambda-1)(\lambda-2)(\lambda-3) = 0$ より，固有値はすべて異なるので，最小多項式は $(\lambda-1)(\lambda-2)(\lambda-3)$　　（答）$(\lambda-1)(\lambda-2)(\lambda-3)$

(2)　固有方程式は $(\lambda+1)^2(\lambda+2) = 0$ より $(A+E)^2(A+2E) = O$

$$(A+E)(A+2E) = \begin{pmatrix} 1 & -1 & 1 \\ 2 & -2 & 1 \\ 1 & -1 & 0 \end{pmatrix}\begin{pmatrix} 2 & -1 & 1 \\ 2 & -1 & 1 \\ 1 & -1 & 1 \end{pmatrix} = \begin{pmatrix} 1 & -1 & 1 \\ 1 & -1 & 1 \\ 0 & 0 & 0 \end{pmatrix} \neq O$$

より，最小多項式は $(\lambda+1)^2(\lambda+2)$　　（答）$(\lambda+1)^2(\lambda+2)$

(3)　固有方程式は $(\lambda+1)^2(\lambda-2) = 0$ より $(A+E)^2(A-2E) = O$

$$(A+E)(A-2E)=\begin{pmatrix}1&1&1\\1&1&1\\1&1&1\end{pmatrix}\begin{pmatrix}-2&1&1\\1&-2&1\\1&1&-2\end{pmatrix}=O$$

より，最小多項式は $(\lambda+1)(\lambda-2)$　　　　（答）$(\lambda+1)(\lambda-2)$

(4)　固有多項式は

$$\begin{vmatrix}\lambda-1&-1&-1&\cdots&-1\\-1&\lambda-1&-1&\ddots&\vdots\\-1&-1&\lambda-1&\ddots&-1\\\vdots&\vdots&\ddots&\ddots&-1\\-1&-1&\cdots&-1&\lambda-1\end{vmatrix}=\begin{vmatrix}\lambda-n&-1&-1&\cdots&-1\\\lambda-n&\lambda-1&-1&\ddots&\vdots\\\lambda-n&-1&\lambda-1&\ddots&-1\\\vdots&\vdots&\ddots&\ddots&-1\\\lambda-n&-1&\cdots&-1&\lambda-1\end{vmatrix}$$

$$=(\lambda-n)\begin{vmatrix}1&-1&-1&\cdots&-1\\0&\lambda&0&\cdots&0\\0&0&\lambda&\ddots&\vdots\\\vdots&\vdots&\ddots&\ddots&0\\0&0&\cdots&0&\lambda\end{vmatrix}=\lambda^{n-1}(\lambda-n)=0$$

より，最小多項式は，$\lambda^l(\lambda-n)$　$(1\leqq l\leqq n-1)$ が考えられる．

$$A(A-nE)=\begin{pmatrix}1&1&\cdots&1\\1&1&\cdots&1\\\vdots&\vdots&\ddots&\vdots\\1&1&\cdots&1\end{pmatrix}\begin{pmatrix}1-n&1&\cdots&1\\1&1-n&\ddots&\vdots\\\vdots&\ddots&\ddots&1\\1&\cdots&1&1-n\end{pmatrix}$$ を計算すると，

積の (i,j) 成分 $=(1-n)+\underbrace{1+\cdots+1}_{n-1\text{ 個}}=(1-n)+n-1=0$ より，$A(A-nE)=O$

したがって，最小多項式は，$\lambda(\lambda-n)$　　　　（答）$\lambda(\lambda-n)$

2　**▶▶ 考え方**

問題文にある J の式より，J は 3 次のジョルダン標準形で 2 個のジョルダン細胞からなることと，3 次正方行列 A は 2 個の固有値 c_1，c_2 をもつことがわかる．これらの情報を意識しながら，ジョルダン標準形を調べる．

解答▷

$$|A-\lambda E|=\begin{vmatrix}-\lambda&-2&1\\0&-1-\lambda&1\\2&0&1-\lambda\end{vmatrix}=-\lambda(-1-\lambda)(1-\lambda)-4-2(-1-\lambda)$$
$$=-\lambda^3+3\lambda-2=-(\lambda-1)^2(\lambda+2)$$

よって，A の固有方程式は $(\lambda-1)^2(\lambda+2)=0$ より，固有値は 1（重複度 2），-2 である．

$P^{-1}AP=J$，$J=\begin{pmatrix}c_1&1&0\\0&c_1&0\\0&0&c_2\end{pmatrix}$ が存在するので，$J=\begin{pmatrix}1&1&0\\0&1&0\\0&0&-2\end{pmatrix}$ と考えられる．

$P=(\boldsymbol{u}\quad\boldsymbol{v}\quad\boldsymbol{w})$ として，$AP=PJ$ より

$$(A\boldsymbol{u} \quad A\boldsymbol{v} \quad A\boldsymbol{w}) = (\boldsymbol{u} \quad \boldsymbol{v} \quad \boldsymbol{w})\begin{pmatrix}1 & 1 & 0\\0 & 1 & 0\\0 & 0 & -2\end{pmatrix}$$

$A\boldsymbol{u} = \boldsymbol{u}$ から $(A-E)\boldsymbol{u} = \boldsymbol{0}$　…①

$A\boldsymbol{v} = \boldsymbol{u}+\boldsymbol{v}$ から $(A-E)\boldsymbol{v} = \boldsymbol{u}$　…②

$A\boldsymbol{w} = -2\boldsymbol{w}$ から $(A+2E)\boldsymbol{w} = \boldsymbol{0}$　…③

① から $\boldsymbol{u}$ を求める．$\begin{pmatrix}-1 & -2 & 1\\0 & -2 & 1\\2 & 0 & 0\end{pmatrix}\begin{pmatrix}x\\y\\z\end{pmatrix} = \begin{pmatrix}0\\0\\0\end{pmatrix}$ より $x=0$，$-2y+z=0$ である．

よって，$\boldsymbol{u} = \begin{pmatrix}0\\1\\2\end{pmatrix}$ となる．

つぎに，② から $\boldsymbol{v}$ を求める．$\begin{pmatrix}-1 & -2 & 1\\0 & -2 & 1\\2 & 0 & 0\end{pmatrix}\begin{pmatrix}x\\y\\z\end{pmatrix} = \begin{pmatrix}0\\1\\2\end{pmatrix}$ より，$x=1$，$-2y+z=1$

である．よって，$\boldsymbol{v} = \begin{pmatrix}1\\1\\3\end{pmatrix}$ となる．

最後に，③ から $\boldsymbol{w}$ を求める．$\begin{pmatrix}2 & -2 & 1\\0 & 1 & 1\\2 & 0 & 3\end{pmatrix}\begin{pmatrix}x\\y\\z\end{pmatrix} = \begin{pmatrix}0\\0\\0\end{pmatrix}$ より，$2x-2y+z=0$，

$y+z=0$ である．よって，$\boldsymbol{w} = \begin{pmatrix}3\\2\\-2\end{pmatrix}$ となる．

よって，$P = \begin{pmatrix}0 & 1 & 3\\1 & 1 & 2\\2 & 3 & -2\end{pmatrix}$，$P^{-1} = \dfrac{1}{9}\begin{pmatrix}-8 & 11 & -1\\6 & -6 & 3\\1 & 2 & -1\end{pmatrix}$ が得られる．

したがって，$P^{-1}AP = J = \begin{pmatrix}1 & 1 & 0\\0 & 1 & 0\\0 & 0 & -2\end{pmatrix}$ が成り立つことがわかる．

（答）たとえば，$P = \begin{pmatrix}0 & 1 & 3\\1 & 1 & 2\\2 & 3 & -2\end{pmatrix}$，$J = \begin{pmatrix}1 & 1 & 0\\0 & 1 & 0\\0 & 0 & -2\end{pmatrix}$

3　**▶▶考え方**

行列 A は対角化できないので，$P^{-1}AP$ をジョルダン標準形で表せる．第 2 章で学習した冪零行列を用いて，A^n を計算することがポイントである．

解答▷　固有方程式は $|A-\lambda E|=0$ より，$(\lambda-1)^3=0$ となり，固有値は $\lambda=1$（重複度 3）．$\mathrm{rank}(A-E)=2$ より，$\lambda=1$ に対するジョルダン細胞は，$3-2=1$ より 1 個となる．

$$P^{-1}AP = \begin{pmatrix}1 & 1 & 0\\0 & 1 & 1\\0 & 0 & 1\end{pmatrix} \left(= J(1,3)\right)$$

変換行列 $P = (\boldsymbol{u} \quad \boldsymbol{v} \quad \boldsymbol{w})$ に対して，

$A(\boldsymbol{u} \quad \boldsymbol{v} \quad \boldsymbol{w}) = (\boldsymbol{u} \quad \boldsymbol{v} \quad \boldsymbol{w})\begin{pmatrix}1 & 1 & 0\\0 & 1 & 1\\0 & 0 & 1\end{pmatrix}$ より

$$Au = u \qquad \cdots ①$$

$$Av = u + v \qquad \cdots ②$$

$$Aw = v + w \qquad \cdots ③$$

① より，$(A-E)\boldsymbol{u} = \boldsymbol{0}$ である．すなわち，$\boldsymbol{u} = \begin{pmatrix} 1 \\ 2 \\ -2 \end{pmatrix}$ が求められる．

②，③ より，$\boldsymbol{v} = \begin{pmatrix} 1 \\ 2 \\ -1 \end{pmatrix}$，$\boldsymbol{w} = \begin{pmatrix} 1 \\ 1 \\ -2 \end{pmatrix}$

よって，$P = \begin{pmatrix} 1 & 1 & 1 \\ 2 & 2 & 1 \\ -2 & -1 & -2 \end{pmatrix}$，$P^{-1} = \begin{pmatrix} -3 & 1 & -1 \\ 2 & 0 & 1 \\ 2 & -1 & 0 \end{pmatrix}$ が得られる．

$E = \begin{pmatrix} 1 & 0 & 0 \\ 0 & 1 & 0 \\ 0 & 0 & 1 \end{pmatrix}$，$N = \begin{pmatrix} 0 & 1 & 0 \\ 0 & 0 & 1 \\ 0 & 0 & 0 \end{pmatrix}$ とおくと，

$$P^{-1}AP = \begin{pmatrix} 1 & 1 & 0 \\ 0 & 1 & 1 \\ 0 & 0 & 1 \end{pmatrix} = \begin{pmatrix} 1 & 0 & 0 \\ 0 & 1 & 0 \\ 0 & 0 & 1 \end{pmatrix} + \begin{pmatrix} 0 & 1 & 0 \\ 0 & 0 & 1 \\ 0 & 0 & 0 \end{pmatrix}$$
$$= E + N$$

Check!
N は冪零行列である．ジョルダン標準形は，一般的に対角行列と冪零行列の和である．ここでは対角行列は単位行列となる．

と表される．また，$E^n = E$，$N^2 = \begin{pmatrix} 0 & 0 & 1 \\ 0 & 0 & 0 \\ 0 & 0 & 0 \end{pmatrix}$，$N^k = O \quad (k = 3, 4, 5, \ldots)$ より

$$P^{-1}A^nP = (P^{-1}AP)^n = (E+N)^n$$
$$= E^n + {}_n\mathrm{C}_1\, E^{n-1}N + {}_n\mathrm{C}_2\, E^{n-2}N^2$$
$$= \begin{pmatrix} 1 & 0 & 0 \\ 0 & 1 & 0 \\ 0 & 0 & 1 \end{pmatrix} + n\begin{pmatrix} 0 & 1 & 0 \\ 0 & 0 & 1 \\ 0 & 0 & 0 \end{pmatrix} + \frac{n(n-1)}{2}\begin{pmatrix} 0 & 0 & 1 \\ 0 & 0 & 0 \\ 0 & 0 & 0 \end{pmatrix}$$
$$= \begin{pmatrix} 1 & n & n(n-1)/2 \\ 0 & 1 & n \\ 0 & 0 & 1 \end{pmatrix}$$

Check!
$EN = NE$ より，二項定理の公式が適用できる．

よって，

$$A^n = P\begin{pmatrix} 1 & n & n(n-1)/2 \\ 0 & 1 & n \\ 0 & 0 & 1 \end{pmatrix}P^{-1}$$
$$= \begin{pmatrix} n^2+3n+1 & -(n^2+n)/2 & n \\ 2n^2+6n & -n^2-n+1 & 2n \\ -2n^2-4n & n^2 & -2n+1 \end{pmatrix}$$

（答）$\begin{pmatrix} n^2+3n+1 & -\dfrac{n^2+n}{2} & n \\ 2n^2+6n & -n^2-n+1 & 2n \\ -2n^2-4n & n^2 & -2n+1 \end{pmatrix}$

補章　シュミットの正規直交化法

1 次独立なベクトルの組 $\boldsymbol{a}_1, \boldsymbol{a}_2, \ldots, \boldsymbol{a}_n$ を与えられたとき，正規直交系 $\boldsymbol{v}_1, \boldsymbol{v}_2, \ldots, \boldsymbol{v}_n$ を生成するシュミットの正規直交化について述べる．

$$\boldsymbol{v}_1 = \frac{\boldsymbol{a}_1}{|\boldsymbol{a}_1|} \tag{A.1}$$

$$\boldsymbol{v}_2 = \frac{\boldsymbol{a}_2 - c_1\boldsymbol{v}_1}{|\boldsymbol{a}_2 - c_1\boldsymbol{v}_1|}, \quad c_1 = \boldsymbol{a}_2 \cdot \boldsymbol{v}_1 \tag{A.2}$$

$$\boldsymbol{v}_3 = \frac{\boldsymbol{a}_3 - (c_1\boldsymbol{v}_1 + c_2\boldsymbol{v}_2)}{|\boldsymbol{a}_3 - (c_1\boldsymbol{v}_1 + c_2\boldsymbol{v}_2)|}, \quad (c_1 = \boldsymbol{a}_3 \cdot \boldsymbol{v}_1,\ c_2 = \boldsymbol{a}_3 \cdot \boldsymbol{v}_2) \tag{A.3}$$

$$\vdots$$

$$\boldsymbol{v}_n = \frac{\boldsymbol{a}_n - (c_1\boldsymbol{v}_1 + \cdots + c_{n-1}\boldsymbol{v}_{n-1})}{|\boldsymbol{a}_n - (c_1\boldsymbol{v}_1 + \cdots + c_{n-1}\boldsymbol{v}_{n-1})|},$$
$$(c_1 = \boldsymbol{a}_n \cdot \boldsymbol{v}_1,\ c_2 = \boldsymbol{a}_n \cdot \boldsymbol{v}_2,\ \ldots,\ c_{n-1} = \boldsymbol{a}_n \cdot \boldsymbol{v}_{n-1})$$

(A.1) は正規化されたベクトルである．

(A.2) は図 A.1 のようになる．$c_1 = \boldsymbol{a}_2 \cdot \boldsymbol{v}_1 = |\boldsymbol{a}_2| \cos\theta$ は，$\boldsymbol{a}_2$ の $\boldsymbol{v}_1$ 上への正射影である．また，$|\boldsymbol{v}_1| = 1$，$|\boldsymbol{v}_2| = 1$ が成り立つ．

(A.3) は図 A.2 のようになり，$|\boldsymbol{v}_1| = 1$，$|\boldsymbol{v}_2| = 1$，$|\boldsymbol{v}_3| = 1$ が成り立つ．

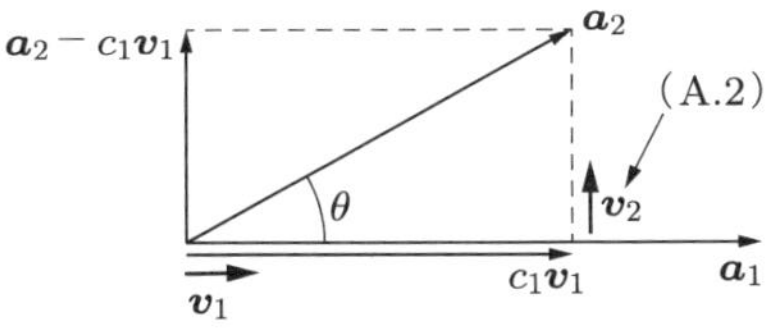

図 A.1

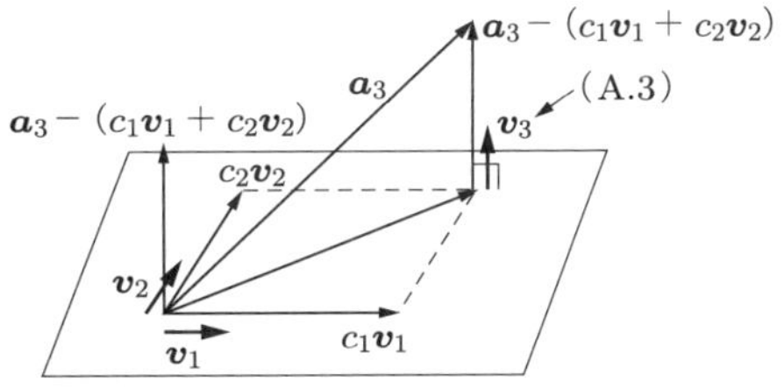

図 A.2

Memo　正規直交化法

正規直交化法のポイントは，つぎの二つである．

- $\boldsymbol{v}_k$　$(k = 1, 2, \ldots, n)$ は，正規化されたベクトルである．すなわち，分子のベクトルをその大きさで割っている．
- 係数 c_i　$(i = 1, 2, \ldots, n)$ は，ベクトルの内積（射影）である．

1 次独立なベクトルの組 $\boldsymbol{a}_1, \boldsymbol{a}_2, \ldots, \boldsymbol{a}_n$ を与えられたとき，正規直交系 $\boldsymbol{v}_1, \boldsymbol{v}_2, \ldots, \boldsymbol{v}_n$ を生成する計算フローを，$n = 3$ まで示す．計算フローのイメージを覚えれば，$n = 3$ 以降も容易に拡張できる．

$$\begin{array}{l}
\boldsymbol{a}_1 \longrightarrow \dfrac{\boldsymbol{a}_1}{|\boldsymbol{a}_1|} = \boldsymbol{v}_1 \\
\boldsymbol{a}_2 \longrightarrow \dfrac{\boldsymbol{a}_2 - c_1\boldsymbol{v}_1}{|\boldsymbol{a}_2 - c_1\boldsymbol{v}_1|} = \boldsymbol{v}_2 \\
\boldsymbol{a}_3 \longrightarrow \dfrac{\boldsymbol{a}_3 - (c_1\boldsymbol{v}_1 + c_2\boldsymbol{v}_2)}{|\boldsymbol{a}_3 - (c_1\boldsymbol{v}_1 + c_2\boldsymbol{v}_2)|} = \boldsymbol{v}_3 \\
\vdots
\end{array}$$

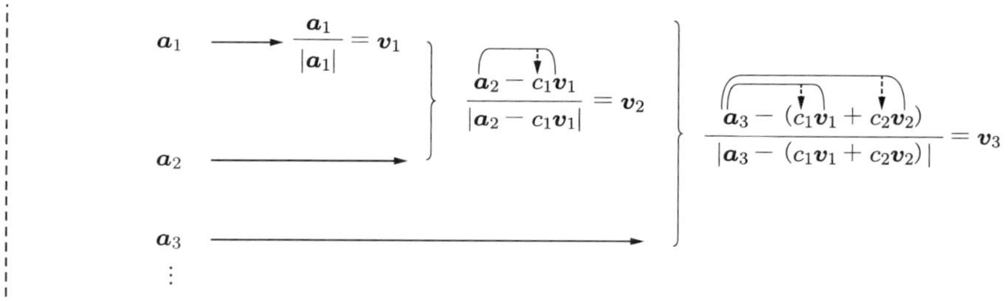

▶ **例題 1** シュミットの正規直交化法を用いて，つぎの基底を正規直交化しなさい．

(1) $\boldsymbol{a}_1 = \begin{pmatrix} 1 \\ 0 \\ 1 \end{pmatrix}$, $\boldsymbol{a}_2 = \begin{pmatrix} 1 \\ 1 \\ 1 \end{pmatrix}$, $\boldsymbol{a}_3 = \begin{pmatrix} 1 \\ -1 \\ 0 \end{pmatrix}$

(2) $\boldsymbol{a}_1 = \begin{pmatrix} i \\ 0 \\ 0 \end{pmatrix}$, $\boldsymbol{a}_2 = \begin{pmatrix} 1 \\ i \\ 1 \end{pmatrix}$, $\boldsymbol{a}_3 = \begin{pmatrix} i \\ -i \\ 0 \end{pmatrix}$

▶ **考え方**

定められた手法どおりに計算を進める．(2) は複素ベクトルであることに注意する．

解答 ▷ (1) $\boldsymbol{v}_1 = \dfrac{\boldsymbol{a}_1}{|\boldsymbol{a}_1|} = \dfrac{1}{\sqrt{2}}\begin{pmatrix} 1 \\ 0 \\ 1 \end{pmatrix}$

また，$c_1 = \boldsymbol{a}_2 \cdot \boldsymbol{v}_1 = \dfrac{1}{\sqrt{2}} \times 2 = \sqrt{2}$ より，$\boldsymbol{a}_2 - c_1\boldsymbol{v}_1 = \begin{pmatrix} 1 \\ 1 \\ 1 \end{pmatrix} - \sqrt{2} \times \dfrac{1}{\sqrt{2}}\begin{pmatrix} 1 \\ 0 \\ 1 \end{pmatrix} = \begin{pmatrix} 0 \\ 1 \\ 0 \end{pmatrix}$ となり，

$$\boldsymbol{v}_2 = \dfrac{\boldsymbol{a}_2 - c_1\boldsymbol{v}_1}{|\boldsymbol{a}_2 - c_1\boldsymbol{v}_1|} = \begin{pmatrix} 0 \\ 1 \\ 0 \end{pmatrix}$$

$c_1 = \boldsymbol{a}_3 \cdot \boldsymbol{v}_1 = \dfrac{1}{\sqrt{2}}$, $c_2 = \boldsymbol{a}_3 \cdot \boldsymbol{v}_2 = -1$ より

$$\boldsymbol{a}_3 - c_1\boldsymbol{v}_1 - c_2\boldsymbol{v}_2 = \begin{pmatrix} 1 \\ -1 \\ 0 \end{pmatrix} - \dfrac{1}{\sqrt{2}} \times \dfrac{1}{\sqrt{2}}\begin{pmatrix} 1 \\ 0 \\ 1 \end{pmatrix} + \begin{pmatrix} 0 \\ 1 \\ 0 \end{pmatrix} = \dfrac{1}{2}\begin{pmatrix} 1 \\ 0 \\ -1 \end{pmatrix}$$

$$\boldsymbol{v}_3 = \dfrac{\boldsymbol{a}_3 - (c_1\boldsymbol{v}_1 + c_2\boldsymbol{v}_2)}{|\boldsymbol{a}_3 - (c_1\boldsymbol{v}_1 + c_2\boldsymbol{v}_2)|} = \dfrac{\sqrt{2}}{2}\begin{pmatrix} 1 \\ 0 \\ -1 \end{pmatrix} = \dfrac{1}{\sqrt{2}}\begin{pmatrix} 1 \\ 0 \\ -1 \end{pmatrix}$$

(答) $\boldsymbol{v}_1 = \dfrac{1}{\sqrt{2}}\begin{pmatrix} 1 \\ 0 \\ 1 \end{pmatrix}$, $\boldsymbol{v}_2 = \begin{pmatrix} 0 \\ 1 \\ 0 \end{pmatrix}$, $\boldsymbol{v}_3 = \dfrac{1}{\sqrt{2}}\begin{pmatrix} 1 \\ 0 \\ -1 \end{pmatrix}$

(2) $\boldsymbol{v}_1 = \dfrac{\boldsymbol{a}_1}{|\boldsymbol{a}_1|} = \begin{pmatrix} i \\ 0 \\ 0 \end{pmatrix}$

また，$c_1 = \boldsymbol{a}_2 \cdot \boldsymbol{v}_1 = 1 \times (-i) = -i$ より，$\boldsymbol{a}_2 - c_1\boldsymbol{v}_1 = \begin{pmatrix} 1 \\ i \\ 1 \end{pmatrix} + i\begin{pmatrix} i \\ 0 \\ 0 \end{pmatrix} = \begin{pmatrix} 0 \\ i \\ 1 \end{pmatrix}$ となり，

$$\boldsymbol{v}_2 = \frac{\boldsymbol{a}_2 - c_1\boldsymbol{v}_1}{|\boldsymbol{a}_2 - c_1\boldsymbol{v}_1|} = \frac{1}{\sqrt{2}}\begin{pmatrix} 0 \\ i \\ 1 \end{pmatrix}$$

$c_1 = \boldsymbol{a}_3 \cdot \boldsymbol{v}_1 = 1$，$c_2 = \boldsymbol{a}_3 \cdot \boldsymbol{v}_2 = -\dfrac{1}{\sqrt{2}}$ より

$$\boldsymbol{a}_3 - c_1\boldsymbol{v}_1 - c_2\boldsymbol{v}_2 = \begin{pmatrix} i \\ -i \\ 0 \end{pmatrix} - \begin{pmatrix} i \\ 0 \\ 0 \end{pmatrix} + \frac{1}{2}\begin{pmatrix} 0 \\ i \\ 1 \end{pmatrix} = \frac{1}{2}\begin{pmatrix} 0 \\ -i \\ 1 \end{pmatrix}$$

$$\boldsymbol{v}_3 = \frac{\boldsymbol{a}_3 - (c_1\boldsymbol{v}_1 + c_2\boldsymbol{v}_2)}{|\boldsymbol{a}_3 - (c_1\boldsymbol{v}_1 + c_2\boldsymbol{v}_2)|} = \frac{1}{\sqrt{2}}\begin{pmatrix} 0 \\ -i \\ 1 \end{pmatrix}$$

（答）$\boldsymbol{v}_1 = \begin{pmatrix} i \\ 0 \\ 0 \end{pmatrix}$，$\boldsymbol{v}_2 = \dfrac{1}{\sqrt{2}}\begin{pmatrix} 0 \\ i \\ 1 \end{pmatrix}$，$\boldsymbol{v}_3 = \dfrac{1}{\sqrt{2}}\begin{pmatrix} 0 \\ -i \\ 1 \end{pmatrix}$

例題 2★　A は逆行列をもつ n 次実正方行列とします．このとき，A は

$A = QR$（Q は直交行列，R は対角成分がすべて正である上三角行列）…①

のように n 次正方行列 Q，R の積に一意的に分解することができます（このことは証明しなくてもかまいません）．行列 $A = \begin{pmatrix} 1 & -1 & 4 \\ -2 & 3 & -3 \\ 2 & -4 & 2 \end{pmatrix}$ において，① を満たす行列 Q，R をそれぞれ求めなさい．

Memo
対角線より左下の成分が 0 の行列を上三角行列という．また，対角線より右上の成分が 0 の行列を下三角行列という

▶▶考え方
シュミットの正規直交化法を用いて，A を Q と R の積に分解する．

解答▷　行列 A の列ベクトルを $\boldsymbol{v}_1 = \begin{pmatrix} 1 \\ -2 \\ 2 \end{pmatrix}$，$\boldsymbol{v}_2 = \begin{pmatrix} -1 \\ 3 \\ -4 \end{pmatrix}$，$\boldsymbol{v}_3 = \begin{pmatrix} 4 \\ -3 \\ 2 \end{pmatrix}$ とする．このとき，$\{\boldsymbol{v}_1, \boldsymbol{v}_2, \boldsymbol{v}_3\}$ から正規直交系 $\{\boldsymbol{w}_1, \boldsymbol{w}_2, \boldsymbol{w}_3\}$ を求める．

$$\boldsymbol{w}_1 = \frac{\boldsymbol{v}_1}{|\boldsymbol{v}_1|} = \frac{1}{3}\begin{pmatrix} 1 \\ -2 \\ 2 \end{pmatrix}$$

$$\boldsymbol{w}_2{}' = \boldsymbol{v}_2 - (\boldsymbol{v}_2 \cdot \boldsymbol{w}_1)\boldsymbol{w}_1 = \begin{pmatrix} -1 \\ 3 \\ -4 \end{pmatrix} - \frac{(-1-6-8)}{3} \cdot \frac{1}{3}\begin{pmatrix} 1 \\ -2 \\ 2 \end{pmatrix}$$

$$= \begin{pmatrix} -1 \\ 3 \\ -4 \end{pmatrix} + \frac{5}{3}\begin{pmatrix} 1 \\ -2 \\ 2 \end{pmatrix} = \frac{1}{3}\begin{pmatrix} 2 \\ -1 \\ -2 \end{pmatrix}$$

$|\boldsymbol{w}_2{}'| = 1$ より，$\boldsymbol{w}_2 = \dfrac{\boldsymbol{w}_2{}'}{|\boldsymbol{w}_2{}'|} = \dfrac{1}{3}\begin{pmatrix} 2 \\ -1 \\ -2 \end{pmatrix}$

$$\begin{aligned}\boldsymbol{w}_3{}' &= \boldsymbol{v}_3 - (\boldsymbol{v}_3 \cdot \boldsymbol{w}_1)\boldsymbol{w}_1 - (\boldsymbol{v}_3 \cdot \boldsymbol{w}_2)\boldsymbol{w}_2 \\ &= \begin{pmatrix} 4 \\ -3 \\ 2 \end{pmatrix} - \frac{(4+6+4)}{3} \cdot \frac{1}{3}\begin{pmatrix} 1 \\ -2 \\ 2 \end{pmatrix} - \frac{(8+3-4)}{3} \cdot \frac{1}{3}\begin{pmatrix} 2 \\ -1 \\ -2 \end{pmatrix} \\ &= \begin{pmatrix} 4 \\ -3 \\ 2 \end{pmatrix} - \frac{14}{9}\begin{pmatrix} 1 \\ -2 \\ 2 \end{pmatrix} - \frac{7}{9}\begin{pmatrix} 2 \\ -1 \\ -2 \end{pmatrix} = \frac{4}{9}\begin{pmatrix} 2 \\ 2 \\ 1 \end{pmatrix}\end{aligned}$$

$|\boldsymbol{w}_3{}'| = \dfrac{4}{3}$ より，$\boldsymbol{w}_3 = \dfrac{\boldsymbol{w}_3{}'}{|\boldsymbol{w}_3{}'|} = \dfrac{3}{4} \cdot \dfrac{4}{9}\begin{pmatrix} 2 \\ 2 \\ 1 \end{pmatrix} = \dfrac{1}{3}\begin{pmatrix} 2 \\ 2 \\ 1 \end{pmatrix}$

以上より，$\{\boldsymbol{w}_1, \boldsymbol{w}_2, \boldsymbol{w}_3\}$ を $Q' = \dfrac{1}{3}\begin{pmatrix} 1 & 2 & 2 \\ -2 & -1 & 2 \\ 2 & -2 & 1 \end{pmatrix}$ とおく．

このとき，${}^tQ' = \dfrac{1}{3}\begin{pmatrix} 1 & -2 & 2 \\ 2 & -1 & -2 \\ 2 & 2 & 1 \end{pmatrix}$ で，${}^tQ'\,Q' = E_3$ （3 次単位行列）より，Q' は直交行列となる．また，${}^tQ'\,A = \dfrac{1}{3}\begin{pmatrix} 9 & -15 & 14 \\ 0 & 3 & 7 \\ 0 & 0 & 4 \end{pmatrix}$ となり，${}^tQ'\,A$ は対角成分がすべて正である上三角行列である．

以上より，① を満たす Q，R はつぎのように求められる．

$$Q = Q' = \frac{1}{3}\begin{pmatrix} 1 & 2 & 2 \\ -2 & -1 & 2 \\ 2 & -2 & 1 \end{pmatrix}, \quad R = {}^tQ'\,A = \frac{1}{3}\begin{pmatrix} 9 & -15 & 14 \\ 0 & 3 & 7 \\ 0 & 0 & 4 \end{pmatrix}$$

（答）$Q = \dfrac{1}{3}\begin{pmatrix} 1 & 2 & 2 \\ -2 & -1 & 2 \\ 2 & -2 & 1 \end{pmatrix}$，$R = \dfrac{1}{3}\begin{pmatrix} 9 & -15 & 14 \\ 0 & 3 & 7 \\ 0 & 0 & 4 \end{pmatrix}$

別解▷ $Q = \begin{pmatrix} q_{11} & q_{12} & q_{13} \\ q_{21} & q_{22} & q_{23} \\ q_{31} & q_{32} & q_{33} \end{pmatrix}$，${}^tQ = \begin{pmatrix} q_{11} & q_{21} & q_{31} \\ q_{12} & q_{22} & q_{32} \\ q_{13} & q_{23} & q_{33} \end{pmatrix}$ とおくと，

$$R = Q^{-1}A = {}^tQ\,A = \begin{pmatrix} q_{11} & q_{21} & q_{31} \\ q_{12} & q_{22} & q_{32} \\ q_{13} & q_{23} & q_{33} \end{pmatrix}\begin{pmatrix} 1 & -1 & 4 \\ -2 & 3 & -3 \\ 2 & -4 & 2 \end{pmatrix} = \begin{pmatrix} r_{11} & r_{12} & r_{13} \\ 0 & r_{22} & r_{23} \\ 0 & 0 & r_{33} \end{pmatrix}$$

(i)　${}^tQ$ の第 3 行は，大きさが 1 で，A の第 1 列と第 2 列とそれぞれ直交するので，

$$q_{13}{}^2 + q_{23}{}^2 + q_{33}{}^2 = 1,\ q_{13} - 2q_{23} + 2q_{33} = 0,\ -q_{13} + 3q_{23} - 4q_{33} = 0$$

より $q_{13} = q_{23} = \pm\dfrac{2}{3}$，$q_{33} = \pm\dfrac{1}{3}$

さらに，${}^tQ$ の第 3 行は，A の第 3 列との積 $(= r_{33})$ が正になるので，

$$r_{33} = 4q_{13} - 3q_{23} + 2q_{33} > 0$$

よって，$q_{13} = q_{23} = \dfrac{2}{3}$，$q_{33} = \dfrac{1}{3}$ となる．

(ii)　${}^tQ$ の第 2 行は，大きさが 1 で，A の第 1 列と (i) で定めた ${}^tQ$ の第 3 行とそれぞれ直交するので，

$$q_{12}{}^2 + q_{22}{}^2 + q_{32}{}^2 = 1, \quad q_{12} - 2q_{22} + 2q_{32} = 0$$
$$2q_{12} + 2q_{22} + q_{32} = 0 \quad (\because q_{13}q_{12} + q_{23}q_{22} + q_{33}q_{32} = 0)$$

より $q_{12} = \mp\dfrac{2}{3}$，$q_{22} = \pm\dfrac{1}{3}$，$q_{32} = \pm\dfrac{2}{3}$

さらに，${}^tQ$ の第 2 行は，A の第 2 列との積 $(= r_{22})$ が正になるので，

$$r_{22} = -q_{12} + 3q_{22} - 4q_{32} > 0$$

よって，$q_{12} = \dfrac{2}{3}$，$q_{22} = -\dfrac{1}{3}$，$q_{32} = -\dfrac{2}{3}$ となる．

(iii)　${}^tQ$ の第 1 行は，大きさが 1 で，(i) と (ii) で定めた ${}^tQ$ の第 2 行と第 3 行とそれぞれ直交するので，

$$q_{11}{}^2 + q_{21}{}^2 + q_{31}{}^2 = 1, \quad 2q_{11} - q_{21} - 2q_{31} = 0 \ (\because q_{12}q_{11} + q_{22}q_{21} + q_{32}q_{31} = 0)$$
$$2q_{11} + 2q_{21} + q_{31} = 0 \ (\because q_{13}q_{11} + q_{23}q_{21} + q_{33}q_{31} = 0)$$

より $q_{11} = \pm\dfrac{1}{3}$，$q_{21} = \mp\dfrac{2}{3}$，$q_{31} = \pm\dfrac{2}{3}$

さらに，${}^tQ$ の第 1 行は，A の第 1 列の積 $(= r_{11})$ が正になるので，

$$r_{11} = q_{11} - 2q_{21} + 2q_{31} > 0$$

よって，$q_{11} = \dfrac{1}{3}$，$q_{21} = -\dfrac{2}{3}$，$q_{31} = \dfrac{2}{3}$ となる．

(i)〜(iii) より，

$$ {}^tQ = \frac{1}{3}\begin{pmatrix} 1 & -2 & 2 \\ 2 & -1 & -2 \\ 2 & 2 & 1 \end{pmatrix}, \quad Q = \frac{1}{3}\begin{pmatrix} 1 & 2 & 2 \\ -2 & -1 & 2 \\ 2 & -2 & 1 \end{pmatrix}$$
$$R = {}^tQ\,A = \frac{1}{3}\begin{pmatrix} 9 & -15 & 14 \\ 0 & 3 & 7 \\ 0 & 0 & 4 \end{pmatrix}$$

が得られる．

Memo

与えられた行列を一定の形の行列の積に書き換えることを行列の分解という．行列を適切に分解することにより，行列の性質が明らかになり，計算上も有効になることがある．本問のように，行列を直交行列と上三角行列の積に分解することを，**QR 分解**という．ほかには LU 分解や，コレスキー分解がある．QR 分解を計算する手法として，シュミットの正規直交化法などがある．

▶**例題 3**　V を，x に関する 2 次以下の実係数多項式全体のつくる実線形空間とする．$f, g \in V$ に対して，つぎの 2 通りで定義される内積を考えるとき，基底 $\langle 1, x, x^2 \rangle$ を，

それぞれ正規直交化しなさい．

(1)　$(f,g)=\displaystyle\int_{-1}^{1} f(x)g(x)\,dx$　　　(2)　$(f,g)=\displaystyle\int_{0}^{1} f(x)g(x)\,dx$

▶▶考え方

内積の定義に注意し，基本的には，ベクトルと同じように，シュミットの正規直交化法を用いる．内積の定義によって，結果は異なる．

解答▷　それぞれ，$\langle 1, x, x^2\rangle$ より，正規直交基底 $\langle f_1(x), f_2(x), f_3(x)\rangle$ を求める．

(1)　$(1,1)=\displaystyle\int_{-1}^{1} 1^2\,dx=2$ より，$f_1(x)=\dfrac{1}{\sqrt{(1,1)}}=\dfrac{1}{\sqrt{2}}$

$$c_1=(x,f_1)=\int_{-1}^{1} x\frac{1}{\sqrt{2}}\,dx=0,\quad f(x)=x-c_1f_1(x)=x$$

$(f,f)=\displaystyle\int_{-1}^{1} x^2\,dx=\frac{2}{3}$ より，$f_2(x)=\dfrac{f(x)}{|f|}=\dfrac{\sqrt{6}}{2}x$

$$c_2=(x^2,f_2)=\int_{-1}^{1} x^2\frac{\sqrt{6}}{2}x\,dx=0,$$

$$c_1=(x^2,f_1)=\int_{-1}^{1} x^2\frac{1}{\sqrt{2}}\,dx=\frac{\sqrt{2}}{3}$$

$$g(x)=x^2-\bigl(c_2f_2(x)+c_1f_1(x)\bigr)=x^2-\frac{\sqrt{2}}{3}\cdot\frac{1}{\sqrt{2}}=x^2-\frac{1}{3}$$

$(g,g)=\displaystyle\int_{-1}^{1}\left(x^2-\frac{1}{3}\right)^2dx=\int_{-1}^{1}\left(x^4-\frac{2}{3}x^2+\frac{1}{9}\right)dx=\frac{8}{45}$ より，

$$f_3(x)=\frac{g(x)}{|g|}=\frac{x^2-\frac{1}{3}}{\sqrt{\frac{8}{45}}}=\frac{3\sqrt{10}}{4}\left(x^2-\frac{1}{3}\right)$$

（答）$f_1(x)=\dfrac{1}{\sqrt{2}}$，　$f_2(x)=\dfrac{\sqrt{6}}{2}x$，　$f_3(x)=\dfrac{3\sqrt{10}}{4}\left(x^2-\dfrac{1}{3}\right)$

(2)　$(1,1)=\displaystyle\int_{0}^{1} 1^2\,dx=1$ より，$f_1(x)=\dfrac{1}{\sqrt{(1,1)}}=1$

$$c_1=(x,f_1)=\int_{0}^{1} x\,dx=\frac{1}{2},\quad f(x)=x-c_1f_1(x)=x-\frac{1}{2}$$

$(f,f)=\displaystyle\int_{0}^{1}\left(x-\frac{1}{2}\right)^2dx=\frac{1}{12}$ より，$f_2(x)=\dfrac{f(x)}{|f|}=\sqrt{3}(2x-1)$

$$c_2=(x^2,f_2)=\int_{0}^{1}\sqrt{3}(2x^3-x^2)\,dx=\frac{\sqrt{3}}{6},$$

$$c_1 = (x^2, f_1) = \int_0^1 x^2\,dx = \frac{1}{3}$$

$$g(x) = x^2 - \bigl(c_2 f_2(x) + c_1 f_1(x)\bigr) = x^2 - \frac{\sqrt{3}}{6}\cdot\sqrt{3}(2x-1) - \frac{1}{3}\cdot 1 = x^2 - x + \frac{1}{6}$$

$$(g, g) = \int_0^1 \left(x^2 - x + \frac{1}{6}\right)^2 dx = \int_0^1 \left(x^4 - 2x^3 + \frac{4}{3}x^2 - \frac{x}{3} + \frac{1}{36}\right) dx = \frac{1}{180}$$ より

$$f_3(x) = \frac{g(x)}{|g|} = \frac{x^2 - x + \frac{1}{6}}{\sqrt{\frac{1}{180}}} = \sqrt{5}(6x^2 - 6x + 1)$$

（答）$f_1(x) = 1$,　$f_2(x) = \sqrt{3}(2x-1)$,　$f_3(x) = \sqrt{5}(6x^2 - 6x + 1)$

著　者　略　歴

中村　力（なかむら・ちから）
北海道大学大学院理学研究科修了
JFE スチール（株）などを経て，公益財団法人 日本数学検定協会に勤務
現在に至る

公益財団法人 日本数学検定協会
〒110-0005　東京都台東区上野 5-1-1
TEL：03(5812)8340
FAX：03(5812)8346
ホームページ https://www.su-gaku.net/

編集担当　田中芳実（森北出版）
編集責任　上村紗帆・富井　晃（森北出版）
組　　版　プレイン
印　　刷　丸井工文社
製　　本　　　同

数学検定 1 級準拠テキスト　線形代数

2016 年 7 月 21 日　第 1 版第 1 刷発行
2025 年 4 月 30 日　第 1 版第 6 刷発行

監　　修　公益財団法人 日本数学検定協会
著　　者　中村　力
発 行 者　森北博巳
発 行 所　**森北出版株式会社**
東京都千代田区富士見 1-4-11（〒102-0071）
電話 03-3265-8341／FAX 03-3264-8709
https://www.morikita.co.jp/
日本書籍出版協会・自然科学書協会　会員
JCOPY ＜（一社）出版者著作権管理機構　委託出版物＞

落丁・乱丁本はお取替えいたします．

Printed in Japan／ISBN978-4-627-05821-7

1　ベクトルの外積

(1)　$\boldsymbol{a} = (a_1, a_2, a_3)$，$\boldsymbol{b} = (b_1, b_2, b_3)$ の外積

$$\boldsymbol{a} \times \boldsymbol{b} = (a_2b_3 - a_3b_2,\ a_3b_1 - a_1b_3,\ a_1b_2 - a_2b_1)$$

$|\boldsymbol{a} \times \boldsymbol{b}| = |\boldsymbol{a}||\boldsymbol{b}|\sin\theta =$ $\boldsymbol{a}$，$\boldsymbol{b}$ を 2 辺とする平行四辺形の面積

(2)　三つのベクトル $\boldsymbol{a} = (a_1, a_2, a_3)$，$\boldsymbol{b} = (b_1, b_2, b_3)$，$\boldsymbol{c} = (c_1, c_2, c_3)$ のスカラー 3 重積

$$\boldsymbol{a} \cdot (\boldsymbol{b} \times \boldsymbol{c}) = \boldsymbol{b} \cdot (\boldsymbol{c} \times \boldsymbol{a}) = \boldsymbol{c} \cdot (\boldsymbol{a} \times \boldsymbol{b})$$

$$|\boldsymbol{a} \cdot (\boldsymbol{b} \times \boldsymbol{c})| = |\boldsymbol{b} \cdot (\boldsymbol{c} \times \boldsymbol{a})| = |\boldsymbol{c} \cdot (\boldsymbol{a} \times \boldsymbol{b})|$$

$=$ $\boldsymbol{a}$，$\boldsymbol{b}$，$\boldsymbol{c}$ を隣り合う 3 辺にもつ平行 6 面体の体積

2　行列

(1)　転置行列：行列 A の行と列を入れ換えた行列，${}^tA$ で表す．　${}^t(AB) = {}^tB\,{}^tA$

(2)　対称行列：${}^tA = A$ を満たす正方行列 A

(3)　交代行列：${}^tA = -A$ を満たす正方行列 A

（(2)(3)）任意の実正方行列 = 対称行列 + 交代行列

(4)　正則行列：$AB = BA = E$（E：単位行列）を満たす正方行列 A，$|A| \neq 0$
　　このとき，B は A の逆行列といい，$B = A^{-1}$ で表す．　$(AB)^{-1} = B^{-1}A^{-1}$

(5)　余因子行列 $\tilde{A}$：余因子 $A_{ij} = (-1)^{i+j}|\Delta_{ij}|$ を成分にもつ行列の転置行列．

$$A^{-1} = \frac{1}{|A|}\tilde{A} \quad （ただし，|A| \neq 0）$$

(6)　随伴行列：$A^* = {}^t\overline{A}$ を複素行列 A の随伴行列という（A の各成分 a_{ij} の共役複素数 $\overline{a}_{ij}$ を成分とする行列を $\overline{A}$ として，これをさらに転置行列にしたもの）．

(7)　エルミート行列：$A^* = A$ を満たす複素行列（正方行列）
　　A が実行列の場合は，${}^tA = A$ となって対称行列という．

(8)　ユニタリー行列：$AA^* = A^*A = E$ を満たす複素行列（正方行列）．$A^* = A^{-1}$．
　　A が実行列の場合は，$A\,{}^tA = {}^tA\,A = E$ となって直交行列という．
　　また，列ベクトルと行ベクトル全体は，正規直交規底を形成する．

3　行列式

(1)　余因子による行列式の展開

$$|A| = \sum_{j=1}^{n} a_{ij}A_{ij} = a_{i1}A_{i1} + \cdots + a_{in}A_{in} \quad \left(ただし，\sum_{j=1}^{n} a_{ij}A_{kj} = 0\ (i \neq k)\right)$$

$$|A| = \sum_{i=1}^{n} a_{ij}A_{ij} = a_{1j}A_{1j} + \cdots + a_{nj}A_{nj} \quad \left(ただし，\sum_{i=1}^{n} a_{ij}A_{ik} = 0\ (j \neq k)\right)$$

(2)　n 次正方行列 A，B の積に対して，$|AB| = |A| \cdot |B|$，$|{}^tA| = |A|$

(3)　A を r 次正方行列，D を s 次正方行列，B を $r \times s$ 行列，O は $s \times r$ の零行列として，